水利水电工程单元工程施工质量验收评定表及填表说明

（上　册）

水利部建设与管理司　编著

中国水利水电出版社
www.waterpub.com.cn

内 容 提 要

　　《水利水电工程单元工程施工质量验收评定表及填表说明》（上、下册）根据《水利水电工程单元工程施工质量验收评定标准》（SL 361—2012～SL 637—2012 和 SL 638—2013、SL 639—2013）评定标准编制，用于水利水电工程单元工程施工质量验收评定工作使用。上册主要内容包括土石方工程、混凝土工程、地基处理与基础工程、堤防工程；下册主要内容包括水工金属结构安装工程、水轮发电机组安装工程、水力机械辅助设备系统安装工程、发电电气设备安装工程和升压变电电气设备安装工程。本书样表和填表说明基本涵盖了水利水电工程施工质量验收评定所需表格。

　　本书是水利水电工程建设、施工、监理、质量监督和质量检测等工程技术人员的工具书，也可作为其他领域相关人员的参考用书。

图书在版编目（CIP）数据

　　水利水电工程单元工程施工质量验收评定表及填表说明：全2册/水利部建设与管理司编著．—北京：中国水利水电出版社，2016.4（2024.7重印）．
　　ISBN 978-7-5170-4253-2

　　Ⅰ.①水… Ⅱ.①水… Ⅲ.①水利水电工程-工程质量-工程验收-表格-中国 Ⅳ.①TV523

　　中国版本图书馆 CIP 数据核字（2016）第 078904 号

书　　名	水利水电工程单元工程施工质量验收评定表及填表说明（上册）
作　　者	水利部建设与管理司　编著
出版发行	中国水利水电出版社
	（北京市海淀区玉渊潭南路1号D座　100038）
	网址：www.waterpub.com.cn
	E-mail：sales@mwr.gov.cn
	电话：(010) 68545888（营销中心）
经　　售	北京科水图书销售有限公司
	电话：(010) 68545874、63202643
	全国各地新华书店和相关出版物销售网点
排　　版	中国水利水电出版社微机排版中心
印　　刷	天津嘉恒印务有限公司
规　　格	210mm×285mm　16开本　65.25印张（总）　2306千字（总）
版　　次	2016年4月第1版　2024年7月第7次印刷
印　　数	25001—26000册
总 定 价	**268.00** 元（上、下册）

《水利水电工程单元工程施工质量验收评定表及填表说明》

（上　册）

编　写　组

主　　编：孙献忠　吴春良

副 主 编：张忠生　徐永田　曹福君　张全喜　韩　新

编写人员：（按姓氏笔画排序）

王秀梅	冯文光	成　平	刘金山	齐秀琴
汤俊峰	孙富岭	孙献忠	李　信	李恒山
李振连	吴春良	时振彬	余少林	宋新江
张全喜	张英军	张忠生	张　颖	林　京
庞晓岚	胡　伟	胡忙全	费　凯	贺永利
袁金峰	徐永田	郭　炜	涂　雍	黄　玮
黄　洁	曹永斌	曹福君	戚　波	韩连超
韩　新	傅长锋	訾洪利	窦宝松	谭　辉

前　言

为加强水利工程施工质量管理，根据水利部发布的《水利水电工程单元工程施工质量验收评定标准》（SL 631～SL 637—2012、SL 638～SL 639—2013）和有关施工规程规范。水利部建设与管理司组织水利部建设管理与质量安全中心、吉林省水利厅等单位的有关专家编写了《水利水电工程单元工程施工质量验收评定表及填表说明》，便于广大水利水电工程技术人员更好地理解评定标准和实际工作中使用，进一步规范单元工程施工质量验收评定工作。

全书分上、下册，总计 539 个表格。上册包括土石方工程 51 个；混凝土工程 68 个；地基处理与基础工程 52 个；堤防工程 38 个。下册包括水工金属结构安装工程 50 个；水轮发电机组安装工程 83 个；水力机械辅助设备系统安装工程 45 个；发电电气设备安装工程 106 个；升压变电电气设备安装工程 46 个。逐表编写了填表要求。

本书所列表式为通用表式，有关专业人员在使用时可结合工程实际情况，依据设计文件、合同文件和有关标准规定，对相关内容作适当的增减。在工程项目中，如有 SL 631～SL 639 标准尚未涉及的单元工程，其质量标准及评定表格，由建设单位组织设计、施工及监理等单位，根据设计要求和设备生产厂商的技术说明书，制定相应的施工、安装质量验收评定标准，并按照《水利水电工程单元工程施工质量验收评定表及填表说明》中的统一格式（表头、表身、表尾）制定相应质量验收评定、质量检查表格，报相应的质量监督机构核备。永久性房屋、专用公路、铁路等非水利工程建设项目的施工质量验收评定按相关行业标准执行。

由于本书编写时间仓促，加之编者水平有限，不当之处在所难免。请有关单位和工程技术人员在使用过程中，及时将意见建议函告水利部建设与管理司。

本书在编写过程中，得到了《水利水电工程单元工程施工质量验收评定标准》各主编单位和参编单位以及姬宏、胡学家、陆维杰、吴崇良、戚世森、吴桂耀等专家的大力支持和帮助，在此一并表示感谢。

编著者

2015 年 12 月

填 表 基 本 规 定

《水利水电工程单元工程施工质量验收评定表及填表说明》（以下简称《质评表》）是检验与评定施工质量及工程验收的基础资料，是施工质量控制过程的真实反映，也是进行工程维修和事故处理的重要凭证。工程竣工验收后，《质评表》作为档案资料长期保存。

1. 单元（工序）工程施工质量验收评定应在熟练掌握《水利水电工程单元工程施工质量验收评定标准》（SL 631～SL 637—2012、SL 638～SL 639—2013）和有关工程施工规程规范及相关规定的基础上进行。

2. 单元（工序）工程完工后，在规定时间内按现场检验结果及时、客观、真实地填写《质评表》。

3. 现场检验应遵循随机布点与监理工程师现场指定区位相结合的原则，检验方法及数量应符合 SL 631～SL 639 标准和相关规定。

4. 验收评定表与备查资料的制备规格采用国际标准 A4（210mm×297mm）。验收评定表一式四份，签字、复印后盖章；备查资料一式二份。手签一份（原件）单独装订。单元和工序质评表可以加盖工程项目经理部章和工程监理部章。

5. 验收评定表中的检查（检测）记录可以使用黑色水笔手写，字迹应清晰工整；也可以使用激光打印机打印，输入内容的字体应与表格固有字体不同，以示区别，字号相同或相近，匀称为宜。质量意见、质量结论及签字部分（包括日期）不可打印。施工单位的三检资料和监理单位的现场检测资料应使用黑色水笔手写，字迹清晰工整。

6. 应使用国家正式公布的简化汉字，不得使用繁体字。应横排填写具体内容，可以根据版面的实际需要进行适当处理。

7. 计算数值应符合《数值修约规则与极限数值的表示和判定》（GB/T 8170）要求。数据使用阿拉伯数字，使用法定计量单位及其符号。数据与数据之间用逗号（,）隔开，小数点要用圆点（.）。经计算得出的合格率用百分数表示，小数点后保留 1 位，如果为整数，则小数点后以 0 表示。日期用数字表达，年份不得简写。

8. 修改错误时使用杠改，再在右上方填写正确的文字或数字。不应涂抹或使用改正液、橡皮擦、刀片刮等不标准方法。

9. 表头空格线上填写工程项目名称，如"小浪底水利枢纽　工程"。表格内的单位工程、分部工程、单元工程名称，按项目划分确定的名称填写。单元工程部位可用桩号（长度）、高程（高度）、到轴线或到中心线的距离（宽度）表示，使该单元从三维空间上受控，必要时附图示意。"施工单位"栏应填写与项目法人签订承包合同的施工单位全称。

10. 有电子档案管理要求的，可根据工程需要对单位工程、分部工程、单元工程及工序进行统一编号。否则，"工序编号"栏可不填写。

11. 当遇有选择项目（项次）时，如钢筋的连接方式、预埋件的结构型式等不发生的项目（项次），在检查记录栏划"/"。

12. 凡检验项目的"质量要求"栏中为"符合设计要求"者，应填写设计要求的具体设计指标，检查项目应注明设计要求的具体内容，如内容较多可简要说明；凡检验项目的"质量要求"栏中为"符合规范要求"者，应填写出所执行的规范名称和编号、条款。"质量要求"栏中的"设计要求"，包括设计单位的设计文件，也包括经监理批准的施工方案、设备技术文件等有关要求。

13. 检验（检查、检测）记录应真实、准确，检测结果中的数据为终检数据，并在施工单位自评意见栏中由终检负责人签字。检测结果可以是实测值，也可以是偏差值，填写偏差值时必须附实测记录。

14. 对于主控项目中的检查项目，检查结果应完全符合质量要求，其检验点的合格率按100%计。

对于一般项目中的检查项目，检查结果若基本符合质量要求，其检验点的合格率按70%计；检查结果若符合质量要求，其检验点的合格率按90%计。

15. 监理工程师复核质量等级时，对施工单位填写的质量检验资料或质量等级如有不同意见，在"质量等级"栏填写核定的质量等级并签字。

16. 所有签字人员必须由本人签字，不得由他人代签，同时填写签字的实际日期。

17. 单元、工序中涉及的备查资料表格，如 SL 631～SL 639 标准或施工规范有具体格式要求的，则按有关要求执行。否则，由项目法人组织监理、设计及施工单位根据设计要求，制定相应的备查资料表格。

18. 对重要隐蔽单元工程和关键部位单元工程的施工质量验收评定应由设计、建设等单位的代表签字，具体要求应满足《水利水电工程施工质量检验与评定规程》（SL 176）的规定。

目录

2 混凝土工程

3 地基处理与基础工程

4 堤防工程

下　册

5　水工金属结构安装工程

6 水轮发电机组安装工程

7　水力机械辅助设备系统安装工程

8　发电电气设备安装工程

9　升压变电电气设备安装工程

1 土 石 方 工 程

土石方工程填表说明

1. 本章表格适用于大中型水利水电工程土石方工程的单元工程施工质量验收评定，小型水利水电工程可参照执行。

2. 划分工序的单元工程，其施工质量验收评定在工序验收评定合格和施工项目实体质量检验合格的基础上进行。不划分工序的单元工程，其施工质量验收评定在单元工程中所包含的检验项目检验合格和施工项目实体质量检验合格的基础上进行。

3. 工序施工质量具备下列条件后进行验收评定：①工序中所有施工项目（或施工内容）已完成，现场具备验收条件；②工序中所包含的施工质量检验项目经施工单位自检全部合格。

4. 工序施工质量按下列程序进行验收评定：①施工单位首先对已经完成的工序施工质量按《水利水电工程单元工程施工质量验收评定标准——土石方工程》（SL 631—2012）进行自检，并做好检验记录；②自检合格后，填写工序施工质量验收评定表，质量责任人履行相应签认手续后，向监理单位申请复核；③监理单位收到申请后，应在 4h 内进行复核。

5. 监理复核工序施工质量包括下列内容：①核查施工单位报验资料是否真实、齐全；结合平行检测和跟踪检测结果等，复核工序施工质量检验项目是否符合 SL 631—2012 的要求；②在工序施工质量验收评定表中填写复核记录，并签署工序施工质量评定意见，核定工序施工质量等级，相关责任人履行相应签认手续。

6. 单元工程施工质量具备下列条件后验收评定：①单元工程所含工序（或所有施工项目）已完成，施工现场具备验收条件；②已完工序施工质量经验收评定全部合格，有关质量缺陷已处理完毕或有监理单位批准的处理意见。

7. 单元工程施工质量按下列程序进行验收评定：①施工单位首先对已经完成的单元工程施工质量进行自检，并填写检验记录；②自检合格后，填写单元工程施工质量验收评定表，向监理单位申请复核；③监理单位收到申报后，应在一个工作日内进行复核。

8. 监理复核单元工程施工质量包括下列内容：①核查施工单位报验资料是否真实、齐全；②对照施工图纸及施工技术要求，结合平行检测和跟踪检测结果等，复核单元工程质量是否达到 SL 631—2012 的要求；③检查已完单元工程遗留问题的处理情况，在单元工程施工质量验收评定表中填写复核记录，并签署单元工程施工质量评定意见，核定单元工程施工质量等级，相关责任人履行相应签认手续；④对验收中发现的问题提出处理意见。

9. 对重要隐蔽单元工程和关键部位单元工程的施工质量验收评定应由设计、建设等单位的代表签字，具体要求应满足《水利水电工程施工质量检验与评定规程》（SL 176）的规定。

表1.1 土方开挖单元工程
施工质量验收评定表填表要求

填表时必须遵守"填表基本规定",并应符合下列要求:

1. 单元工程划分:宜以工程设计结构或施工检查验收的区、段划分,每一区、段划分为一个单元工程。

2. 单元工程量填写本单元土方开挖工程量(m³)。

3. 土方开挖施工单元工程宜分为表土及土质岸坡清理、软基或土质岸坡开挖2个工序,其中软基或土质岸坡开挖为主要工序,用△标注。本表是在表1.1.1、表1.1.2工序施工质量验收评定合格的基础上进行。

4. 单元工程施工质量验收评定应包括下列资料:

(1)施工单位应提交单元工程中所含工序(或检验项目)验收评定的检验资料。

(2)监理单位应提交对单元工程施工质量的平行检测资料。

5. 单元工程质量标准:

(1)合格等级标准:各工序施工质量验收评定应全部合格;各项报验资料应符合 SL 631—2012 的要求。

(2)优良等级标准:各工序施工质量验收评定应全部合格,其中优良工序应达到50%及以上,且主要工序应达到优良等级;各项报验资料应符合 SL 631—2012 的要求。

表 1.1   土方开挖单元工程施工质量验收评定表

单位工程名称		单元工程量			
分部工程名称		施工单位			
单元工程名称、部位		施工日期	年 月 日—		年 月 日

项次	工程名称（或编号）	工序质量验收评定等级
1	表土及土质岸坡清理	
2	△软基或土质岸坡开挖	

施工单位自评意见	各工序施工质量全部合格，其中优良工序占_____%，且主要工序达到_____等级，各项报验资料_____ SL 631—2012 的要求。 单元工程质量等级评定为：_____。 <div align="right">（签字，加盖公章） 年 月 日</div>
监理单位复核意见	经抽查并查验相关检验报告和检验资料，各工序施工质量全部合格，其中优良工序占_____%，且主要工序达到_____等级，各项报验资料_____ SL 631—2012 的要求。 单元工程质量等级评定为：_____。 <div align="right">（签字，加盖公章） 年 月 日</div>
注：本表所填"单元工程量"不作为施工单位工程量结算计量的依据。	

表1.1.1 表土及土质岸坡清理工序
施工质量验收评定表填表要求

填表时必须遵守"填表基本规定",并应符合下列要求:

1. 单位工程、分部工程、单元工程名称及部位填写应与表1.1相同。

2. 各检验项目的检验方法及检验数量按表 A-1 的要求执行。

表 A-1   表土及土质岸坡清理

检验项目		检验方法	检验数量
表土清理		观察、查阅施工记录	全数
不良土质的处理			
地质坑、孔处理		观察、查阅施工记录、取样试验等	全数
清理范围	人工施工	量测	每边线测点不少于5个点,且点间距不大于20m
	机械施工		
土质岸边坡度			每10延米量测1处;高边坡需测定断面,每20延米测1个断面

3. 工序施工质量验收评定应提交下列资料:

(1) 施工单位各班(组)初检记录、施工队复检记录、施工单位专职质检员终检记录,工序中各施工质量检验项目的检验资料。

(2) 监理单位对工序中施工质量检验项目的平行检测资料。

4. 工序质量标准:

(1) 合格等级标准:

1) 主控项目,检验结果应全部符合 SL 631—2012 的要求。

2) 一般项目,逐项应有70%及以上的检验点合格,且不合格点不应集中。

3) 各项报验资料应符合 SL 631—2012 的要求。

(2) 优良等级标准:

1) 主控项目,检验结果应全部符合 SL 631—2012 的要求。

2) 一般项目,逐项应有90%及以上的检验点合格,且不合格点不应集中。

3) 各项报验资料应符合 SL 631—2012 的要求。

表 1.1.1　　表土及土质岸坡清理工序施工质量验收评定表

单位工程名称				工序编号			
分部工程名称				施工单位			
单元工程名称、部位				施工日期	年　月　日—　　年　月　日		

项次	检验项目		质量要求	检查记录	合格数	合格率
主控项目	1	表土清理	树木、草皮、树根、乱石、坟墓以及各种建筑物全部清除；水井、泉眼、地道、坑窖等洞穴的处理符合设计要求			
	2	不良土质的处理	淤泥、腐殖质土、泥炭土全部清除；对风化岩石、坡积物、残积物、滑坡体、粉土、细砂等处理符合设计要求			
	3	地质坑、孔处理	构筑物基础区范围内的地质探孔、竖井、试坑的处理符合设计要求；回填材料质量满足设计要求			
一般项目	1	清理范围　人工施工	满足设计要求。长、宽边线允许偏差0～50cm			
		清理范围　机械施工	满足设计要求，长、宽边线允许偏差0～100cm			
	2	土质岸边坡度	不陡于设计边坡			

施工单位自评意见	主控项目检验点全部合格，一般项目逐项检验点的合格率均不小于_____%，且不合格点不集中分布，各项报验资料_____ SL 631—2012 的要求。 工序质量等级评定为：_____。 　　　　　　　　　　　　　　　　（签字，加盖公章）　　　　年 月 日
监理单位复核意见	经复核，主控项目检验点全部合格，一般项目逐项检验点的合格率均不小于_____%，且不合格点不集中分布，各项报验资料_____ SL 631—2012 的要求。 工序质量等级评定为：_____。 　　　　　　　　　　　　　　　　（签字，加盖公章）　　　　年 月 日

表1.1.2 软基或土质岸坡开挖工序
施工质量验收评定表填表要求

填表时必须遵守"填表基本规定",并应符合下列要求:

1. 单位工程、分部工程、单元工程名称及部位填写应与表1.1相同。

2. 各检验项目的检验方法及检验数量按表A-2的要求执行。

表 A-2   软基或土质岸坡开挖

检验项目			检验方法	检验数量
保护层开挖				
建基面处理			观察、测量、查阅施工记录	全数
渗水处理				
基坑断面尺寸及开挖面平整度	无结构要求或无配筋	长或宽不大于10m		检测点采用横断面控制,断面间距不大于20m,各横断面点数间距不大于2m,局部突出或凹陷部位(面积在0.5m² 以上者)应增设检测点
		长或宽大于10m		
		坑(槽)底部标高		
		垂直或斜面平整度		
	有结构要求有配筋预埋件	长或宽不大于10m		
		长或宽大于10m		
		坑(槽)底部标高		
		斜面平整度		

3. 工序施工质量验收评定应提交下列资料:

(1)施工单位各班(组)初检记录、施工队复检记录、施工单位专职质检员终检记录,工序中各施工质量检验项目的检验资料。

(2)监理单位对工序中施工质量检验项目的平行检测资料。

4. 工序质量标准:

(1)合格等级标准:

1)主控项目,检验结果应全部符合 SL 631—2012 的要求。

2)一般项目,逐项应有70%及以上的检验点合格,且不合格点不应集中分布。

3)各项报验资料应符合 SL 631—2012 的要求。

(2)优良等级标准:

1)主控项目,检验结果应全部符合 SL 631—2012 的要求。

2)一般项目,逐项应有90%及以上的检验点合格,且不合格点不应集中分布。

3)各项报验资料应符合 SL 631—2012 的要求。

_____工程

表 1.1.2　软基或土质岸坡开挖工序施工质量验收评定表

单位工程名称			工序编号				
分部工程名称			施工单位				
单元工程名称、部位			施工日期	年　月　日—　年　月　日			

项次		检验项目	质 量 要 求	检查记录	合格数	合格率
主控项目	1	保护层开挖	保护层开挖方式应符合设计要求，在接近建基面时，宜使用小型机具或人工挖除，不应扰动建基面以下的原地基			
	2	建基面处理	构筑物软基和土质岸坡开挖面平顺。软基和土质岸坡与土质构筑物接触时，采用斜面连接，无台阶、急剧变坡及反坡			
	3	渗水处理	构筑物基础区及土质岸坡渗水（含泉眼）妥善引排或封堵，建基面清洁无积水			

项次		检验项目			质 量 要 求	检查记录	合格数	合格率
一般项目	1	基坑断面尺寸及开挖面平整度	无结构要求或无配筋	长或宽不大于10m	符合设计要求，允许偏差—10～20cm			
				长或宽大于10m	符合设计要求，允许偏差—20～30cm			
				坑（槽）底部标高	符合设计要求，允许偏差—10～20cm			
				垂直或斜面平整度	符合设计要求，允许偏差20cm			
			有结构要求有配筋预埋件	长或宽不大于10m	符合设计要求，允许偏差0～20cm			
				长或宽大于10m	符合设计要求，允许偏差0～30cm			
				坑（槽）底部标高	符合设计要求，允许偏差0～20cm			
				斜面平整度	符合设计要求，允许偏差15cm			

施工单位自评意见	主控项目检验点全部合格，一般项目逐项检验点的合格率均不小于_____％，且不合格点不集中分布，各项报验资料_____ SL 631—2012 的要求。 工序质量等级评定为：_____。 （签字，加盖公章）　　　年　月　日
监理单位复核意见	经复核，主控项目检验点全部合格，一般项目逐项检验点的合格率均不小于_____％，且不合格点不集中分布，各项报验资料_____ SL 631—2012 的要求。 工序质量等级评定为：_____。 （签字，加盖公章）　　　年　月　日

注："＋"表示超挖；"—"表示欠挖。

表1.2 岩石岸坡开挖单元工程施工质量验收评定表填表要求

填表时必须遵守"填表基本规定",并应符合下列要求:

1. 单元工程划分:宜以施工检查验收的区、段划分,每一区、段划分为一个单元工程。

2. 单元工程量填写岩石岸坡工程量(m^3)。

3. 岩石岸坡开挖施工单元工程宜分为岩石岸坡开挖、地质缺陷处理2个工序,其中岩石岸坡开挖为主要工序,用△标注。本表是在表1.2.1、表1.2.2工序施工质量验收评定合格的基础上进行。

4. 单元工程施工质量验收评定应提交下列资料:

(1) 施工单位应提交单元工程中所含工序(或检验项目)验收评定的检验资料。

(2) 监理单位应提交对单元工程施工质量的平行检测资料。

5. 单元工程质量标准:

(1) 合格等级标准:各工序施工质量验收评定应全部合格,各项报验资料应符合 SL 631—2012 的要求。

(2) 优良等级标准:各工序施工质量验收评定应全部合格,其中优良工序应达到50%及以上,且主要工序应达到优良等级;各项报验资料应符合 SL 631—2012 的要求。

表 1.2 　　　　岩石岸坡开挖单元工程施工质量验收评定表

单位工程名称			单元工程量	
分部工程名称			施工单位	
单元工程名称、部位			施工日期	年　月　日— 　年　月　日

项次	工序名称（或编号）	工序质量验收评定等级
1	△岩石岸坡开挖	
2	地质缺陷处理	

施工单位自评意见	各工序施工质量全部合格，其中优良工序占_____%，且主要工序达到_____等级，各项报验资料_____ SL 631—2012 的要求。 单元工程质量等级评定为：_____。 　　　　　　　　　　　　　　　　　　　（签字，加盖公章）　　年　月　日
监理单位复核意见	经抽查并查验相关检验报告和检验资料，各工序施工质量全部合格，其中优良工序占_____%，且主要工序达到_____等级，各项报验资料_____ SL 631—2012 的要求。 单元工程质量等级评定为：_____。 　　　　　　　　　　　　　　　　　　　（签字，加盖公章）　　年　月　日

注：本表所填"单元工程量"不作为施工单位工程量结算计量的依据。

表1.2.1 岩石岸坡开挖工序
施工质量验收评定表填表要求

填表时必须遵守"填表基本规定",并应符合下列要求:

1. 单位工程、分部工程、单元工程名称及部位填写应与表1.2相同。

2. 各检验项目的检验方法及检验数量按表A-3的要求执行。

表A-3 岩石岸坡开挖

检验项目		检验方法	检验数量
保护层开挖		观察、量测、查阅施工记录	每个单元抽测3处,每处不少于10m²
开挖坡面		观察、仪器测量、查阅施工记录	全数
岩体的完整性		观察、声波检测(需要时采用)	符合设计要求
平均坡度		观察、测量、查阅施工记录	总检测点数量采用横断面控制,断面间距不大于10m,各横断面沿坡面斜长方向测点间距不大于5m,且点数不少于6个点;局部突出或凹陷部位(面积在0.5m²以上者)应增设检测点
坡脚标高			
坡面局部超欠挖			
炮孔痕迹保存率	节理裂隙不发育的岩体		
	节理裂隙发育的岩体		
	节理裂隙极发育的岩体		

3. 工序施工质量验收评定应提交下列资料:

(1)施工单位各班(组)的初检记录、施工队复检记录、施工单位专职质检员终检记录,工序中各施工质量检验项目的检验资料。

(2)监理单位对工序中施工质量检验项目的平行检测资料。

4. 工序质量标准:

(1)合格等级标准:

1)主控项目,检验结果应全部符合SL 631—2012的要求。

2)一般项目,逐项应有70%及以上的检验点合格,且不合格点不应集中分布。

3)各项报验资料应符合SL 631—2012的要求。

(2)优良等级标准:

1)主控项目,检验结果应全部符合SL 631—2012的要求。

2)一般项目,逐项应有90%及以上的检验点合格,且不合格点不应集中分布。

3)各项报验资料应符合SL 631—2012的要求。

表 1.2.1　　岩石岸坡开挖工序施工质量验收评定表

单位工程名称					工序编号			
分部工程名称					施工单位			
单元工程名称、部位					施工日期	年　月　日—		年　月　日

项次		检验项目	质量要求	检查记录	合格数	合格率
主控项目	1	保护层开挖	浅孔、密孔、少药量、控制爆破			
	2	开挖坡面	稳定且无松动岩块、悬挂体和尖角			
	3	岩体的完整性	爆破未损害岩体的完整性，开挖面无明显爆破裂隙，声波降低率小于10％或满足设计要求			
一般项目	1	平均坡度	开挖坡面不陡于设计坡度，台阶（平台、马道）符合设计要求			
	2	坡脚标高	±20cm			
	3	坡面局部超欠挖	允许偏差：欠挖不大于20cm 超挖不大于30cm			
	4	炮孔痕迹保存率	节理裂隙不发育的岩体　＞80％			
			节理裂隙发育的岩体　＞50％			
			节理裂隙极发育的岩体　＞20％			

施工单位自评意见	主控项目检验点全部合格，一般项目逐项检验点的合格率均不小于_____％，且不合格点不集中分布，各项报验资料_____ SL 631—2012 的要求。 工序质量等级评定为：_____。 （签字，加盖公章）　　　年　月　日
监理单位复核意见	经复核，主控项目检验点全部合格，一般项目逐项检验点的合格率均不小于_____％，且不合格点不集中分布，各项报验资料_____ SL 631—2012 的要求。 工序质量等级评定为：_____。 （签字，加盖公章）　　　年　月　日
注："＋"表示超挖；"－"表示欠挖。	

表1.2.2 岩石岸坡开挖地质缺陷处理工序
施工质量验收评定表填表要求

填表时必须遵守"填表基本规定",并应符合下列要求:

1. 单位工程、分部工程、单元工程名称及部位填写应与表1.2相同。

2. 各检验项目的检验方法及检验数量按表A-4的要求执行。

表A-4 岩石岸坡开挖地质缺陷处理

检验项目	检验方法	检验数量
地质探孔、竖井、平洞、试坑处理	观察、量测、查阅施工记录等	全数
地质缺陷处理		
缺陷处理采用材料	查阅施工记录、取样试验等	每种材料至少抽验1组
渗水处理	观察、查阅施工记录	全数
地质缺陷处理范围	测量、观察、查阅施工记录	检测点采用横断面或纵断面控制,各断面点数不小于5个点,局部突出或凹陷部位(面积在0.5m²以上者)应增设检测点

3. 工序施工质量验收评定应提交下列资料:

(1) 施工单位各班(组)初检记录、施工队复检记录、施工单位专职质检员终检记录,工序中各施工质量检验项目的检验资料。

(2) 监理单位对工序中施工质量检验项目的平行检测资料。

4. 工序质量标准:

(1) 合格等级标准:

1) 主控项目,检验结果应全部符合SL 631—2012的要求。

2) 一般项目,逐项应有70%及以上的检验点合格,且不合格点不应集中分布。

3) 各项报验资料应符合SL 631—2012的要求。

(2) 优良等级标准:

1) 主控项目,检验结果应全部符合SL 631—2012的要求。

2) 一般项目,逐项应有90%及以上的检验点合格,且不合格点不应集中分布。

3) 各项报验资料应符合SL 631—2012的要求。

表 1.2.2 岩石岸坡开挖地质缺陷处理工序施工质量验收评定表

单位工程名称			工序编号			
分部工程名称			施工单位			
单元工程名称、部位			施工日期	年 月 日— 年 月 日		

项次	检验项目	质量要求	检查记录	合格数	合格率
主控项目 1	地质探孔、竖井、平洞、试坑处理	符合设计要求			
2	地质缺陷处理	节理、裂隙、断层、夹层或构造破碎带的处理符合设计要求			
3	缺陷处理采用材料	材料质量满足设计要求			
4	渗水处理	地基及岸坡的渗水（含泉眼）已引排或封堵，岩面整洁无积水			
一般项目 1	地质缺陷处理范围	地质缺陷处理的宽度和深度符合设计要求。地基及岸坡岩石断层、破碎带的沟槽开挖边坡稳定，无反坡，无浮石，节理、裂隙内的充填物冲洗干净			

施工单位自评意见	主控项目检验点全部合格，一般项目逐项检验点的合格率均不小于_____%，且不合格点不集中分布，各项报验资料_____ SL 631—2012 的要求。 工序质量等级评定为：_____。 （签字，加盖公章） 年 月 日
监理单位复核意见	经复核，主控项目检验点全部合格，一般项目逐项检验点的合格率均不小于_____%，且不合格点不集中分布，各项报验资料_____ SL 631—2012 的要求。 工序质量等级评定为：_____。 （签字，加盖公章） 年 月 日

表1.3　岩石地基开挖单元工程
施工质量验收评定表填表要求

填表时必须遵守"填表基本规定"，并应符合下列要求：

1. 单元工程划分：宜以施工检查验收的区、段划分，每一区、段划分为一个单元工程。

2. 单元工程量填写岩石地基开挖工程量（m³）。

3. 岩石地基开挖施工单元工程宜分为岩石地基开挖、地质缺陷处理2个工序，其中岩石地基开挖为主要工序，用△标注。本表是在表1.3.1、表1.3.2工序施工质量验收评定合格的基础上进行。

4. 单元工程施工质量验收评定应提交下列资料：

(1) 施工单位应提交单元工程中所含工序（或检验项目）验收评定的检验资料。

(2) 监理单位应提交对单元工程施工质量的平行检测资料。

5. 单元工程质量标准：

(1) 合格等级标准：各工序施工质量验收评定应全部合格；各项报验资料应符合 SL 631—2012 的要求。

(2) 优良等级标准：各工序施工质量验收评定应全部合格，其中优良工序应达到50％及以上，且主要工序应达到优良等级；各项报验资料应符合 SL 631—2012 的要求。

表 1.3　　岩石地基开挖单元工程施工质量验收评定表

单位工程名称		单元工程量	
分部工程名称		施工单位	
单元工程名称、部位		施工日期	年　月　日—　年　月　日

项次	工序名称 （或编号）	工序质量验收评定等级
1	△岩石地基开挖	
2	地质缺陷处理	

施工单位自评意见	各工序施工质量全部合格，其中优良工序占_____%，且主要工序达到_____等级，各项报验资料_____SL 631—2012 的要求。 单元工程质量等级评定为：_____。 （签字，加盖公章）　　　年　月　日
监理单位复核意见	经抽查并查验相关检验报告和检验资料，各工序施工质量全部合格，其中优良工序占_____%，且主要工序达到_____等级，各项报验资料_____SL 631—2012 的要求。 单元工程质量等级评定为：_____。 （签字，加盖公章）　　　年　月　日
注：本表所填"单元工程量"不作为施工单位工程量结算计量的依据。	

表1.3.1 岩石地基开挖工序
施工质量验收评定表填表要求

填表时必须遵守"填表基本规定",并应符合下列要求:

1. 单位工程、分部工程、单元工程名称及部位填写要与表1.3相同。

2. 各检验项目的检验方法及检验数量按表A-5的要求执行。

表A-5   岩石地基开挖

检验项目		检验方法	检验数量
保护层开挖		观察、量测、查阅施工记录	每个单元抽测3处,每处不少于10m²
建基面处理			全数
多组切割的不稳定岩体开挖和不良地质开挖处理			
岩体的完整性		观察、声波检测(需要时采用)	符合设计要求
无结构要求或无配筋的基坑断面尺寸及开挖面平整度	长或宽不大于10m	观察、仪器测量、查阅施工记录	检测点采用横断面控制,断面间距不大于20m,各横断面点数间距不大于2m,局部突出或凹陷部位(面积在0.5m²以上者)应增设检测点
	长或宽大于10m		
	坑(槽)底部标高		
	垂直或斜面平整度		
有结构要求或有配筋预埋件的基坑断面尺寸及开挖面平整度	长或宽不大于10m		
	长或宽大于10m		
	坑(槽)底部标高		
	垂直或斜面平整度		

3. 工序施工质量验收评定应提交下列资料:

(1) 施工单位各班(组)初检记录、施工队复检记录、施工单位专职质检员终检记录,工序中各施工质量检验项目的检验资料。

(2) 监理单位对工序中施工质量检验项目的平行检测资料。

4. 工序质量标准:

(1) 合格等级标准:

1) 主控项目,检验结果应全部符合 SL 631—2012 的要求。

2) 一般项目,逐项应有70%及以上的检验点合格,且不合格点不应集中分布。

3) 各项报验资料应符合 SL 631—2012 的要求。

(2) 优良等级标准:

1) 主控项目,检验结果应全部符合 SL 631—2012 的要求。

2) 一般项目,逐项应有90%及以上的检验点合格,且不合格点不应集中分布。

3) 各项报验资料应符合 SL 631—2012 的要求。

表 1.3.1 　　岩石地基开挖工序施工质量验收评定表

单位工程名称				工序编号			
分部工程名称				施工单位			
单元工程名称、部位				施工日期	年　月　日— 　年　月　日		
项次	检验项目		质量要求	检查记录		合格数	合格率
主控项目	1	保护层开挖	浅孔、密孔、小药量、控制爆破				
	2	建基面处理	开挖后岩面应满足设计要求，建基面上无松动岩块，表面清洁、无泥垢、油污				
	3	多组切割的不稳定岩体开挖和不良地质开挖处理	满足设计处理要求				
	4	岩体的完整性	爆破未损害岩体的完整性，开挖面无明显爆破裂隙，声波降低率小于10%或满足设计要求				
一般项目	1	无结构要求或无配筋的基坑断面尺寸及开挖面平整度 ／ 长或宽不大于10m	符合设计要求，允许偏差 −10～20cm				
		长或宽大于10m	符合设计要求，允许偏差 −20～30cm				
		坑（槽）底部标高	符合设计要求，允许偏差 −10～20cm				
		垂直或斜面平整度	符合设计要求，允许偏差 20cm				
	2	有结构要求或有配筋预埋件的基坑断面尺寸及开挖面平整度 ／ 长或宽不大于10m	符合设计要求，允许偏差 0～10cm				
		长或宽大于10m	符合设计要求，允许偏差 0～20cm				
		坑（槽）底部标高	符合设计要求，允许偏差 0～20cm				
		垂直或斜面平整度	符合设计要求，允许偏差 15cm				
施工单位自评意见	主控项目检验点全部合格，一般项目逐项检验点的合格率均不小于_____%，且不合格点不集中分布，各项报验资料_____ SL 631—2012 的要求。 　　工序质量等级评定为：_____。 <div align=right>（签字，加盖公章）　　　年　月　日</div>						
监理单位复核意见	经复核，主控项目检验点全部合格，一般项目逐项检验点的合格率均不小于_____%，且不合格点不集中分布，各项报验资料_____ SL 631—2012 的要求。 　　工序质量等级评定为：_____。 <div align=right>（签字，加盖公章）　　　年　月　日</div>						

注："＋"表示超挖；"－"表示欠挖。

表1.3.2　岩石地基开挖地质缺陷处理工序
施工质量验收评定表填表要求

填表时必须遵守"填表基本规定"，并应符合下列要求：

1. 单位工程、分部工程、单元工程名称及部位填写要与表1.3相同。

2. 各检验项目的检验方法及检验数量按表 A-6 的要求执行。

表 A-6　　　　　　　　　　　　岩石地基开挖地质缺陷处理

检验项目	检验方法	检验数量
地质探孔、竖井、平洞、试坑处理	观察、量测、查阅施工记录等	全数
地质缺陷处理		
缺陷处理采用材料	查阅施工记录、取样试验等	每种材料至少抽验1组
渗水处理	观察、查阅施工记录	全数
地质缺陷处理范围	测量、观察、查阅施工记录	检测点采用横断面或纵断面控制，各断面点数不小于 5 个点，局部突出或凹陷部位（面积在 0.5m² 以上者）应增设检测点

3. 工序施工质量验收评定应提交下列资料：

（1）施工单位各班（组）初检记录、施工队复检记录、施工单位专职质检员终检记录，工序中各施工质量检验项目的检验资料。

（2）监理单位对工序中施工质量检验项目的平行检测资料。

4. 工序质量标准：

（1）合格等级标准：

1）主控项目，检验结果应全部符合 SL 631—2012 的要求。

2）一般项目，逐项应有 70％及以上的检验点合格，且不合格点不应集中分布。

3）各项报验资料应符合 SL 631—2012 的要求。

（2）优良等级标准：

1）主控项目，检验结果应全部符合 SL 631—2012 的要求。

2）一般项目，逐项应有 90％及以上的检验点合格，且不合格点不应集中分布。

3）各项报验资料应符合 SL 631—2012 的要求。

表 1.3.2　岩石地基开挖地质缺陷处理工序施工质量验收评定表

单位工程名称				工序编号		
分部工程名称				施工单位		
单元工程名称、部位				施工日期	年　月　日—	年　月　日

项次		检验项目	质量要求	检查记录	合格数	合格率
主控项目	1	地质探孔、竖井、平洞、试坑处理	符合设计要求			
	2	地质缺陷处理	节理、裂隙、断层、夹层或构造破碎带的处理符合设计要求			
	3	缺陷处理采用材料	材料质量满足设计要求			
	4	渗水处理	地基及岸坡的渗水（含泉眼）已引排或封堵，岩面整洁无积水			
一般项目	1	地质缺陷处理范围	地质缺陷处理的宽度和深度符合设计要求。地基及岸坡岩石断层、破碎带的沟槽开挖边坡稳定，无反坡，无浮石，节理、裂隙内的充填物冲洗干净			

施工单位自评意见	主控项目检验点全部合格，一般项目逐项检验点的合格率均不小于_____%，且不合格点不集中分布，各项报验资料_____ SL 631—2012 的要求。 工序质量等级评定为：_____。 　　　　　　　　　　　　　　　　　（签字，加盖公章）　　　年　月　日
监理单位复核意见	经复核，主控项目检验点全部合格，一般项目逐项检验点的合格率均不小于_____%，且不合格点不集中分布，各项报验资料_____ SL 631—2012 的要求。 工序质量等级评定为：_____。 　　　　　　　　　　　　　　　　　（签字，加盖公章）　　　年　月　日

表1.4 岩石洞室开挖单元工程
施工质量验收评定表填表要求

填表时必须遵守"填表基本规定",并应符合下列要求:

1. 洞室开挖方法与地下建筑物的规模和地质条件密切相关,开挖期间应对揭露的各种地质现象进行编录,预测预报可能出现的地质问题,修正围岩工程地质分段分类以研究改进围岩支护方案。

2. 单元工程划分:平洞开挖工程宜以施工检查验收的区、段或混凝土衬砌的设计分缝确定的块划分,每一个施工检查验收的区、段或一个浇筑块为一个单元工程;竖井(斜井)开挖工程宜以施工检查验收段每5~15m划分为一个单元工程;洞室开挖工程可参照平洞或竖井划分单元工程。

3. 单元工程量填写本单元岩石洞室开挖工程量(m³)。

4. 各检验项目的检验方法及检验数量按表A-7的要求执行。

表A-7　　　　　　　　岩石洞室开挖

检验项目		检验方法	检验数量
光面爆破和预裂爆破效果		观察、量测、统计等	每个单元抽测3处,每处不少于2~5m²
洞、井轴线		测量、查阅施工记录	全数
不良地质处理		查阅施工记录	
爆破控制		观察、声波检测(需要时采用)	符合设计要求
洞室壁面清撬		观察、查阅施工记录	全数
岩石壁面局部超、欠挖及平整度	无结构要求、无配筋预埋件	测量	采用横断面控制,间距不大于5m,各横断面点数间距不大于2m,局部突出或凹陷部位(面积在0.5m²以上者)应增设检测点
	底部标高		
	径向尺寸		
	侧向尺寸		
	开挖面平整度		
	有结构要求或有配筋预埋件		
	底部标高		
	径向尺寸		
	侧向尺寸		
	开挖面平整度		

5. 单元工程施工质量验收评定应提交下列资料:

(1) 施工单位应提交单元工程中所含工序(或检验项目)验收评定的检验资料。

(2) 各项实体检验项目的检验记录资料。

(3) 监理单位应提交对单元工程施工质量的平行检测资料。

6. 单元工程质量标准：

（1）合格等级标准：

1）主控项目，检验结果应全部符合 SL 631—2012 的要求。

2）一般项目，逐项应有 70％及以上的检验点合格，且不合格点不应集中分布。

3）各项报验资料应符合 SL 631—2012 的要求。

（2）优良等级标准：

1）主控项目，检验结果应全部符合 SL 631—2012 的要求。

2）一般项目，逐项应有 90％及以上的检验点合格，且不合格点不应集中分布。

3）各项报验资料应符合 SL 631—2012 的要求。

_____工程

表 1.4　　岩石洞室开挖单元工程施工质量验收评定表

单位工程名称			单元工程量		
分部工程名称			施工单位		
单元工程名称、部位			施工日期	年　月　日— 年　月　日	

项次	检验项目			质量要求	检查记录	合格数	合格率
主控项目	1	光面爆破和预裂爆破效果		残留炮孔痕迹分布均匀，预裂爆破后的裂缝连续贯穿。相邻两孔间的岩面平整，孔壁无明显的爆破裂隙，两茬炮之间的台阶或预裂爆破孔的最大外斜值不大于 10cm			
			炮孔痕迹保存率	完整岩石　≥90％			
				较完整和完整性差的岩石　≥60％			
				较破碎和破碎岩石　≥20％			
	2	洞、井轴线		符合设计要求，允许偏差—5～5cm			
	3	不良地质处理		符合设计要求			
	4	爆破控制		爆破未损害岩体的完整性，开挖面无明显爆破裂隙，声波降低率小于10％，或满足设计要求			
一般项目	1	洞室壁面清撬		洞室壁面上无残留的松动岩块和可能塌落危石碎块，岩石面干净，无岩石碎片、尘埃、爆破泥粉等			
	2	岩石壁面局部超、欠挖及平整度	无结构要求、无配筋	底部标高　符合设计要求，允许偏差—10～20cm			
				径向尺寸　符合设计要求，允许偏差—10～20cm			
				侧向尺寸　符合设计要求，允许偏差—10～20cm			
				开挖面平整度　符合设计要求，允许偏差 15cm			
	3		有结构要求或有配筋预埋件	底部标高　符合设计要求，允许偏差 0～15cm			
				径向尺寸　符合设计要求，允许偏差 0～15cm			
				侧向尺寸　符合设计要求，允许偏差 0～15cm			
				开挖面平整度　符合设计要求，允许偏差 10cm			

施工单位自评意见	主控项目检验点全部合格，一般项目逐项检验点的合格率均不小于_____％，且不合格点不集中分布，各项报验资料_____ SL 631—2012 的要求。 　　单元工程质量等级评定为：_____。 　　　　　　　　　　　　　　　　　　　　（签字，加盖公章）　　　年　月　日
监理单位复核意见	经复核，主控项目检验点全部合格，一般项目逐项检验点的合格率均不小于_____％，且不合格点不集中分布，各项报验资料_____ SL 631—2012 的要求。 　　单元工程质量等级评定为：_____。 　　　　　　　　　　　　　　　　　　　　（签字，加盖公章）　　　年　月　日

注1：本表所填"单元工程量"不作为施工单位工程量结算计量的依据。
注2："＋"表示超挖；"—"表示欠挖。

表1.5 土质洞室开挖单元工程
施工质量验收评定表填表要求

填表时必须遵守"填表基本规定",并应符合下列要求:

1. 本表适用于土质洞室、砂砾石洞室开挖。对岩土过渡段洞室,岩石洞室的软弱岩层、断层及构造破碎带段洞室等,可参照执行。

2. 单元工程划分:宜以施工检查验收的区、段、块划分,每一个施工检查验收的区、段、块(仓)划分为一个单元工程。

3. 单元工程量填写本单元土质洞室开挖工程量(m^3)。

4. 各检验项目的检验方法及检验数量按表A-8的要求执行。

表 A-8 土 质 洞 室 开 挖

检验项目	检验方法	检验数量
超前支护	观察、量测、查阅施工记录	每个单元抽检3处,每处每项不少于3个点
初期支护	观察、量测、喷射面插标尺	每个单元各项抽检3~5处
洞、井轴线	测量、查阅施工记录	全数
洞面清理		
底部标高	激光指向仪、断面仪、经纬仪、水准仪以及拉线检查	采用横断面控制,间距不大于5m,各横断面点数间距不大于2m,局部突出或凹陷部位(面积在0.5m² 以上者)应增设检测点
径向尺寸		
侧向尺寸		
开挖面平整度		
洞室变形监测	观察、测量、查阅观测记录	全数观测。根据围岩变形稳定情况确定观测频次,但每天不少于2次

5. 单元工程施工质量验收评定应提交下列资料:

(1) 施工单位应提交单元工程中所含工序(或检验项目)验收评定的检验资料,各项实体检验项目的检验记录资料。

(2) 监理单位应提交对单元工程施工质量的平行检测资料。

6. 单元工程质量标准:

(1) 合格等级标准:

1) 主控项目,检验结果应全部符合 SL 631—2012 的要求。

2) 一般项目,逐项应有 70% 及以上的检验点合格,且不合格点不应集中分布。

3) 各项报验资料应符合 SL 631—2012 的要求。

(2) 优良等级标准:

1) 主控项目,检验结果应全部符合 SL 631—2012 的要求。

2) 一般项目,逐项应有 90% 及以上的检验点合格,且不合格点不应集中分布。

3) 各项报验资料应符合 SL 631—2012 的要求。

表 1.5　　土质洞室开挖单元工程施工质量验收评定表

单位工程名称				单元工程量			
分部工程名称				施工单位			
单元工程名称、部位				施工日期	年　月　日—		年　月　日

项次		检验项目	质量要求	检查记录	合格数	合格率
主控项目	1	超前支护	钻孔安装位置、倾斜角度准确。注浆材料配比与凝胶时间、灌浆压力、次序等符合设计要求			
	2	初期支护	安装位置准确。初喷、喷射混凝土、回填注浆材料配比与凝胶时间、灌浆压力、次序以及喷射混凝土厚度等符合设计要求。喷射混凝土密实、表面平整，平整度满足±5cm			
	3	洞、井轴线	符合设计要求，允许偏差−5～5cm			
一般项目	1	洞面清理	洞壁围岩无松土、尘埃			
	2	底部标高	符合设计要求，允许偏差0～10cm			
	3	径向尺寸	符合设计要求，允许偏差0～10cm			
	4	侧向尺寸	符合设计要求，允许偏差0～10cm			
	5	开挖面平整度	符合设计要求，允许偏差10cm			
	6	洞室变形监测	土质洞室的地面、洞室壁面变形监测点埋设符合设计或有关规范要求			
施工单位自评意见			主控项目检验点全部合格，一般项目逐项检验点的合格率均不小于_____%，且不合格点不集中分布，各项报验资料_____ SL 631—2012 的要求。 工序质量等级评定为：_____。 （签字，加盖公章）　　　年　月　日			
监理单位复核意见			经复核，主控项目检验点全部合格，一般项目逐项检验点的合格率均不小于_____%，且不合格点不集中分布，各项报验资料_____ SL 631—2012 的要求。 工序质量等级评定为：_____。 （签字，加盖公章）　　　年　月　日			

注1：本表所填"单元工程量"不作为施工单位工程量结算计量的依据。
注2："＋"表示超挖；"－"表示欠挖。

表1.6 土料填筑单元工程
施工质量验收评定表填表要求

填表时必须遵守"填表基本规定",并应符合下列要求:

1. 本表适用于土石坝防渗体土料铺填施工,其他土料铺填可参照执行。土方填筑料(土料)的材料质量指标应符合设计要求。

土方填筑料在铺填前,应进行碾压试验,以确定碾压方式及碾压质量控制参数。

2. 单元工程划分:宜以工程设计结构或施工检查验收的区、段、层划分,每一区、段的每一层划分为一个单元工程。

3. 单元工程量填写本单元土料填筑工程量(m³)。

4. 土料铺填施工单元工程宜分为结合面处理、卸料及铺填、土料压实、接缝处理4个工序,其中土料压实工序为主要工序,用△标注。本表是在表1.6.1~表1.6.4工序施工质量验收评定合格的基础上进行。

5. 单元工程施工质量验收评定应提交下列资料:

(1) 施工单位应提交单元工程中所含工序(或检验项目)验收评定的检验资料。

(2) 各项实体检验项目的检验记录资料。

(3) 监理单位应提交对单元工程施工质量的平行检测资料。

6. 单元工程质量标准:

(1) 合格等级标准:各工序施工质量验收评定应全部合格;各项报验资料应符合 SL 631—2012 的要求。

(2) 优良等级标准:各工序施工质量验收评定应全部合格,其中优良工序应达到50%及以上,且主要工序应达到优良等级;各项报验资料应符合 SL 631—2012 的要求。

表 1.6　　　土料填筑单元工程施工质量验收评定表

单位工程名称		单元工程量	
分部工程名称		施工单位	
单元工程名称、部位		施工日期	年　月　日— 　年　月　日

项次	工序名称（或编号）	工序质量验收评定等级
1	结合面处理	
2	卸料及铺填	
3	△土料压实	
4	接缝处理	
施工单位自评意见	各工序施工质量全部合格，其中优良工序占＿＿＿＿＿%，且主要工序达到＿＿＿＿＿等级，各项报验资料＿＿＿＿＿ SL 631—2012 的要求。 单元工程质量等级评定为：＿＿＿＿＿。 （签字，加盖公章）　　　年　月　日	
监理单位复核意见	经抽查并查验相关检验报告和检验资料，各工序施工质量全部合格，其中优良工序占＿＿＿＿＿%，且主要工序达到＿＿＿＿＿等级，各项报验资料＿＿＿＿＿ SL 631—2012 的要求。 单元工程质量等级评定为：＿＿＿＿＿。 （签字，加盖公章）　　　年　月　日	

注：本表所填"单元工程量"不作为施工单位工程量结算计量的依据。

表1.6.1 土料填筑结合面处理工序施工质量验收评定表填表要求

填表时必须遵守"填表基本规定"，并应符合下列要求：

1. 单位工程、分部工程、单元工程名称及部位填写应与表1.6相同。

2. 各检验项目的检验方法及检验数量按表A-9的要求执行。

表A-9　　　　　　　　　　　　土料填筑结合面处理

检验项目		检验方法	检验数量
建基面地基压实	黏性土、砾质土地基土层	方格网布点检查	坝轴线方向50m，上下游方向20m范围内布点。检验深度应深入地基表面以下1.0m，对地质条件复杂的地基，应加密布点取样检验
	无黏性土地基土层		
土质建基面刨毛		方格网布点检查	每个单元不少于30个点
岩面和混凝土面处理			
层间结合面		观察	全数
涂刷浆液质量		观察、抽测	每拌和一批至少抽样检测1次

3. 工序施工质量验收评定应提交下列资料：

（1）施工单位各班（组）初检记录、施工队复检记录、施工单位专职质检员终检记录，工序中各施工质量检验项目的检验资料。

（2）监理单位对工序中施工质量检验项目的平行检测资料。

4. 工序质量标准：

（1）合格等级标准：

1）主控项目，检验结果应全部符合SL 631—2012的要求。

2）一般项目，逐项应有70％及以上的检验点合格，且不合格点不应集中分布。

3）各项报验资料应符合SL 631—2012的要求。

（2）优良等级标准：

1）主控项目，检验结果应全部符合SL 631—2012的要求。

2）一般项目，逐项应有90％及以上的检验点合格，且不合格点不应集中分布。

3）各项报验资料应符合SL 631—2012的要求。

表 1.6.1　土料填筑结合面处理工序施工质量验收评定表

单位工程名称				工序编号			
分部工程名称				施工单位			
单元工程名称、部位				施工日期	年　月　日—　年　月　日		
项次		检验项目	质量要求	检查记录		合格数	合格率
主控项目	1	建基面地基压实	黏性土、砾质土地基土层　压实度等指标符合设计要求				
			无黏性土地基土层　相对密实度符合设计要求				
	2	土质建基面刨毛	土质地基表面刨毛 3～5cm，层面刨毛均匀细致，无团块、空白				
	3	岩面和混凝土面处理	与土质防渗体结合的岩面或混凝土面，无浮渣、污物杂物，无乳皮粉尘，油垢，无局部积水等。铺填前涂刷浓泥浆或黏土水泥砂浆，涂刷均匀，无空白，且回填及时，无风干现象				
			混凝土面　涂刷厚度为 3～5mm，铺浆厚度允许偏差 0～2mm				
			裂隙岩面　涂刷厚度为 5～10mm，铺浆厚度允许偏差 0～2mm				
一般项目	1	层间结合面	上下层铺土的结合层面无砂砾、无杂物、表面松土、湿润均匀、无积水				
	2	涂刷浆液质量	浆液稠度适宜、均匀无团块，材料配比误差不大于 10%				

施工单位自评意见	主控项目检验点全部合格，一般项目逐项检验点的合格率均不小于_____%，且不合格点不集中分布，各项报验资料_____ SL 631—2012 的要求。 工序质量等级评定为：_____。 （签字，加盖公章）　　　年　月　日
监理单位复核意见	经复核，主控项目检验点全部合格，一般项目逐项检验点的合格率均不小于_____%，且不合格点不集中分布，各项报验资料_____ SL 631—2012 的要求。 工序质量等级评定为：_____。 （签字，加盖公章）　　　年　月　日

表1.6.2 土料填筑卸料及铺填工序
施工质量验收评定表填表要求

填表时必须遵守"填表基本规定",并应符合下列要求:

1. 单位工程、分部工程、单元工程名称及部位填写应与表1.6相同。

2. 各检验项目的检验方法及检验数量按表A-10的要求执行。

表A-10　　　　　　　　　　土料填筑卸料及铺填

检验项目		检验方法	检验数量
卸料		观察	全数
铺填			
结合部土料铺填			
铺土厚度		测量	网格控制,每100m² 为1个测点
铺填边线	人工施工		每条边线,每10延米1个测点
	机械施工		

注:铺土厚度系指推平后、碾压前的厚度。

3. 工序施工质量验收评定应提交下列资料:

(1) 施工单位各班(组)初检记录、施工队复检记录、施工单位专职质检员终检记录,工序中各施工质量检验项目的检验资料。

(2) 监理单位对工序中施工质量检验项目的平行检测资料。

4. 工序质量标准:

(1) 合格等级标准:

1) 主控项目,检验结果应全部符合SL 631—2012的要求。

2) 一般项目,逐项应有70%及以上的检验点合格,且不合格点不应集中分布。

3) 各项报验资料应符合SL 631—2012的要求。

(2) 优良等级标准:

1) 主控项目,检验结果应全部符合SL 631—2012的要求。

2) 一般项目,逐项应有90%及以上的检验点合格,且不合格点不应集中分布。

3) 各项报验资料应符合SL 631—2012的要求。

表 1.6.2　土料填筑卸料及铺填工序施工质量验收评定表

单位工程名称				工序编号			
分部工程名称				施工单位			
单元工程名称、部位				施工日期	年　月　日— 年　月　日		
项次	检验项目		质量要求	检查记录		合格数	合格率
主控项目	1	卸料	卸料、平料符合设计要求，均衡上升。施工面平整、土料分区清晰，上下层分段位置错开				
	2	铺填	上下游坝坡铺填应有富裕量，防渗铺盖在坝体以内部分应与心墙或斜墙同时铺填。铺料表面应保持湿润，符合施工含水量				
一般项目	1	结合部土料铺填	防渗体与地基（包括齿槽）、岸坡、溢洪道边墙、坝下埋管及混凝土齿墙等结合部位的土料铺填，无架空现象。土料厚度均匀，表面平整，无团块、无粗粒集中，边线整齐				
	2	铺土厚度	铺土厚度均匀，符合设计要求，允许偏差−5～0cm				
	3	铺填边线	人工施工：铺填边线应有一定宽裕度，压实削坡后坝体铺填边线满足0～10cm要求				
			机械施工：铺填边线应有一定宽裕度，压实削坡后坝体铺填边线满足0～30cm要求				

施工单位自评意见	主控项目检验点全部合格，一般项目逐项检验点的合格率均不小于_____％，且不合格点不集中分布，各项报验资料_____SL 631—2012 的要求。 工序质量等级评定为：_____。 　　　　　　　　　　　　　　　　　　（签字，加盖公章）　　　年　月　日
监理单位复核意见	经复核，主控项目检验点全部合格，一般项目逐项检验点的合格率均不小于_____％，且不合格点不集中分布，各项报验资料_____SL 631—2012 的要求。 工序质量等级评定为：_____。 　　　　　　　　　　　　　　　　　　（签字，加盖公章）　　　年　月　日

表1.6.3 土料填筑土料压实工序
施工质量验收评定表填表要求

填表时必须遵守"填表基本规定",并应符合下列要求:

1. 单位工程、分部工程、单元工程名称及部位填写应与表1.6相同。

2. 各检验项目的检验方法及检验数量按表A-11的要求执行。

表A-11 土料填筑土料压实

检验项目	检验方法	检验数量
碾压参数	查阅试验报告、施工记录	每班至少检查2次
压实质量	取样试验,黏性土宜采用环刀法、核子水分密度仪。砾质土可采用挖坑灌砂(灌水)法,土质不均匀的黏性土和砾质土的压实度检测也可采用三点击实法	黏性土1次/(100~200m³),砾质土1次/(200~500m³)
压实土料的渗透系数	渗透试验	满足设计要求
碾压搭接带宽度	观察、量测	每条搭接带每个单元抽测3处
碾压面处理	现场观察、查阅施工记录	全数

3. 工序施工质量验收评定应提交下列资料:

(1) 施工单位各班(组)初检记录、施工队复检记录、施工单位专职质检员终检记录,工序中各施工质量检验项目的检验资料。

(2) 监理单位对工序中施工质量检验项目的平行检测资料。

4. 工序质量标准:

(1) 合格等级标准:

1) 主控项目,检验结果应全部符合SL 631—2012的要求。

2) 一般项目,逐项应有70%及以上的检验点合格,且不合格点不应集中分布。

3) 各项报验资料应符合SL 631—2012的要求。

(2) 优良等级标准:

1) 主控项目,检验结果应全部符合SL 631—2012的要求。

2) 一般项目,逐项应有90%及以上的检验点合格,且不合格点不应集中分布。

3) 各项报验资料应符合SL 631—2012的要求。

表1.6.3　　土料填筑土料压实工序施工质量验收评定表

单位工程名称				工序编号			
分部工程名称				施工单位			
单元工程名称、部位				施工日期	年　月　日—		年　月　日

项次		检验项目	质量要求	检查记录	合格数	合格率
主控项目	1	碾压参数	压实机具的型号、规格，碾压遍数、碾压速度、碾压振动频率、振幅和加水量应符合碾压试验确定的参数值			
	2	压实质量	压实度取样合格率不小于90%。不合格试样不应集中，且不低于压实度设计值的98%			
			土料的含水量应控制在最优量值的−2%～3%之间			
	3	压实土料的渗透系数	符合设计要求（设计值）			
一般项目	1	分段碾压时相邻两段碾压搭接带宽度	垂直碾压方向　搭接宽度1.0～1.5m			
			顺碾压方向　搭接宽度0.3～0.5m			
	2	碾压面处理	碾压表面平整，无漏压，个别有弹簧、起皮、脱空、剪力破坏部位的处理符合设计要求			

施工单位自评意见	主控项目检验点全部合格，一般项目逐项检验点的合格率均不小于_____%，且不合格点不集中分布，各项报验资料_____ SL 631—2012 的要求。 工序质量等级评定为：_____。 （签字，加盖公章）　　　年　月　日
监理单位复核意见	经复核，主控项目检验点全部合格，一般项目逐项检验点的合格率均不小于_____%，且不合格点不集中分布，各项报验资料_____ SL 631—2012 的要求。 工序质量等级评定为：_____。 （签字，加盖公章）　　　年　月　日

表1.6.4 土料填筑接缝处理工序
施工质量验收评定表填表要求

填表时必须遵守"填表基本规定",并应符合下列要求:

1. 单位工程、分部工程、单元工程名称及部位填写应与表1.6相同。

2. 各检验项目的检验方法及检验数量按表A-12的要求执行。

表A-12   土料填筑接缝处理

检验项目	检验方法	检验数量
结合坡面	观察、测量	每一结合坡面抽测3处
结合坡面碾压	观察、取样检验	每10延米取试样1个,如一层达不到20个试样,可多层累积统计;但每层不应少于3个试样
结合坡面填土		全数
结合坡面处理	观察、布置方格网量测	每个单元不少于30个点

3. 工序施工质量验收评定应提交下列资料:

(1) 施工单位各班(组)初检记录、施工队复检记录、施工单位专职质检员终检记录,工序中各施工质量检验项目的检验资料。

(2) 监理单位对工序中施工质量检验项目的平行检测资料。

4. 工序质量标准:

(1) 合格等级标准:

1) 主控项目,检验结果应全部符合SL 631—2012的要求。

2) 一般项目,逐项应有70%及以上的检验点合格,且不合格点不应集中分布。

3) 各项报验资料应符合SL 631—2012的要求。

(2) 优良等级标准:

1) 主控项目,检验结果应全部符合SL 631—2012的要求。

2) 一般项目,逐项应有90%及以上的检验点合格,且不合格点不应集中分布。

3) 各项报验资料应符合SL 631—2012的要求。

表 1.6.4　　土料填筑接缝处理工序施工质量验收评定表

单位工程名称				工序编号		
分部工程名称				施工单位		
单元工程名称、部位				施工日期	年　月　日—　年　月　日	

项次		检验项目	质量要求	检查记录	合格数	合格率
主控项目	1	结合坡面	斜墙和心墙内不应留有纵向接缝。防渗体及均质坝的横向接坡不应陡于1:3，其高差应符合设计要求，与岸坡结合坡度应符合设计要求。均质坝纵向接缝斜坡坡度和平台宽度应满足稳定要求，平台间高差不大于15m			
	2	结合坡面碾压	结合坡面填土碾压密实，层面平整、无拉裂和起皮现象			
一般项目	1	结合坡面填土	填土质量符合设计要求，铺土均匀、表面平整，无团块、无风干			
	2	结合坡面处理	纵横接缝的坡面削坡、润湿、刨毛等处理符合设计要求			

施工单位自评意见	主控项目检验点全部合格，一般项目逐项检验点的合格率均不小于_____%，且不合格点不集中分布，各项报验资料_____ SL 631—2012 的要求。　　工序质量等级评定为：_____。　　　　　　　　　　　　　　　　　　　　（签字，加盖公章）　　年　月　日
监理单位复核意见	经复核，主控项目检验点全部合格，一般项目逐项检验点的合格率均不小于_____%，且不合格点不集中分布，各项报验资料_____ SL 631—2012 的要求。　　工序质量等级评定为：_____。　　　　　　　　　　　　　　　　　　　　（签字，加盖公章）　　年　月　日

表1.7 坝体（壳）砂砾料填筑单元工程
施工质量验收评定表填表要求

填表时必须遵守"填表基本规定"，并应符合下列要求：

1. 砂砾料的材料质量指标应符合设计要求。砂砾料在铺填前，应进行碾压试验，以确定碾压方式及碾压质量控制参数。

2. 单元工程划分：宜以设计或施工铺填区段划分，每一区、段的每一铺填层划分为一个单元工程。

3. 单元工程量填写坝体（壳）砂砾料工程量（m^3）。

4. 砂砾料铺填施工单元工程宜分为砂砾料铺填、压实2个工序，其中砂砾料压实工序为主要工序，用△标注。本表是在表1.7.1、表1.7.2工序施工质量验收评定合格的基础上进行。

5. 单元工程施工质量验收评定应提交下列资料：

（1）施工单位应提交单元工程中所含工序（或检验项目）验收评定的检验资料。

（2）各项实体检验项目的检验记录资料。

（3）监理单位应提交对单元工程施工质量的平行检测资料。

6. 单元工程质量标准：

（1）合格等级标准：各工序施工质量验收评定应全部合格；各项报验资料应符合 SL 631—2012 的要求。

（2）优良等级标准：各工序施工质量验收评定应全部合格，其中优良工序应达到 50% 及以上，且主要工序应达到优良等级；各项报验资料应符合 SL 631—2012 的要求。

表 1.7 坝体（壳）砂砾料填筑单元工程施工质量验收评定表

单位工程名称		单元工程量	
分部工程名称		施工单位	
单元工程名称、部位		施工日期	年 月 日— 年 月 日

项次	工序名称（或编号）	工序质量验收评定等级
1	砂砾料铺填	
2	△砂砾料压实	

施工单位自评意见	各工序施工质量全部合格，其中优良工序占_____%，且主要工序达到_____等级，各项报验资料_____ SL 631—2012 的要求。 单元工程质量等级评定为：_____。 （签字，加盖公章）　　　　年 月 日
监理单位复核意见	经抽查并查验相关检验报告和检验资料，各工序施工质量全部合格，其中优良工序占_____%，且主要工序达到_____等级，各项报验资料_____ SL 631—2012 的要求。 单元工程质量等级评定为：_____。 （签字，加盖公章）　　　　年 月 日

注：本表所填"单元工程量"不作为施工单位工程量结算计量的依据。

表1.7.1 砂砾料铺填工序
施工质量验收评定表填表要求

填表时必须遵守"填表基本规定",并应符合下列要求:

1. 单位工程、分部工程、单元工程名称及部位填写应与表1.7相同。

2. 各检验项目的检验方法及检验数量按表A-13的要求执行。

表 A-13　　　　　　　　　　　砂 砾 料 铺 填

检验项目	检验方法	检验数量
铺料厚度	按 20m×20m 方格网的角点为测点,定点测量	每个单元不少于 10 个点
岸坡结合处铺填	观察、量测	每条边线,每 10 延米量测 1 组
铺填层面外观	观察	全数
富裕铺填宽度	观察、量测	每条边线,每 10 延米量测 1 组
注:铺料厚度系指推平后、碾压前的厚度。			

3. 工序施工质量验收评定应提交下列资料:

(1) 施工单位各班(组)初检记录、施工队复检记录、施工单位专职质检员终检记录,工序中各施工质量检验项目的检验资料。

(2) 监理单位对工序中施工质量检验项目的平行检测资料。

4. 工序质量标准:

(1) 合格等级标准:

1) 主控项目,检验结果应全部符合 SL 631—2012 的要求。

2) 一般项目,逐项应有 70% 及以上的检验点合格,且不合格点不应集中分布。

3) 各项报验资料应符合 SL 631—2012 的要求。

(2) 优良等级标准:

1) 主控项目,检验结果应全部符合 SL 631—2012 的要求。

2) 一般项目,逐项应有 90% 及以上的检验点合格,且不合格点不应集中分布。

3) 各项报验资料应符合 SL 631—2012 的要求。

表 1.7.1　　　砂砾料铺填工序施工质量验收评定表

单位工程名称			工序编号			
分部工程名称			施工单位			
单元工程名称、部位			施工日期	年　月　日— 　年　月　日		
项次	检验项目	质量要求	检查记录		合格数	合格率
主控项目	1　铺料厚度	铺料层厚度均匀，表面平整，边线整齐				
		铺料厚度允许偏差为设计厚度的 －10%～0				
	2　岸坡结合处铺填	纵横向结合部应符合设计要求				
		岸坡结合处的填料不应分离、架空				
一般项目	1　铺填层面外观	砂砾料铺填力求均衡上升，无团块、无粗粒集中				
	2　富裕铺填宽度	富裕铺填宽度满足削坡后压实质量要求；允许偏差0～10cm				
施工单位自评意见	主控项目检验点全部合格，一般项目逐项检验点的合格率均不小于_____%，且不合格点不集中分布，各项报验资料_____ SL 631—2012 的要求。 工序质量等级评定为：_____。 （签字，加盖公章）　　　年　月　日					
监理单位复核意见	经复核，主控项目检验点全部合格，一般项目逐项检验点的合格率均不小于_____%，且不合格点不集中分布，各项报验资料_____ SL 631—2012 的要求。 工序质量等级评定为：_____。 （签字，加盖公章）　　　年　月　日					

表1.7.2 砂砾料压实工序
施工质量验收评定表填表要求

填表时必须遵守"填表基本规定",并应符合下列要求:

1. 单位工程、分部工程、单元工程名称及部位填写应与表1.7相同。

2. 各检验项目的检验方法及检验数量按表A-14的要求执行。

表 A-14 砂 砾 料 压 实

检验项目	检验方法	检验数量
碾压参数	按碾压试验报告检查、查阅施工记录	每班至少检查2次
压实质量	查阅施工记录、取样试验	按铺填1000~5000m³取1个试样,但每层测点不少于10个点,渐至坝顶处每层或每个单元不宜少于5个点;测点中应至少有1~2个点分布在设计边坡线以内30cm处,或与岸坡结合处附近
压层表面质量	观察	全数
断面尺寸	测量检查	每层不少于10处

3. 工序施工质量验收评定应提交下列资料:

(1) 施工单位各班(组)初检记录、施工队复检记录、施工单位专职质检员终检记录,工序中各施工质量检验项目的检验资料。

(2) 监理单位对工序中施工质量检验项目的平行检测资料。

4. 工序质量标准:

(1) 合格等级标准:

1) 主控项目,检验结果应全部符合 SL 631—2012 的要求。

2) 一般项目,逐项应有70%及以上的检验点合格,且不合格点不应集中分布。

3) 各项报验资料应符合 SL 631—2012 的要求。

(2) 优良等级标准:

1) 主控项目,检验结果应全部符合 SL 631—2012 的要求。

2) 一般项目,逐项应有90%及以上的检验点合格,且不合格点不应集中分布。

3) 各项报验资料应符合 SL 631—2012 的要求。

表 1.7.2　　砂砾料压实工序施工质量验收评定表

单位工程名称			工序编号		
分部工程名称			施工单位		
单元工程名称、部位			施工日期	年 月 日— 年 月 日	

项次		检验项目	质量要求	检查记录	合格数	合格率
主控项目	1	碾压参数	压实机具的型号、规格，碾压遍数、碾压速度、碾压振动频率、振幅和加水量应符合碾压试验确定的参数值			
	2	压实质量	相对密度不低于设计要求			
一般项目	1	压层表面质量	表面平整，无漏压、欠压			
	2	断面尺寸	压实削坡后上、下游设计边坡超填值允许偏差±20cm			
			坝轴线与相邻坝料结合面距离的允许偏差±30cm			

施工单位自评意见	主控项目检验点全部合格，一般项目逐项检验点的合格率均不小于_____%，且不合格点不集中分布，各项报验资料_____ SL 631—2012 的要求。 工序质量等级评定为：_____。 （签字，加盖公章）　　　年 月 日
监理单位复核意见	经复核，主控项目检验点全部合格，一般项目逐项检验点的合格率均不小于_____%，且不合格点不集中分布，各项报验资料_____ SL 631—2012 的要求。 工序质量等级评定为：_____。 （签字，加盖公章）　　　年 月 日

表1.8 堆石料填筑单元工程
施工质量验收评定表填表要求

填表时必须遵守"填表基本规定",并应符合下列要求:

1. 堆石料的材料质量指标应符合设计要求。堆石料在铺填前,应进行碾压试验,以确定碾压方式及碾压质量控制参数。

2. 单元工程划分:宜以设计或施工铺填区段划分,每一区、段的每一铺填层划分为一个单元工程。

3. 单元工程量填写堆石料填筑工程量(m³)。

4. 堆石料铺填施工单元工程宜分为堆石料铺填、压实2个工序,其中堆石料压实工序为主要工序,用△标注。本表是在表1.8.1、表1.8.2工序施工质量验收评定合格的基础上进行。

5. 单元工程施工质量验收评定应提交下列资料:

(1) 施工单位应提交单元工程中所含工序(或检验项目)验收评定的检验资料。

(2) 各项实体检验项目的检验记录资料。

(3) 监理单位应提交对单元工程施工质量的平行检测资料。

6. 单元工程质量标准:

(1) 合格等级标准:各工序施工质量验收评定应全部合格;各项报验资料应符合 SL 631—2012 的要求。

(2) 优良等级标准:各工序施工质量验收评定应全部合格,其中优良工序应达到 50% 及以上,且主要工序应达到优良等级;各项报验资料应符合 SL 631—2012 的要求。

表 1.8　　　堆石料填筑单元工程施工质量验收评定表

单位工程名称		单元工程量	
分部工程名称		施工单位	
单元工程名称、部位		施工日期	年　月　日— 　年　月　日

项次	工序名称（或编号）	工序质量验收评定等级
1	堆石料铺填	
2	△堆石料铺填压实	

施工单位自评意见	各工序施工质量全部合格，其中优良工序占_____%，且主要工序达到_____等级，各项报验资料_____ SL 631—2012 的要求。 单元工程质量等级评定为：_____。 　　　　　　　　　　　　　　　　　　　（签字，加盖公章）　　　年　月　日
监理单位复核意见	经抽查并查验相关检验报告和检验资料，各工序施工质量全部合格，其中优良工序占_____%，且主要工序达到_____等级，各项报验资料_____ SL 631—2012 的要求。 单元工程质量等级评定为：_____。 　　　　　　　　　　　　　　　　　　　（签字，加盖公章）　　　年　月　日

注：本表所填"单元工程量"不作为施工单位工程量结算计量的依据。

表1.8.1 堆石料铺填工序
施工质量验收评定表填表要求

填表时必须遵守"填表基本规定",并应符合下列要求:

1. 单位工程、分部工程、单元工程名称及部位填写应与表1.8相同。

2. 各检验项目的检验方法及检验数量按表A-15的要求执行。

表 A-15　　　　　　　　　　　　堆 石 料 铺 填

检验项目	检验方法	检验数量
铺料厚度	方格网定点测量	每个单元的有效检测点总数不少于20个点
结合部铺填	观察、查阅施工记录	全数
铺填层面外观	观察	

注:铺料厚度系指推平后、碾压前的厚度。

3. 工序施工质量验收评定应提交下列资料:

(1) 施工单位各班(组)初检记录、施工队复检记录、施工单位专职质检员终检记录,工序中各施工质量检验项目的检验资料。

(2) 监理单位对工序中施工质量检验项目的平行检测资料。

4. 工序质量标准:

(1) 合格等级标准:

1) 主控项目,检验结果应全部符合 SL 631—2012 的要求。

2) 一般项目,逐项应有70%及以上的检验点合格,且不合格点不应集中分布。

3) 各项报验资料应符合 SL 631—2012 的要求。

(2) 优良等级标准:

1) 主控项目,检验结果应全部符合 SL 631—2012 的要求。

2) 一般项目,逐项应有90%及以上的检验点合格,且不合格点不应集中分布。

3) 各项报验资料应符合 SL 631—2012 的要求。

表 1.8.1　　堆石料铺填工序施工质量验收评定表

单位工程名称			工序编号			
分部工程名称			施工单位			
单元工程名称、部位			施工日期	年　月　日— 　年　月　日		
项次	检验项目	质量要求	检查记录		合格数	合格率
主控项目　1	铺料厚度	铺料厚度应符合设计要求，允许偏差为铺料厚度的－10%～0，且每一层应有90%的测点达到规定的铺料厚度				
主控项目　2	结合部铺填	堆石料纵横向结合部位宜采用台阶收坡法，台阶宽度应符合设计要求结合部位的石料无分离、架空现象				
一般项目　1	铺填层面外观	外观平整，分区均衡上升，大粒径料无集中现象				
施工单位自评意见	主控项目检验点全部合格，一般项目逐项检验点的合格率均不小于_____%，且不合格点不集中分布，各项报验资料_____ SL 631—2012 的要求。 工序质量等级评定为：_____。 （签字，加盖公章）　　　年　月　日					
监理单位复核意见	经复核，主控项目检验点全部合格，一般项目逐项检验点的合格率均不小于_____%，且不合格点不集中分布，各项报验资料_____ SL 631—2012 的要求。 工序质量等级评定为：_____。 （签字，加盖公章）　　　年　月　日					

表1.8.2 堆石料压实工序
施工质量验收评定表填表要求

填时必须遵守"填表基本规定",并应符合下列要求:

1. 单位工程、分部工程、单元工程名称及部位填写应与表1.8相同。

2. 各检验项目的检验方法及检验数量按表A-16的要求执行。

表 A-16　　　　　　　　　堆 石 料 压 实

检验项目			检验方法	检验数量
碾压参数			查阅试验报告、施工记录	每班至少检查2次
压实质量			试坑法	主堆石区每5000~50000m³取样1次; 过渡层区每1000~5000m³取样1次
压层表面质量			观察	全数
断面尺寸	下游坡铺填边线距坝轴线距离	有护坡要求	测量	每一检查项目,每层不少于10个点
		无护坡要求		
	过渡层与主堆石区分界线距坝轴线距离			
	垫层与过渡层分界线距坝轴线距离			

3. 工序施工质量验收评定应提交下列资料:

(1) 施工单位各班(组)初检记录、施工队复检记录、施工单位专职质检员终检记录,工序中各施工质量检验项目的检验资料。

(2) 监理单位对工序中施工质量检验项目的平行检测资料。

4. 工序质量标准:

(1) 合格等级标准:

1) 主控项目,检验结果应全部符合SL 631—2012的要求。

2) 一般项目,逐项应有70%及以上的检验点合格,且不合格点不应集中分布。

3) 各项报验资料应符合SL 631—2012的要求。

(2) 优良等级标准:

1) 主控项目,检验结果应全部符合SL 631—2012的要求。

2) 一般项目,逐项应有90%及以上的检验点合格,且不合格点不应集中分布。

3) 各项报验资料应符合SL 631—2012的要求。

表 1.8.2   堆石料压实工序施工质量验收评定表

单位工程名称				工序编号			
分部工程名称				施工单位			
单元工程名称、部位				施工日期	年　月　日— 　年　月　日		

项次		检验项目		质量要求	检查记录	合格数	合格率
主控项目	1	碾压参数		压实机具的型号、规格，碾压遍数、碾压速度、碾压振动频率、振幅和加量应符合碾压试验确定的参数值			
	2	压实质量		孔隙率不大于设计要求			
一般项目	1	压层表面质量		表面平整，无漏压、欠压			
	2	断面尺寸	下游坡铺填边线距坝轴线距离	有护坡要求	符合设计要求，允许偏差±20cm			
				无护坡要求	符合设计要求，允许偏差±30cm			
			过渡层与主堆石区分界线距坝轴线距离		符合设计要求，允许偏差±30cm			
			垫层与过渡层分界线距坝轴线距离		符合设计要求，允许偏差－10～0cm			

施工单位自评意见	主控项目检验点全部合格，一般项目逐项检验点的合格率均不小于_____%，且不合格点不集中分布，各项报验资料_____ SL 631—2012 的要求。 工序质量等级评定为：_____。 （签字，加盖公章）　　　年　月　日
监理单位复核意见	经复核，主控项目检验点全部合格，一般项目逐项检验点的合格率均不小于_____%，且不合格点不集中分布，各项报验资料_____ SL 631—2012 的要求。 工序质量等级评定为：_____。 （签字，加盖公章）　　　年　月　日

表1.9 反滤（过渡）料填筑单元工程
施工质量验收评定表填表要求

填表时必须遵守"填表基本规定"，并应符合下列要求：

1. 反滤料的材料质量指标应符合设计要求。反滤（过渡）料在铺填前，应进行碾压试验，以确定碾压方式及碾压质量控制参数。

2. 单元工程划分：宜以反滤层、过渡层工程施工的区、段、层划分，每一区、段的每一层划分为一个单元工程。

3. 单元工程量填写本单元反滤（过渡）料填筑工程量（m³）。

4. 反滤（过渡）料铺填单元工程施工宜分为反滤（过渡）料铺填、压实2个工序，其中反滤（过渡）料压实工序为主要工序，用△标注。本表是在表1.9.1、表1.9.2工序施工质量验收评定合格的基础上进行。

5. 单元工程施工质量验收评定应提交下列资料：

（1）施工单位应提交单元工程中所含工序（或检验项目）验收评定的检验资料。

（2）各项实体检验项目的检验记录资料。

（3）监理单位应提交对单元工程施工质量的平行检测资料。

6. 单元工程质量标准：

（1）合格等级标准：各工序施工质量验收评定应全部合格；各项报验资料应符合 SL 631—2012 的要求。

（2）优良等级标准：各工序施工质量验收评定应全部合格，其中优良工序应达到50%及以上，且主要工序应达到优良等级；各项报验资料应符合 SL 631—2012 的要求。

工程

表 1.9　　反滤（过渡）料填筑单元工程施工质量验收评定表

单位工程名称			单元工程量	
分部工程名称			施工单位	
单元工程名称、部位			施工日期	年　月　日—　　年　月　日

项次	工序名称（或编号）	工序质量验收评定等级
1	反滤（过渡）料铺填	
2	△反滤（过渡）料铺填压实	

施工单位自评意见	各工序施工质量全部合格，其中优良工序占＿＿＿＿%，且主要工序达到＿＿＿＿等级，单元工程实体质量检验合格，各项报验资料＿＿＿＿ SL 631—2012 的要求。 单元工程质量等级评定为：＿＿＿＿。 （签字，加盖公章）　　　年　月　日
监理单位复核意见	经抽查并查验相关检验报告和检验资料，各工序施工质量全部合格，其中优良工序占＿＿＿＿%，且主要工序达到＿＿＿＿等级，单元工程实体质量检验合格，各项报验资料＿＿＿＿ SL 631—2012 的要求。 单元工程质量等级评定为：＿＿＿＿。 （签字，加盖公章）　　　年　月　日

注：本表所填"单元工程量"不作为施工单位工程量结算计量的依据。

表1.9.1 反滤 (过渡) 料铺填工序施工质量验收评定表填表要求

填表时必须遵守"填表基本规定",并应符合下列要求:

1. 单位工程、分部工程、单元工程名称及部位填写要与表1.9相同。

2. 各检验项目的检验方法及检验数量按表 A-17 的要求执行。

表 A-17 反滤 (过渡) 料铺填

检验项目	检验方法	检验数量
铺料厚度	方格网定点测量	每个单元不少于10个点
铺填位置	观察、测量	每条边线,每10延米检测1组,每组2个点
结合部	观察、查阅施工记录	全数
铺填层面外观	观察	全数
层间结合面		

注: 铺料厚度是指推平后碾压前的厚度。

3. 工序施工质量验收评定应提交下列资料:

(1) 施工单位各班 (组) 初检记录、施工队复检记录、施工单位专职质检员终检记录,工序中各施工质量检验项目的检验资料。

(2) 监理单位对工序中施工质量检验项目的平行检测资料。

4. 工序质量标准:

(1) 合格等级标准:

1) 主控项目,检验结果应全部符合 SL 631—2012 的要求。

2) 一般项目,逐项应有70%及以上的检验点合格,且不合格点不应集中分布。

3) 各项报验资料应符合 SL 631—2012 的要求。

(2) 优良等级标准:

1) 主控项目,检验结果应全部符合 SL 631—2012 的要求。

2) 一般项目,逐项应有90%及以上的检验点合格,且不合格点不应集中分布。

3) 各项报验资料应符合 SL 631—2012 的要求。

表 1.9.1　　反滤（过渡）料铺填工序施工质量验收评定表

单位工程名称			工序编号				
分部工程名称			施工单位				
单元工程名称、部位			施工日期	年　月　日—		年　月　日	
项次	检验项目	质量要求	检查记录			合格数	合格率
主控项目	1　铺料厚度	铺料厚度均匀，不超厚，表面平整，边线整齐					
		检测点允许偏差不大于铺料厚度的10%，且不应超厚					
	2　铺填位置	铺填位置准确，摊铺边线整齐，边线允许偏差±5cm					
	3　结合部	纵横向符合设计要求，岸坡结合处的填料无分离、架空					
一般项目	1　铺填层面外观	铺填力求均衡上升，无团块、无粗粒集中					
	2　层间结合面	上下层间的结合面无泥土、杂物等					

施工单位自评意见	主控项目检验点全部合格，一般项目逐项检验点的合格率均不小于_____%，且不合格点不集中分布，各项报验资料_____ SL 631—2012 的要求。 　　工序质量等级评定为：_____。 （签字，加盖公章）　　　年　月　日
监理单位复核意见	经复核，主控项目检验点全部合格，一般项目逐项检验点的合格率均不小于_____%，且不合格点不集中分布，各项报验资料_____ SL 631—2012 的要求。 　　工序质量等级评定为：_____。 （签字，加盖公章）　　　年　月　日

表1.9.2 反滤（过渡）料压实工序
施工质量验收评定表填表要求

填表时必须遵守"填表基本规定"，并应符合下列要求：

1. 单位工程、分部工程、单元工程名称及部位填写应与表1.9相同。

2. 各检验项目的检验方法及检验数量按表 A-18 的要求执行。

表 A-18   反滤（过渡）料压实

检验项目	检验方法	检验数量
碾压参数	查阅试验报告、施工记录	每班至少检查2次
压实质量	试坑法	每200～400m³ 检测1次，每个取样断面每层所取的样品不应少于1组
压层表面质量	观察	全数
断面尺寸	查阅施工记录、测量	每100～200m³ 检测1组，或每10延米检测1组，每组不少于2个点

3. 工序施工质量验收评定应提交下列资料：

（1）施工单位各班（组）初检记录、施工队复检记录、施工单位专职质检员终检记录，工序中各施工质量检验项目的检验资料。

（2）监理单位对工序中施工质量检验项目的平行检测资料。

4. 工序质量标准：

（1）合格等级标准：

1）主控项目，检验结果应全部符合 SL 631—2012 的要求。

2）一般项目，逐项应有70％及以上的检验点合格，且不合格点不应集中分布。

3）各项报验资料应符合 SL 631—2012 的要求。

（2）优良等级标准：

1）主控项目，检验结果应全部符合 SL 631—2012 的要求。

2）一般项目，逐项应有90％及以上的检验点合格，且不合格点不应集中分布。

3）各项报验资料应符合 SL 631—2012 的要求。

表 1.9.2　　反滤（过渡）料压实工序施工质量验收评定表

单位工程名称			工序编号				
分部工程名称			施工单位				
单元工程名称、部位			施工日期	年 月 日— 年 月 日			

项次		检验项目	质量要求	检查记录	合格数	合格率
主控项目	1	碾压参数	压实机具的型号、规格，碾压遍数、碾压速度、碾压振动频率、振幅和加水量应符合碾压试验确定的参数值			
	2	压实质量	相对密实度不小于设计要求			
一般项目	1	压层表面质量	表面平整，无漏压、欠压和出现弹簧土现象			
	2	断面尺寸	压实后的反滤层、过渡层的断面尺寸偏差值不大于设计厚度的10％			

施工单位自评意见	主控项目检验点全部合格，一般项目逐项检验点的合格率均不小于_____％，且不合格点不集中分布，各项报验资料_____ SL 631—2012 的要求。 工序质量等级评定为：_____。 （签字，加盖公章）　　　年 月 日
监理单位复核意见	经复核，主控项目检验点全部合格，一般项目逐项检验点的合格率均不小于_____％，且不合格点不集中分布，各项报验资料_____ SL 631—2012 的要求。 工序质量等级评定为：_____。 （签字，加盖公章）　　　年 月 日

表1.10 面板堆石坝垫层单元工程
施工质量验收评定表填表要求

填表时必须遵守"填表基本规定",并应符合下列要求:

1. 单元工程划分:宜以垫层工程施工的区、段划分,每一区、段划分为一个单元工程。

2. 单元工程量填写本单元面板堆石坝垫层料工程量(m^3)。

3. 垫层料铺填单元工程施工宜分为垫层料铺填、压实 2 个工序,其中垫层料压实工序为主要工序,用△标注。本表是在表1.10.1、表1.10.2 工序施工质量验收评定合格的基础上进行。

4. 单元工程施工质量验收评定应提交下列资料:

(1) 施工单位应提交单元工程中所含工序(或检验项目)验收评定的检验资料。

(2) 各项实体检验项目的检验记录资料。

(3) 监理单位应提交对单元工程施工质量的平行检测资料。

5. 单元工程质量标准:

(1) 合格等级标准:各工序施工质量验收评定应全部合格;各项报验资料应符合 SL 631—2012 的要求。

(2) 优良等级标准:各工序施工质量验收评定应全部合格,其中优良工序应达到 50% 及以上,且主要工序应达到优良等级;各项报验资料应符合 SL 631—2012 的要求。

_____工程

表 1.10　面板堆石坝垫层单元工程施工质量验收评定表

单位工程名称		单元工程量	
分部工程名称		施工单位	
单元工程名称、部位		施工日期	年　月　日— 年　月　日

项次	工序名称（或编号）	工序质量验收评定等级
1	垫层料铺填	
2	△垫层料压实	

施工单位自评意见	各工序施工质量全部合格，其中优良工序占_____%，且主要工序达到_____等级，各项报验资料_____ SL 631—2012 的要求。 单元工程质量等级评定为：_____。 （签字，加盖公章）　　年　月　日
监理单位复核意见	经抽查并查验相关检验报告和检验资料，各工序施工质量全部合格，其中优良工序占_____%，且主要工序达到_____等级，各项报验资料_____ SL 631—2012 的要求。 单元工程质量等级评定为：_____。 （签字，加盖公章）　　年　月　日
注：本表所填"单元工程量"不作为施工单位工程量结算计量的依据。	

56

表1.10.1　垫层料铺填工序
施工质量验收评定表填表要求

填表时必须遵守"填表基本规定"，并应符合下列要求：

1. 单位工程、分部工程、单元工程名称及部位填写应与表1.10相同。

2. 各检验项目的检验方法及检验数量按表A-19的要求执行。

表A-19　　　　　　　　　　　垫 层 料 铺 填

检验项目		检验方法	检验数量
铺料厚度		方格网定点测量	铺料厚度按10m×10m网格布置测点，每个单元不少于4个点
铺填位置	垫层与过渡层分界线与坝轴线距离	测量	每个单元不少于10处
	垫层外坡线距坝轴线（碾压层）		
结合部		观察、查阅施工记录	全数
铺填层面外观		观察	
接缝重叠宽度		查阅施工记录、量测	每10延米检测1组，每组2个点
层间结合面		观察	全数
注：铺料厚度是指推平后、碾压前的厚度。			

3. 工序施工质量验收评定应提交下列资料：

（1）施工单位各班（组）初检记录、施工队复检记录、施工单位专职质检员终检记录，工序中各施工质量检验项目的检验资料。

（2）监理单位对工序中施工质量检验项目的平行检测资料。

4. 工序质量标准：

（1）合格等级标准：

1）主控项目，检验结果应全部符合SL 631—2012的要求。

2）一般项目，逐项应有70％及以上的检验点合格，且不合格点不应集中分布。

3）各项报验资料应符合SL 631—2012的要求。

（2）优良等级标准：

1）主控项目，检验结果应全部符合SL 631—2012的要求。

2）一般项目，逐项应有90％及以上的检验点合格，且不合格点不应集中分布。

3）各项报验资料应符合SL 631—2012的要求。

_____工程

表 1.10.1　　垫层料铺填工序施工质量验收评定表

单位工程名称			工序编号		
分部工程名称			施工单位		
单元工程名称、部位			施工日期	年　月　日— 年　月　日		

项次		检验项目	质量要求	检查记录	合格数	合格率
主控项目	1	铺料厚度	铺料厚度均匀，不超厚。表面平整，边线整齐，检查点允许偏差±3cm			
	2	铺填位置	垫层与过渡层分界线与坝轴线距离	符合设计要求，允许偏差－10～0cm			
			垫层外坡线距坝轴线（碾压层）	符合设计要求，允许偏差±5cm			
	3	结合部	垫层摊铺顺序、纵横向结合部符合设计要求。岸坡结合处的填料不应分离、架空			
一般项目	1	铺填层面外观	铺填力求均衡上升，无团块、无粗粒集中			
	2	接缝重叠宽度	接缝重叠宽度应符合设计要求，检查点允许偏差±10cm			
	3	层间结合面	上下层间的结合面无撒入泥土、杂物等			

施工单位自评意见	主控项目检验点全部合格，一般项目逐项检验点的合格率均不小于_____%，且不合格点不集中分布，各项报验资料_____ SL 631—2012 的要求。 工序质量等级评定为：_____。 <div align="right">（签字，加盖公章）　　年　月　日</div>
监理单位复核意见	经复核，主控项目检验点全部合格，一般项目逐项检验点的合格率均不小于_____%，且不合格点不集中分布，各项报验资料_____ SL 631—2012 的要求。 工序质量等级评定为：_____。 <div align="right">（签字，加盖公章）　　年　月　日</div>

表1.10.2 垫层料压实工序
施工质量验收评定表填表要求

填表时必须遵守"填表基本规定",并应符合下列要求:

1. 单位工程、分部工程、单元工程名称及部位填写应与表1.10相同。

2. 各检验项目的检验方法及检验数量按表A-20的要求执行。

表A-20 　　　　　　　　　　　　垫层料压实

	检验项目		检验方法	检验数量
碾压参数			查阅试验报告、施工记录	每班至少检查2次
压实质量			查阅施工记录、观察,试坑法测定,试坑均匀分布于断面	水平面按每500~1000m³检测1次,但每个单元取样不应少于3次;斜坡面按每1000~2000m³检测1次
压层表面质量			观察	全数
垫层坡面保护		保护层材料	取样抽验	每批次或每单位工程取样3组
		配合比	取样抽验	每种配合比至少取样1组
	碾压水泥砂浆	铺料厚度	拉线测量	沿坡面按20m×20m网格布置测点
		摊铺每条幅宽度不小于4m	拉线测量	每10延米检测2组
		碾压方法及遍数	观察、查阅施工记录	全数
		碾压后砂浆表面平整度	拉线测量	沿坡面按20m×20m网格布置测点
		砂浆初凝前应碾压完毕,终凝后洒水养护	观察、查阅施工记录	全数
	喷射混凝土或水泥砂浆	喷层厚度偏离设计线	拉线测量	沿坡面按20m×20m网格布置测点
		喷层施工工艺	观察、查阅施工记录	全数
		喷层表面平整度	拉线测量	沿坡面按20m×20m网格布置测点
		喷层终凝后洒水养护	观察、查阅施工记录	全数
	阳离子乳沥青	喷涂层数	查阅施工记录	全数
		喷涂间隔时间		
		喷涂前应清除坡面浮尘,喷涂后随即均匀撒砂		

3. 垫层坡面保护形式、采用材料及其配合比应满足设计要求。坡面防护层应做到喷、摊均匀密实,无空白、鼓包,表面平整、洁净。

4. 工序施工质量验收评定应提交下列资料:

(1) 施工单位各班(组)初检记录、施工队复检记录、施工单位专职质检员终检记录,工序中各施工质量检验项目的检验资料。

(2) 监理单位对工序中施工质量检验项目的平行检测资料。

5. 工序质量标准：

（1）合格等级标准：

1）主控项目，检验结果应全部符合 SL 631—2012 的要求。

2）一般项目，逐项应有 70％及以上的检验点合格，且不合格点不应集中分布。

3）各项报验资料应符合 SL 631—2012 的要求。

（2）优良等级标准：

1）主控项目，检验结果应全部符合 SL 631—2012 的要求。

2）一般项目，逐项应有 90％及以上的检验点合格，且不合格点不应集中分布。

3）各项报验资料应符合 SL 631—2012 的要求。

表 1.10.2　　垫层料压实工序施工质量验收评定表

单位工程名称				工序编号			
分部工程名称				施工单位			
单元工程名称、部位				施工日期	年　月　日—　年　月　日		

项次		检验项目			质量标准	检查记录	合格数	合格率
主控项目	1	碾压参数			压实机具的型号、规格，碾压遍数、碾压速度、碾压振动频率、振幅和加水量应符合碾压试验确定的参数值			
	2	压实质量			压实度（或相对密实度）不低于设计要求			
一般项目	1	压层表面质量			层面平整，无漏压、欠压，各碾压段之间的搭接不小于1.0m			
	2	垫层坡面保护		保护层材料	满足设计要求			
	3			配合比	满足设计要求			
	4		碾压水泥砂浆	铺料厚度	设计厚度±3cm			
				摊铺每条幅宽度不小于4m	0～10cm			
				碾压方法及遍数	满足设计要求			
				碾压后砂浆表面平整度	偏离设计线−8～+5cm			
				砂浆初凝前应碾压完毕，终凝后洒水养护	满足设计要求			
	5		喷射混凝土或水泥砂浆	喷层厚度偏离设计线	±5cm			
				喷层施工工艺	满足设计要求			
				喷层表面平整度	±3cm			
				喷层终凝后洒水养护	满足设计要求			
	6		阳离子乳化沥青	喷涂层数	满足设计要求			
				喷涂间隔时间	≥24h或满足设计要求			
				喷涂前应清除坡面浮尘，喷涂后随即均匀撒砂	满足设计要求			
施工单位自评意见	主控项目检验点全部合格，一般项目逐项检验点的合格率均不小于_____％，且不合格点不集中分布，各项报验资料_____ SL 631—2012 的要求。 工序质量等级评定为：_____。 （签字，加盖公章）　　　年　月　日							
监理单位复核意见	经复核，主控项目检验点全部合格，一般项目逐项检验点的合格率均不小于_____％，且不合格点不集中分布，各项报验资料_____ SL 631—2012 的要求。 工序质量等级评定为：_____。 （签字，加盖公章）　　　年　月　日							

表1.11 排水工程单元工程
施工质量验收评定表填表要求

填表时必须遵守"填表基本规定",并应符合下列要求:

1. 本表适用于以砂砾料、石料作为排水体的工程,如坝体贴坡排水、棱体排水和褥垫排水等。

2. 单元工程划分:宜以排水工程施工的区、段划分,每一区、段划分为一个单元工程。

3. 单元工程量填写本单元排水体总方量(m³)。

4. 各检验项目的检验方法及检验数量按表A-21的要求执行。

表A-21 排 水 工 程

检验项目		检验方法	检验数量
结构型式		观察、查阅施工记录	全数
压实质量		试坑法	按每200~400m³检测1次,每个取样断面每层取样不少于1次
排水设施位置		测量	基底高程、每中(边)线每10延米检测1组,每组不少于3个点
结合面处理		观察、查阅施工记录	每100m²检查1处,每处检查面积为10m²;排水管路按每50延米检查1处,每处检查长度为5m(含1个管路接头)
排水材料摊铺		观察,水准仪或拉线量测	铺料厚度按10m×10m网格布置测点,每个单元不少于4个点
排水体结构外轮廓尺寸		查阅施工记录、测量	每50m²或20延米检测6个点,检测点采用横断面或纵断面控制,各断面点数不小于3个点,局部突出或凹陷部位(面积在0.5m²以上者)应增设检测点
排水体外观	表面平整度	用2m靠尺测量	每个单元检测点数不少于10个点
	顶标高	水准仪测	每10延米测1个点

5. 单元工程施工质量验收评定应提交下列资料:

(1)施工单位应提交单元工程中所含工序(或检验项目)验收评定的检验资料。

(2)各项实体检验项目的检验记录资料。

(3)监理单位应提交对单元工程施工质量的平行检测资料。

6. 单元工程质量标准:

(1)合格等级标准:

1)主控项目,检验结果应全部符合SL 631—2012的要求。

2)一般项目,逐项应有70%及以上的检验点合格,且不合格点不应集中分布。

3)各项报验资料应符合SL 631—2012的要求。

(2)优良等级标准:

1)主控项目,检验结果应全部符合SL 631—2012的要求。

2)一般项目,逐项应有90%及以上的检验点合格,且不合格点不应集中分布。

3)各项报验资料应符合SL 631—2012的要求。

表1.11　　排水工程单元工程施工质量验收评定表

单位工程名称			单元工程量			
分部工程名称			施工单位			
单元工程名称、部位			施工日期	年　月　日—　年　月　日		
项次	检验项目	质量要求	检查记录		合格数	合格率
主控项目 1	结构型式	排水体结构型式，纵横向接头处理，排水体的纵坡及防冻保护措施等应满足设计要求				
主控项目 2	压实质量	无漏压、欠压，相对密实度或孔隙率应满足设计要求				
一般项目 1	排水设施位置	排水体位置准确，基底高程、中（边）线偏差±3cm				
一般项目 2	结合面处理	层面结合良好，与岸坡结合处的填料无分离、架空现象，无水平通缝。靠近反滤层的石料为内小外大，堆石接缝为逐层错缝，不应垂直相接，表面的砌石为平砌，平整美观				
一般项目 3	排水材料摊铺	摊铺边线整齐，厚度均匀，表面平整，无团块、粗粒集中现象；检测点允许偏差±3cm				
一般项目 4	排水体结构外轮廓尺寸	压实后排水体结构外轮廓尺寸应不小于设计尺寸的10％				
一般项目 5 排水体外观	表面平整度	符合设计要求。干砌：允许偏差±5cm；浆砌：允许偏差±3cm				
一般项目 5 排水体外观	顶标高	符合设计要求。干砌：允许偏差±5cm；浆砌：允许偏差±3cm				

施工单位自评意见	主控项目检验点全部合格，一般项目逐项检验点的合格率均不小于＿＿＿＿％，且不合格点不集中分布，各项报验资料＿＿＿＿ SL 631—2012 的要求。 单元工程质量等级评定为：＿＿＿＿。 　　　　　　　　　　　　　　　　　　　（签字，加盖公章）　　　年　月　日
监理单位复核意见	经复核，主控项目检验点全部合格，一般项目逐项检验点的合格率均不小于＿＿＿＿％，且不合格点不集中分布，各项报验资料＿＿＿＿ SL 631—2012 的要求。 单元工程质量等级评定为：＿＿＿＿。 　　　　　　　　　　　　　　　　　　　（签字，加盖公章）　　　年　月　日
注：本表所填"单元工程量"不作为施工单位工程量结算计量的依据。	

表1.12 干砌石单元工程
施工质量验收评定表填表要求

填表时必须遵守"填表基本规定",并应符合下列要求:

1. 砌石工程采用的石料质量指标应符合设计要求。
2. 单元工程划分:宜以施工检查验收的区、段划分,每一区、段划分为一个单元工程。
3. 单元工程量填写干砌石工程量(m^3)。
4. 各检验项目的检验方法及检验数量按表A-22的要求执行。

表A-22　　　　　　　　　　干　砌　石

检验项目		检验方法	检验数量
石料表观质量		量测、取样试验	根据料源情况抽验1~3组,但每一种材料至少抽验1组
砌筑		观察、翻撬或铁钎插检。对砌墙(坝)必要时采用试坑法检查孔隙率	网格法布置测点,上游面护坡工程每个单元的有效检测点总数不少于30个点,其他护坡工程每个单元的有效检测点总数不少于20个点
基面处理		观察、查阅施工验收记录	全数
基面碎石垫层铺填质量		量测、取样试验	每个单元检测点总数不少于20个点
干砌石体的断面尺寸	表面平整度	用2m靠尺量测	每个单元检测点数不少于25~30个点
	厚度	测量	每100m^2测3个点
	坡度	坡尺及垂线	每个单元实测断面不少于2个

5. 单元工程施工质量验收评定应提交下列资料:

(1) 施工单位应提交单元工程中所含工序(或检验项目)验收评定的检验资料。

(2) 监理单位应提交对单元工程施工质量的平行检测资料。

6. 单元工程质量标准:

(1) 合格等级标准:

1) 主控项目,检验结果应全部符合SL 631—2012的要求。

2) 一般项目,逐项应有70%及以上的检验点合格,且不合格点不应集中分布。

3) 各项报验资料应符合SL 631—2012的要求。

(2) 优良等级标准:

1) 主控项目,检验结果应全部符合SL 631—2012的要求。

2) 一般项目,逐项应有90%及以上的检验点合格,且不合格点不应集中分布。

3) 各项报验资料应符合SL 631—2012的要求。

表 1.12　　干砌石单元工程施工质量验收评定表

单位工程名称				单元工程量				
分部工程名称				施工单位				
单元工程名称、部位				施工日期	年 月 日—		年 月 日	
项次	检验项目		质量要求	检查记录			合格数	合格率
主控项目	1	石料表观质量	石料规格应符合设计要求					
	2	砌筑	自下而上错缝竖砌，石块紧靠密实，垫塞稳固，大块压边；采用水泥砂浆勾缝时，应预留排水孔。砌体应咬扣紧密、错缝					
一般项目	1	基面处理	基面处理方法、基础埋置深度应符合设计要求					
	2	基面碎石垫层铺填质量	碎石垫层料的颗粒级配、铺填方法、铺填厚度及压实度应满足设计要求					
	3	干砌石体的断面尺寸　表面平整度	符合设计要求，允许偏差5cm					
		厚度	符合设计要求，允许偏差±10%					
		坡度	符合设计要求，允许偏差±2%					
施工单位自评意见	主控项目检验点全部合格，一般项目逐项检验点的合格率均不小于_____%，且不合格点不集中分布，各项报验资料_____ SL 631—2012 的要求。 单元工程质量等级评定为：_____。 （签字，加盖公章）　　　年　月　日							
监理单位复核意见	经复核，主控项目检验点全部合格，一般项目逐项检验点的合格率均不小于_____%，且不合格点不集中分布，各项报验资料_____ SL 631—2012 的要求。 单元工程质量等级评定为：_____。 （签字，加盖公章）　　　年　月　日							
注：本表所填"单元工程量"不作为施工单位工程量结算计量的依据。								

表1.13 护坡垫层单元工程
施工质量验收评定表填表要求

填表时必须遵守"填表基本规定",并应符合下列要求:

1. 护坡垫层采用的石料质量指标应符合设计要求。

2. 单元工程划分:与护坡(干砌石)单元工程相对应,宜以施工检查验收的区、段划分,每一区、段划分为一个单元工程。

3. 单元工程量填写本单元护坡垫层工程量(m³)。

4. 各检验项目的检验方法及检验数量按表 A-23 的要求执行。

表 A-23   护 坡 垫 层

检验项目	检验方法	检验数量
铺料厚度	方格网定点测量	每个单元不少于 10 个点
铺填位置	观察、测量	每条边线,每 10 延米检测 1 组,每组 2 个点
结合部	观察、查阅施工记录	全数
铺填层面外观	观察	全数
层间结合面		

5. 单元工程施工质量验收评定应提交下列资料:

(1) 施工单位应提交单元工程中所含工序(或检验项目)验收评定的检验资料。

(2) 监理单位应提交对单元工程施工质量的平行检测资料。

6. 单元工程质量标准:

(1) 合格等级标准:

1) 主控项目,检验结果应全部符合 SL 631—2012 的要求。

2) 一般项目,逐项应有 70% 及以上的检验点合格,且不合格点不应集中分布。

3) 各项报验资料应符合 SL 631—2012 的要求。

(2) 优良等级标准:

1) 主控项目,检验结果应全部符合 SL 631—2012 的要求。

2) 一般项目,逐项应有 90% 及以上的检验点合格,且不合格点不应集中分布。

3) 各项报验资料应符合 SL 631—2012 的要求。

表 1.13　护坡垫层单元工程施工质量验收评定表

单位工程名称				单元工程量				
分部工程名称				施工单位				
单元工程名称、部位				施工日期	年　月　日—		年　月　日	

项次		检验项目	质量要求	检查记录	合格数	合格率
主控项目	1	铺料厚度	铺料厚度均匀，不超厚，表面平整，边线整齐			
			检测点允许偏差不大于铺料厚度的10%			
	2	铺填位置	铺填位置准确，摊铺边线整齐，边线偏差±5cm			
	3	结合部	纵横向符合设计要求，岸坡结合处的填料无分离、架空			
一般项目	1	铺填层面外观	铺填力求均衡上升，无团块、无粗粒集中			
	2	层间结合面	上下层间的结合面无泥土、杂物等			

施工单位自评意见	主控项目检验点全部合格，一般项目逐项检验点的合格率均不小于_____％，且不合格点不集中分布，各项报验资料_____SL 631—2012 的要求。　　　　单元工程质量等级评定为：_____。　　　　　　　　　　　　　　　　　　　　　　（签字，加盖公章）　　　年　月　日
监理单位复核意见	经复核，主控项目检验点全部合格，一般项目逐项检验点的合格率均不小于_____％，且不合格点不集中分布，各项报验资料_____SL 631—2012 的要求。　　　　单元工程质量等级评定为：_____。　　　　　　　　　　　　　　　　　　　　　　（签字，加盖公章）　　　年　月　日

注：本表所填"单元工程量"不作为施工单位工程量结算计量的依据。

表1.14 水泥砂浆砌石体单元工程
施工质量验收评定表填表要求

填表时必须遵守"填表基本规定",并应符合下列要求:

1. 砌石工程采用的石料和胶结材料如水泥、水泥砂浆等质量指标应符合设计要求。

2. 单元工程划分:宜以施工检查验收的区、段、块划分,每一个(道)墩、墙划分为一个单元工程,或每一施工段、块的一次连续砌筑层(砌筑高度一般为3~5m)划分为一个单元工程。

3. 单元工程量填写水泥砂浆砌石体工程量(m^3)。

4. 水泥砂浆砌石体施工单元工程宜分为浆砌石体层面处理、砌筑、伸缩缝3个工序,其中砌筑工序为主要工序,用△标注。本表是在表1.14.1~表1.14.3工序施工质量验收评定合格的基础上进行。

5. 单元工程施工质量验收评定应提交下列资料:

(1) 施工单位应提交单元工程中所含工序(或检验项目)验收评定的检验资料;原材料、拌和物与各项实体检验项目的检验记录资料。

(2) 监理单位应提交对单元工程施工质量的平行检测资料。

6. 单元工程质量标准:

(1) 合格等级标准:各工序施工质量验收评定应全部合格;各项报验资料应符合SL 631—2012的要求。

(2) 优良等级标准:各工序施工质量验收评定应全部合格,其中优良工序应达到50%及以上,且主要工序应达到优良等级;各项报验资料应符合SL 631—2012的要求。

表 1.14　　水泥砂浆砌石体单元工程施工质量验收评定表

单位工程名称		单元工程量		
分部工程名称		施工单位		
单元工程名称、部位		施工日期	年　月　日—	年　月　日

项次	工序名称（或编号）	工序质量验收评定等级		
1	层面处理			
2	△砌筑			
3	伸缩缝（填充材料）			
施工单位自评意见	各工序施工质量全部合格，其中优良工序占＿＿＿＿＿＿％，且主要工序达到＿＿＿＿＿＿等级，各项报验资料＿＿＿＿＿＿ SL 631—2012 的要求。 单元工程质量等级评定为：＿＿＿＿＿＿。 （签字，加盖公章）　　　年　月　日			
监理单位复核意见	经抽查并查验相关检验报告和检验资料，各工序施工质量全部合格，其中优良工序占＿＿＿＿＿＿％，且主要工序达到＿＿＿＿＿＿等级，各项报验资料＿＿＿＿＿＿ SL 631—2012 的要求。 单元工程质量等级评定为：＿＿＿＿＿＿。 （签字，加盖公章）　　　年　月　日			

注：本表所填"单元工程量"不作为施工单位工程量结算计量的依据。

表1.14.1 水泥砂浆砌石体层面处理工序施工质量验收评定表填表要求

填表时必须遵守"填表基本规定",并应符合下列要求:

1. 单位工程、分部工程、单元工程名称及部位填写应与表1.14相同。

2. 各检验项目的检验方法及检验数量按表A-24的要求执行。

表 A-24　　　　　　　　　　　　水泥砂浆砌石体层面处理

检验项目	检验方法	检验数量
砌体仓面清理	观察、查阅验收记录	全数
表面处理	观察、方格网法量测	整个砌筑面
垫层混凝土	观察、查阅施工记录	全数

3. 工序施工质量验收评定应提交下列资料:

（1）施工单位各班（组）初检记录、施工队复检记录、施工单位专职质检员终检记录,工序中各施工质量检验项目的检验资料。

（2）监理单位对工序中施工质量检验项目的平行检测资料。

4. 工序质量标准:

（1）合格等级标准:

1）主控项目,检验结果应全部符合 SL 631—2012 的要求。

2）一般项目,逐项应有70％及以上的检验点合格,且不合格点不应集中分布。

3）各项报验资料应符合 SL 631—2012 的要求。

（2）优良等级标准:

1）主控项目,检验结果应全部符合 SL 631—2012 的要求。

2）一般项目,逐项应有90％及以上的检验点合格,且不合格点不应集中分布。

3）各项报验资料应符合 SL 631—2012 的要求。

表 1.14.1　水泥砂浆砌石体层面处理工序施工质量验收评定表

单位工程名称				工序编号				
分部工程名称				施工单位				
单元工程名称、部位				施工日期	年　月　日—		年　月　日	
项次	检验项目		质量要求	检查记录		合格数	合格率	

项次		检验项目	质量要求	检查记录	合格数	合格率
主控项目	1	砌体仓面清理	仓面干净，表面湿润均匀。无浮渣，无杂物，无积水，无松动石块			
	2	表面处理	垫层混凝土表面、砌石体表面局部光滑的砂浆表面应凿毛，毛面面积应不小于95％的总面积			
一般项目	1	垫层混凝土	已浇垫层混凝土，在抗压强度未达到设计要求前，不应在其面层上进行上层砌石的准备工作			

施工单位自评意见	主控项目检验点全部合格，一般项目逐项检验点的合格率均不小于＿＿＿＿％，且不合格点不集中分布，各项报验资料＿＿＿＿ SL 631—2012 的要求。 工序质量等级评定为：＿＿＿＿。 （签字，加盖公章）　　　　年　月　日
监理单位复核意见	经复核，主控项目检验点全部合格，一般项目逐项检验点的合格率均不小于＿＿＿＿％，且不合格点不集中分布，各项报验资料＿＿＿＿ SL 631—2012 的要求。 工序质量等级评定为：＿＿＿＿。 （签字，加盖公章）　　　　年　月　日

表1.14.2 水泥砂浆砌石体砌筑工序
施工质量验收评定表填表要求

填表时必须遵守"填表基本规定",并应符合下列要求:

1. 单位工程、分部工程、单元工程名称及部位填写应与表1.14相同。
2. 各检验项目的检验方法及检验数量按表A-25的要求执行。

表A-25　　　　　　　　　　　水泥砂浆砌石体砌筑

检验项目			检验方法	检验数量
石料表观质量			观察、测量	逐块观察、测量。根据料源情况抽验1~3组,但每一种材料至少抽验1组
普通砌石体砌筑			观察、翻撬观察	翻撬抽检每个单元不少于3块
墩、墙砌石体砌筑			观察、测量	全数
墩、墙砌筑型式				每20延米抽查1处,每处3延米,但每个单元工程不应少于3处
砌石坝	砌石体质量		试坑法	坝高1/3以下,每砌筑10m高挖试坑1组;坝高1/3~2/3处,每砌筑15m高挖试坑1组;坝高2/3以上,每砌筑20m高挖试坑1组
	抗渗性能		压水试验	每砌筑2层高,进行1次钻孔压水试验,每100~200m² 坝面钻孔3个,每次试验不少于3孔
	砌缝饱满度与密实度		钻孔检查	每100m³ 砌体钻孔取芯1次
水泥砂浆沉入度			现场抽检	每班不少于3次
砌缝宽度	平缝		观察、测量	每砌筑表面10m² 抽检1处,每个单元工程不少于10处,每处检查不少于1m缝长
	竖缝			
浆砌石坝体外轮廓尺寸	坝体轮廓线	水平断面	仪器测量	沿坝轴线方向每10~20m校核1个点,每个单元工程不少于10个点
		高程 重力坝		
		高程 拱坝、支墩坝		沿坝轴线方向每3~5m校核1个点,每个单元工程不少于20个点
	浆砌石(混凝土预制块)护坡	表面平整度 浆砌石		每个单元检测点数不少于25~30个点
		表面平整度 混凝土预制块		
		厚度 浆砌石		每100m² 测3个点
		厚度 混凝土预制块		
		坡度		每个单元实测断面不少于2个点

检验项目			检验方法	检验数量
浆砌石墩、墙砌体位置、尺寸	轴线位置偏移		经纬仪、拉线测量	每10延米检查1个点
	顶面标高		水准仪测量	每10延米检查1个点
	厚度	设闸门部位	测量	每1延米检查1个点
		无闸门部位		每5延米检查1个点
浆砌石溢洪道溢流面砌筑结构尺寸和位置	砌缝类别		测量	每100m²抽查1处，每处10m²，每个单元不少于3处
	平面控制	堰顶	经纬仪、水准仪测量	每100m²抽查20个点
		轮廓线		
	竖向控制	堰顶		
		其他位置		
	表面平整度		用2m靠尺检查	

3．工序施工质量验收评定应提交下列资料：

（1）施工单位各班（组）初检记录、施工队复检记录、施工单位专职质检员终检记录，工序中各施工质量检验项目的检验资料。

（2）监理单位对工序中施工质量检验项目的平行检测资料。

4．工序质量标准：

（1）合格等级标准：

1）主控项目，检验结果应全部符合 SL 631—2012 的要求。

2）一般项目，逐项应有 70％及以上的检验点合格，且不合格点不应集中分布。

3）各项报验资料应符合 SL 631—2012 的要求。

（2）优良等级标准：

1）主控项目，检验结果应全部符合 SL 631—2012 的要求。

2）一般项目，逐项应有 90％及以上的检验点合格，且不合格点不应集中分布。

3）各项报验资料应符合 SL 631—2012 的要求。

表 1.14.2　　水泥砂浆砌石体砌筑工序施工质量验收评定表

单位工程名称					工序编号				
分部工程名称					施工单位				
单元工程名称、部位					施工日期		年 月 日—		年 月 日

项次		检验项目			质量要求	检查记录	合格数	合格率
主控项目	1	石料表观质量			石料规格符合设计要求，表面湿润、无泥垢、油渍等污物			
	2	普通砌石体砌筑			铺浆均匀，无裸露石块；灌浆、塞缝饱满，砌缝密实，无架空等现象			
	3	墩、墙砌石体砌筑			先砌筑角石，再砌筑镶面石，最后砌筑填腹石。镶面石的厚度应不小于30cm。临时间断处的高低差应不大于1.0m，并留有平缓台阶			
	4	墩、墙砌筑型式			内外搭砌，上下错缝；丁砌石分布均匀，面积不少于墩、墙砌体全部面积的1/5，且长度大于60cm；毛块石分层卧砌，无填心砌法；每砌筑70～120cm高度找平1次；砌缝宽度基本一致			
	5	砌石坝	砌石体质量		密度、孔隙率应符合设计要求			
	6		抗渗性能		对有抗渗要求的部位，砌体透水率（吕荣Lu）应符合设计要求			
	7		砌缝饱满度与密实度		饱满且密实			
一般项目	1	水泥砂浆沉入度			符合设计要求，允许偏差±1cm			
	2	砌缝宽度/mm	类别	粗料石 预制块 块石	允许偏差10％			
			平缝	15～20 10～15 20～25				
			竖缝	20～30 15～20 20～40				
	3	浆砌石坝体的外轮廓尺寸/mm	坝体轮廓线	水平断面	±40			
				高程 重力坝	±30			
				拱坝、支墩坝	±20			
			浆砌石（混凝土预制块）	表面平整度 浆砌石	≤30			
				混凝土预制块	≤10			
				厚度 浆砌石	±30			
				混凝土预制块	±10			
			护坡	坡度	±2％			

项次		检验项目		质量要求	检查记录	合格数	合格率
一般项目	4	浆砌石墩、墙砌体位置、尺寸/mm	轴线位置偏移	10			
			顶面标高	±15			
			厚度 设闸门部位	±10			
			厚度 无闸门部位	±20			
	5	浆砌石溢洪道溢流面砌筑结构尺寸允许偏差/mm	砌缝类别 平缝宽15	±2			
			砌缝类别 竖缝宽15～20	±2			
			平面控制 堰顶	±10			
			平面控制 轮廓线	±20			
			竖向控制 堰顶	±10			
			竖向控制 其他位置	±20			
			表面平整度	20			

施工单位自评意见	主控项目检验点全部合格，一般项目逐项检验点的合格率均不小于_____%，且不合格点不集中分布，各项报验资料_____ SL 631—2012 的要求。 工序质量等级评定为：_____。 <div align="right">（签字，加盖公章）　　年　月　日</div>
监理单位复核意见	经复核，主控项目检验点全部合格，一般项目逐项检验点的合格率均不小于_____%，且不合格点不集中分布，各项报验资料_____ SL 631—2012 的要求。 工序质量等级评定为：_____。 <div align="right">（签字，加盖公章）　　年　月　日</div>

表1.14.3 水泥砂浆砌石体伸缩缝（填充材料）工序施工质量验收评定表填表要求

填表时必须遵守"填表基本规定"，并应符合下列要求：

1. 单位工程、分部工程、单元工程名称及部位填写应与表1.14相同。

2. 各检验项目的检验方法及检验数量按表A－26的要求执行。

表A－26　　　　　　　　水泥砂浆砌石体伸缩缝（填充材料）

检验项目	检验方法	检验数量
伸缩缝缝面	观察	全部
材料质量	观察、抽查试验	
涂敷沥青料		全部
粘贴沥青油毛毡	观察	
铺设预制油毡板或其他闭缝板		

3. 工序施工质量验收评定应提交下列资料：

（1）施工单位各班（组）初检记录、施工队复检记录、施工单位专职质检员终检记录，工序中各施工质量检验项目的检验资料。

（2）监理单位对工序中施工质量检验项目的平行检测资料。

4. 工序质量标准：

（1）合格等级标准：

1）主控项目，检验结果应全部符合SL 631—2012的要求。

2）一般项目，逐项应有70%及以上的检验点合格，且不合格点不应集中分布。

3）各项报验资料应符合SL 631—2012的要求。

（2）优良等级标准：

1）主控项目，检验结果应全部符合SL 631—2012的要求。

2）一般项目，逐项应有90%及以上的检验点合格，且不合格点不应集中分布。

3）各项报验资料应符合SL 631—2012的要求。

**表 1.14.3　　水泥砂浆砌石体伸缩缝（填充材料）
工序施工质量验收评定表**

单位工程名称			工序编号			
分部工程名称			施工单位			
单元工程名称、部位			施工日期	年　月　日— 　年　月　日		
项次	检验项目	质量要求	检查记录	合格数	合格率
主控项目 1	伸缩缝缝面	平整、顺直、干燥，外露铁件应割除，确保伸缩有效			
主控项目 2	材料质量	符合设计要求			
一般项目 1	涂敷沥青料	涂刷均匀平整、与混凝土黏结紧密，无气泡及隆起现象			
一般项目 2	粘贴沥青油毛毡	铺设厚度均匀平整、牢固、搭接紧密			
一般项目 3	铺设预制油毡板或其他闭缝板	铺设厚度均匀平整、牢固、相邻块安装紧密平整无缝			

施工单位自评意见	主控项目检验点全部合格，一般项目逐项检验点的合格率均不小于_____%，且不合格点不集中分布，各项报验资料_____ SL 631—2012 的要求。 工序质量等级评定为：_____。 （签字，加盖公章）　　　年　月　日
监理单位复核意见	经复核，主控项目检验点全部合格，一般项目逐项检验点的合格率均不小于_____%，且不合格点不集中分布，各项报验资料_____ SL 631—2012 的要求。 工序质量等级评定为：_____。 （签字，加盖公章）　　　年　月　日

表1.15　混凝土砌石体单元工程施工质量验收评定表填表要求

填表时必须遵守"填表基本规定"，并应符合下列要求：

1. 砌石工程采用的石料和胶结材料如水泥砂浆、混凝土等质量指标应符合设计要求。

2. 单元工程划分：宜以施工检查验收的区、段、块划分，每一个（道）墩、墙或每一施工段、块的一次连续砌筑层（砌筑高度一般为3～5m）划分为一个单元工程。

3. 单元工程量填写混凝土砌石体工程量（m³）。

4. 混凝土砌石体单元工程施工宜分为砌石体层面处理、砌筑、伸缩缝3个工序，其中砌筑为主要工序，用△标注。本表是在表1.15.1～表1.15.3工序施工质量验收评定合格的基础上进行。

5. 单元工程施工质量验收评定应提交下列资料：

（1）施工单位应提交单元工程中所含工序（或检验项目）验收评定的检验资料。

（2）原材料、拌和物与各项实体检验项目的检验记录资料。

（3）监理单位应提交对单元工程施工质量的平行检测资料。

6. 单元工程质量标准：

（1）合格等级标准：各工序施工质量验收评定应全部合格；各项报验资料应符合SL 631—2012的要求。

（2）优良等级标准：各工序施工质量验收评定应全部合格，其中优良工序应达到50％及以上，且主要工序应达到优良等级；各项报验资料应符合SL 631—2012的要求。

表 1.15   混凝土砌石体单元工程施工质量验收评定表

单位工程名称		单元工程量	
分部工程名称		施工单位	
单元工程名称、部位		施工日期	年 月 日— 年 月 日

项次	工序名称（或编号）	工序质量验收评定等级
1	层面处理	
2	△砌筑	
3	伸缩缝	

施工单位自评意见	各工序施工质量全部合格，其中优良工序占_____%，且主要工序达到_____等级，各项报验资料_____ SL 631—2012 的要求。 单元工程质量等级评定为：_____。 （签字，加盖公章） 年 月 日
监理单位复核意见	经抽查并查验相关检验报告和检验资料，各工序施工质量全部合格，其中优良工序占_____%，且主要工序达到_____等级，各项报验资料_____ SL 631—2012 的要求。 单元工程质量等级评定为：_____。 （签字，加盖公章） 年 月 日

注：本表所填"单元工程量"不作为施工单位工程量结算计量的依据。

表1.15.1 混凝土砌石体层面处理工序施工质量验收评定表填表要求

填表时必须遵守"填表基本规定",并应符合下列要求:

1. 单位工程、分部工程、单元工程名称及部位填写应与表1.15相同。

2. 各检验项目的检验方法及检验数量按表A-27的要求执行。

表 A-27　　　　　　　　混凝土砌石体层面处理

检验项目	检验方法	检验数量
砌体仓面清理	观察、查阅验收记录	全数
表面处理	观察、方格网法量测	整个砌筑面
垫层混凝土	观察、查阅施工记录	全数

3. 工序施工质量验收评定应提交下列资料:

(1) 施工单位各班(组)初检记录、施工队复检记录、施工单位专职质检员终检记录,工序中各施工质量检验项目的检验资料。

(2) 监理单位对工序中施工质量检验项目的平行检测资料。

4. 工序质量标准:

(1) 合格等级标准:

1) 主控项目,检验结果应全部符合 SL 631—2012 的要求。

2) 一般项目,逐项应有70%及以上的检验点合格,且不合格点不应集中分布。

3) 各项报验资料应符合 SL 631—2012 的要求。

(2) 优良等级标准:

1) 主控项目,检验结果应全部符合 SL 631—2012 的要求。

2) 一般项目,逐项应有90%及以上的检验点合格,且不合格点不应集中分布。

3) 各项报验资料应符合 SL 631—2012 的要求。

表 1.15.1　混凝土砌石体层面处理工序施工质量验收评定表

单位工程名称			工序编号			
分部工程名称			施工单位			
单元工程名称、部位			施工日期	年　月　日—	年　月　日	

项次		检验项目	质量要求	检查记录	合格数	合格率
主控项目	1	砌体仓面清理	仓面干净，表面湿润均匀。无浮渣，无杂物，无积水，无松动石块			
	2	表面处理	垫层混凝土表面、砌石体表面局部光滑的砂浆表面应凿毛，毛面面积应不小于95%的总面积			
一般项目	1	垫层混凝土	已浇垫层混凝土，在抗压强度未达到设计要求前，不应在其面层上进行上层砌石的准备工作			

施工单位自评意见	主控项目检验点全部合格，一般项目逐项检验点的合格率均不小于_____%，且不合格点不集中分布，各项报验资料_____ SL 631—2012 的要求。 工序质量等级评定为：_____。 （签字，加盖公章）　　　　年　月　日
监理单位复核意见	经复核，主控项目检验点全部合格，一般项目逐项检验点的合格率均不小于_____%，且不合格点不集中分布，各项报验资料_____ SL 631—2012 的要求。 工序质量等级评定为：_____。 （签字，加盖公章）　　　　年　月　日

表1.15.2 混凝土砌石体砌筑工序
施工质量验收评定表填表要求

填表时必须遵守"填表基本规定",并应符合下列要求:

1. 混凝土砌石体砌筑施工可根据建筑物的类型,参照浆砌石体,按建筑物的类型进行填写。

2. 单位工程、分部工程、单元工程名称及部位填写应与表1.15相同。

3. 各检验项目的检验方法及检验数量按表A-28的要求执行。

表 A-28 混凝土砌石体砌筑

检验项目	检验方法	检验数量
石料表观质量	观察、测量	逐块观察、测量。根据料源情况抽验1~3组,但每一种材料至少抽验1组
砌石体砌筑	观察、翻撬检查	翻撬抽检每个单元不少于3块
腹石砌筑型式	现场观察	每100m²坝面抽查1处,每处面积不小于10m²,每个单元不应少于3处
砌石体质量	试坑法	坝高1/3以下,每砌筑10m高挖试坑1组;坝高1/3~2/3处,每砌筑15m高挖试坑1组;坝高2/3以上,每砌筑20m高挖试坑1组
混凝土维勃稠度或坍落度	现场抽检	每班不少于3次
表面砌缝宽度	观察、测量	每砌筑表面10m²抽检1处,每个单元工程不少于10处,每处检查缝长不少于1m

检验项目					检验方法	检验数量
混凝土砌石体的外轮廓尺寸	混凝土砌石坝体的外轮廓尺寸允许偏差/mm	坝体轮廓线	水平断面		仪器测量	沿坝轴线方向每10~20m校核1个点,每个单元工程不少于10个点
			高程	重力坝		沿坝轴线方向每3~5m校核1个点,每个单元工程不少于20个点
				拱坝、支墩坝		
		浆砌石(混凝土预制块)护坡	表面平整度	浆砌石		每个单元检测点数不少于25~30个点
				混凝土预制块		
			厚度	浆砌石		每100m²测3个点
				混凝土预制块		
			坡度			每个单元实测断面不少于2个点
	混凝土砌石墩、墙砌体尺寸、位置允许偏差/mm	轴线位置偏移			经纬仪、拉线测量	每10延米检查1个点
		顶面标高			水准仪测量	每10延米检查1个点
		厚度	设闸门部位		测量检查	每1延米检查1个点
			无闸门部位			每5延米检查1个点
	混凝土砌石溢洪道溢流面砌筑结构尺寸允许偏差/mm	砌缝类别	平缝宽15		测量	每100m²抽查1处,每处10m²,每个单元不少于3处
			竖缝宽15~20			
		平面控制	堰顶		经纬仪、水准仪测量	每100m²抽查20个点
			轮廓线			
		竖向控制	堰顶			
			其他位置			
		表面平整度			用2m靠尺检查	每100m²抽查20个点

4. 工序施工质量验收评定应提交下列资料：

（1）施工单位各班（组）初检记录、施工队复检记录、施工单位专职质检员终检记录，工序中各施工质量检验项目的检验资料。

（2）监理单位对工序中施工质量检验项目的平行检测资料。

5. 工序质量标准：

（1）合格等级标准：

1）主控项目，检验结果应全部符合 SL 631—2012 的要求。

2）一般项目，逐项应有 70％及以上的检验点合格，且不合格点不应集中分布。

3）各项报验资料应符合 SL 631—2012 的要求。

（2）优良等级标准：

1）主控项目，检验结果应全部符合 SL 631—2012 的要求。

2）一般项目，逐项应有 90％及以上的检验点合格，且不合格点不应集中分布。

3）各项报验资料应符合 SL 631—2012 的要求。

_____工程

表 1.15.2　混凝土砌石体砌筑工序施工质量验收评定表

单位工程名称					工序编号			
分部工程名称					施工单位			
单元工程名称、部位					施工日期	年　月　日— 　年　月　日		

项次		检验项目				质量标准	检查记录	合格数	合格率
主控项目	1	石料表观质量				石料规格应符合设计要求，表面湿润，无泥垢及油渍等污物			
	2	砌石体砌筑				混凝土铺设均匀，无裸露石块；砌石体灌注、塞缝混凝土饱满，砌缝密实，无架空现象			
	3	腹石砌筑型式				粗料石砌筑，宜一丁一顺或一丁多顺；毛石砌筑，石块之间不应出现线或面接触			
	4	砌石体质量				抗渗性、密度、孔隙率应符合设计要求			
一般项目	1	混凝土维勃稠度或坍落度				拌和物均匀，混凝土维勃稠度偏离设计中值不大于 2s 或坍落度偏离设计中值不大于 2cm			

项次			检验项目				质量标准			检查记录	合格数	合格率

表面砌缝宽度：

砌缝类别	砌缝宽度/mm			允许偏差
	粗料石	预制块	块石	
平缝	25～30	20～25	30～35	10%
竖缝	30～40	25～30	30～50	

混凝土砌石坝体的外轮廓尺寸允许偏差/mm：

坝体轮廓线	水平断面		±40
	高程	重力坝	±30
		拱坝、支墩坝	±20
浆砌石（混凝土预制块）护坡	表面平整度	浆砌石	≤30
		混凝土预制块	≤10
	厚度	浆砌石	±30
		混凝土预制块	±10
	坡度		±2%

混凝土砌石墩、墙砌体位置、尺寸允许偏差/mm：

轴线位置偏移		10
顶面标高		±15
厚度	设闸门部位	±10
	无闸门部位	±20
砌缝类别	平缝宽 15	±2
	竖缝宽 15～20	±2

混凝土砌石溢洪道溢流面砌筑结构尺寸允许偏差/mm：

平面控制	堰顶	±10
	轮廓线	±20
竖向控制	堰顶	±10
	其他位置	±20
表面平整度		20

（项次 3：混凝土砌石体的外轮廓尺寸）

施工单位自评意见	主控项目检验点全部合格，一般项目逐项检验点的合格率均不小于_____%，且不合格点不集中分布，各项报验资料_____ SL 631—2012 的要求。
	工序质量等级评定为：_____。
	（签字，加盖公章）　　　　年　月　日

监理单位复核意见	经复核，主控项目检验点全部合格，一般项目逐项检验点的合格率均不小于_____%，且不合格点不集中分布，各项报验资料_____ SL 631—2012 的要求。
	工序质量等级评定为：_____。
	（签字，加盖公章）　　　　年　月　日

84

表1.15.3 混凝土浆砌石体伸缩缝工序施工质量验收评定表填表要求

填表时必须遵守"填表基本规定"，并应符合下列要求：

1. 单位工程、分部工程、单元工程名称及部位填写应与表1.15相同。

2. 各检验项目的检验方法及检验数量按表 A-29 的要求执行。

表 A-29　　　　　　　　　　混凝土浆砌石体伸缩缝

检验项目	检验方法	检验数量
伸缩缝缝面	观察	全部
材料质量	观察、抽查试验	
涂敷沥青料		
粘贴沥青油毛毡	观察	全部
铺设预制油毡板或其他闭缝板		

3. 工序施工质量验收评定应提交下列资料：

（1）施工单位各班（组）初检记录、施工队复检记录、施工单位专职质检员终检记录，工序中各施工质量检验项目的检验资料。

（2）监理单位对工序中施工质量检验项目的平行检测资料。

4. 工序质量标准：

（1）合格等级标准：

1）主控项目，检验结果应全部符合 SL 631—2012 的要求。

2）一般项目，逐项应有 70％及以上的检验点合格，且不合格点不应集中分布。

3）各项报验资料应符合 SL 631—2012 的要求。

（2）优良等级标准：

1）主控项目，检验结果应全部符合 SL 631—2012 的要求。

2）一般项目，逐项应有 90％及以上的检验点合格，且不合格点不应集中分布。

3）各项报验资料应符合 SL 631—2012 的要求。

表 1.15.3　　混凝土浆砌石体伸缩缝工序施工质量验收评定表

单位工程名称			工序编号		
分部工程名称			施工单位		
单元工程名称、部位			施工日期	年　月　日—　　年　月　日	

项次		检验项目	质量要求	检查记录	合格数	合格率
主控项目	1	伸缩缝缝面	平整、顺直、干燥，外露铁件应割除，确保伸缩有效			
	2	材料质量	符合设计要求			
一般项目	1	涂敷沥青料	涂刷均匀平整、与混凝土黏结紧密，无气泡及隆起现象			
	2	粘贴沥青油毛毡	铺设厚度均匀平整、牢固、搭接紧密			
	3	铺设预制油毡板或其他闭缝板	铺设厚度均匀平整、牢固、相邻块安装紧密平整无缝			

施工单位自评意见	主控项目检验点全部合格，一般项目逐项检验点的合格率均不小于＿＿＿＿＿%，且不合格点不集中分布，各项报验资料＿＿＿＿＿ SL 631—2012 的要求。 工序质量等级评定为：＿＿＿＿＿。 （签字，加盖公章）　　　年　月　日
监理单位复核意见	经复核，主控项目检验点全部合格，一般项目逐项检验点的合格率均不小于＿＿＿＿＿%，且不合格点不集中分布，各项报验资料＿＿＿＿＿ SL 631—2012 的要求。 工序质量等级评定为：＿＿＿＿＿。 （签字，加盖公章）　　　年　月　日

表1.16 水泥砂浆勾缝单元工程
施工质量验收评定表填表要求

填表时必须遵守"填表基本规定",并应符合下列要求:

1. 本表适用于浆砌石体迎水面水泥砂浆防渗砌体勾缝,其他部位的水泥砂浆勾缝可参照执行。勾缝采用的水泥砂浆应单独拌制,不应与砌筑砂浆混用。

2. 单元工程划分:宜以水泥砂浆勾缝的砌体面积或相应的砌体分段、分块划分。

3. 单元工程量填写水泥砂浆勾缝面积(m²)。

4. 各检验项目的检验方法及检验数量按表A-30的要求执行。

表 A-30 水泥砂浆勾缝

检验项目		检验方法	检验数量
清缝	水平缝	观察、测量	每10m²砌体表面抽检不少于5处,每处缝长不少于1m
	竖缝		
勾缝		砂浆初凝前通过压触对比抽检勾缝的密实度。抽检压触深度不应大于0.5cm	每100m²砌体表面至少抽检10处,每处缝长不少于1m
养护		观察、检查施工记录	全数
水泥砂浆沉入度		现场抽检	每班不少于3次

5. 单元工程施工质量验收评定应提交下列资料:

(1) 施工单位应提交单元工程中所含工序(或检验项目)验收评定的检验资料;原材料、拌和物与各项实体检验项目的检验记录资料。

(2) 监理单位应提交对单元工程施工质量的平行检测资料。

6. 单元工程质量标准:

(1) 合格等级标准:

1) 主控项目,检验结果应全部符合SL 631—2012的要求。

2) 一般项目,逐项应有70%及以上的检验点合格,且不合格点不应集中分布。

3) 各项报验资料应符合SL 631—2012的要求。

(2) 优良等级标准:

1) 主控项目,检验结果应全部符合SL 631—2012的要求。

2) 一般项目,逐项应有90%及以上的检验点合格,且不合格点不应集中分布。

3) 各项报验资料应符合SL 631—2012的要求。

表 1.16　　水泥砂浆勾缝单元工程施工质量验收评定表

单位工程名称				单元工程量			
分部工程名称				施工单位			
单元工程名称、部位				施工日期	年　月　日—　年　月　日		
项次		检验项目	质量要求	检查记录		合格数	合格率
主控项目	1 清缝	水平缝	清缝宽度不小于砌缝宽度，清缝深度不小于4cm，缝槽清洗干净，缝面湿润，无残留灰渣和积水				
		竖缝	清缝宽度不小于砌缝宽度，清缝深度不小于5cm，缝槽清洗干净，缝面湿润，无残留灰渣和积水				
	2	勾缝	勾缝型式符合设计要求，分次向缝内填充、压实，密实度达到要求，砂浆初凝后不应扰动				
	3	养护	有效及时，一般砌体养护28d；对有防渗要求的砌体养护时间应满足设计要求。养护期内表面保持湿润，无时干时湿现象				
一般项目	1	水泥砂浆沉入度	符合设计要求，允许偏差±1cm				
施工单位自评意见	主控项目检验点全部合格，一般项目逐项检验点的合格率均不小于＿＿＿＿＿＿%，且不合格点不集中分布，各项报验资料＿＿＿＿＿＿ SL 631—2012 的要求。 单元工程质量等级评定为：＿＿＿＿＿＿。 （签字，加盖公章）　　　年　月　日						
监理单位复核意见	经复核，主控项目检验点全部合格，一般项目逐项检验点的合格率均不小于＿＿＿＿＿＿%，且不合格点不集中分布，各项报验资料＿＿＿＿＿＿ SL 631—2012 的要求。 单元工程质量等级评定为：＿＿＿＿＿＿。 （签字，加盖公章）　　　年　月　日						

注：本表所填"单元工程量"不作为施工单位工程量结算计量的依据。

表1.17　土工织物滤层与排水单元工程
施工质量验收评定表填表要求

填表时必须遵守"填表基本规定"，并应符合下列要求：

1. 本表适用于土工织物滤层与排水工程。土工合成材料的结构型式和材料的质量指标应符合设计要求。

2. 单元工程划分：宜以设计和施工铺设的区、段划分。平面形式每500～1000m² 划分为一个单元工程；圆形、菱形或梯形断面（包括盲沟）形式每50～100延米划分为一个单元工程。

3. 单元工程量填写土工织物滤层与排水面积（m²）。

4 土工织物施工单元工程宜分为场地清理与垫层料铺设、织物备料、土工织物铺设、回填和表面防护4个工序，其中土工织物铺设为主要工序，用△标注。本表是在表1.17.1～表1.17.4工序施工质量验收评定合格的基础上进行。

5. 单元工程施工质量验收评定应提交下列资料：

（1）施工单位应提交单元工程中所含工序（或检验项目）验收评定的检验资料，原材料与各项实体检验项目的检验记录资料。

（2）监理单位应提交对单元工程施工质量的平行检测资料。

6. 单元工程质量标准：

（1）合格等级标准：各工序施工质量验收评定应全部合格；各项报验资料应符合 SL 631—2012 的要求。

（2）优良等级标准：各工序施工质量验收评定应全部合格，其中优良工序应达到50％及以上，且主要工序应达到优良等级；各项报验资料应符合 SL 631—2012 的要求。

表 1.17 土工织物滤层与排水单元工程施工质量验收评定表

单位工程名称		单元工程量	
分部工程名称		施工单位	
单元工程名称、部位		施工日期	年 月 日— 年 月 日

项次	工序名称（或编号）	工序质量验收评定等级
1	场地清理与垫层料铺设	
2	织物备料	
3	△土工织物铺设	
4	回填和表面防护	

施工单位自评意见	各工序施工质量全部合格，其中优良工序占_____%，且主要工序达到_____等级，各项报验资料_____ SL 631—2012 的要求。 单元工程质量等级评定为：_____。 （签字，加盖公章）　　　年　月　日
监理单位复核意见	经抽查并查验相关检验报告和检验资料，各工序施工质量全部合格，其中优良工序占_____%，且主要工序达到_____等级，各项报验资料_____ SL 631—2012 的要求。 单元工程质量等级评定为：_____。 （签字，加盖公章）　　　年　月　日

注：本表所填"单元工程量"不作为施工单位工程量结算计量的依据。

表1.17.1 场地清理与垫层料铺设工序 施工质量验收评定表填表要求

填表时必须遵守"填表基本规定",并应符合下列要求:

1. 单位工程、分部工程、单元工程名称及部位填写应与表1.17相同。

2. 各检验项目的检验方法及检验数量按表A-31的要求执行。

表A-31 场地清理与垫层料铺设

检验项目	检验方法	检验数量
场地清理	观察、查阅施工记录	全数
垫层料的铺填	量测、取样试验	铺填厚度每个单元检测30个点;碾压密实度每个单元检测1组
场地清理、平整及铺设范围	量测	每条边线,每10延米检测1个点。清整边线应大于土工织物铺设边线外50cm;垫层料的铺填边线不小于土工织物铺设边线

3. 工序施工质量验收评定应提交下列资料:

(1) 施工单位各班(组)初检记录、施工队复检记录、施工单位专职质检员终检记录,工序中各施工质量检验项目的检验资料。

(2) 监理单位对工序中施工质量检验项目的平行检测资料。

4. 工序质量标准:

(1) 合格等级标准:

1) 主控项目,检验结果应全部符合SL 631—2012的要求。

2) 一般项目,逐项应有70%及以上的检验点合格,且不合格点不应集中分布。

3) 各项报验资料应符合SL 631—2012的要求。

(2) 优良等级标准:

1) 主控项目,检验结果应全部符合SL 631—2012的要求。

2) 一般项目,逐项应有90%及以上的检验点合格,且不合格点不应集中分布。

3) 各项报验资料应符合SL 631—2012的要求。

表 1.17.1　场地清理与垫层料铺设工序施工质量验收评定表

单位工程名称			工序编号		
分部工程名称			施工单位		
单元工程名称、部位			施工日期	年　月　日—　年　月　日		

项次		检验项目	质量要求	检查记录	合格数	合格率
主控项目	1	场地清理	地面无尖棱硬物，无凹坑，基面平整			
	2	垫层料的铺填	铺摊厚度均匀，碾压密实度符合设计要求			
一般项目	1	场地清理、平整及铺设范围	场地清理平整与垫层料铺设的范围符合设计的要求			

施工单位自评意见	主控项目检验点全部合格，一般项目逐项检验点的合格率均不小于＿＿＿＿＿％，且不合格点不集中分布，各项报验资料＿＿＿＿SL 631—2012 的要求。 工序质量等级评定为：＿＿＿＿。 （签字，加盖公章）　　　年　月　日
监理单位复核意见	经复核，主控项目检验点全部合格，一般项目逐项检验点的合格率均不小于＿＿＿＿＿％，且不合格点不集中分布，各项报验资料＿＿＿＿SL 631—2012 的要求。 工序质量等级评定为：＿＿＿＿。 （签字，加盖公章）　　　年　月　日

表1.17.2　织物备料工序
施工质量验收评定表填表要求

填表时必须遵守"填表基本规定"，并应符合下列要求：

1. 单位工程、分部工程、单元工程名称及部位填写应与表1.17相同。

2. 各检验项目的检验方法及检验数量按表A-32的要求执行。

表A-32　　　　　　　　　　织　物　备　料

检验项目	检验方法	检验数量
土工织物的性能指标	查阅出厂合格证和原材料试验报告，并抽样复查	每批次或每单位工程取样1～3组进行试验检测
土工织物的外观质量	观察	全数

3. 工序施工质量验收评定应提交下列资料：

（1）施工单位各班（组）初检记录、施工队复检记录、施工单位专职质检员终检记录，工序中各施工质量检验项目的检验资料。

（2）监理单位对工序中施工质量检验项目的平行检测资料。

4. 工序质量标准：

（1）合格等级标准：

1）主控项目，检验结果应全部符合SL 631—2012的要求。

2）一般项目，逐项应有70％及以上的检验点合格，且不合格点不应集中分布。

3）各项报验资料应符合SL 631—2012的要求。

（2）优良等级标准：

1）主控项目，检验结果应全部符合SL 631—2012的要求。

2）一般项目，逐项应有90％及以上的检验点合格，且不合格点不应集中分布。

3）各项报验资料应符合SL 631—2012的要求。

表 1.17.2　　　织物备料工序施工质量验收评定表

单位工程名称			工序编号			
分部工程名称			施工单位			
单元工程名称、部位			施工日期	年　月　日—	年　月　日	
项次	检验项目	质量要求	检查记录		合格数	合格率
主控项目　1	土工织物的性能指标	土工织物的物理性能指标、力学性能指标、水力学指标，以及耐久性指标均应符合设计要求				
一般项目　1	土工织物的外观质量	无疵点、破洞等				
施工单位自评意见	主控项目检验点全部合格，一般项目逐项检验点的合格率均不小于_____％，且不合格点不集中分布，各项报验资料_____ SL 631—2012 的要求。 　　工序质量等级评定为：_____。 　　　　　　　　　　　　　　　　　　　　　　　　（签字，加盖公章）　　　年　月　日					
监理单位复核意见	经复核，主控项目检验点全部合格，一般项目逐项检验点的合格率均不小于_____％，且不合格点不集中分布，各项报验资料_____ SL 631—2012 的要求。 　　工序质量等级评定为：_____。 　　　　　　　　　　　　　　　　　　　　　　　　（签字，加盖公章）　　　年　月　日					

表1.17.3　土工织物铺设工序
施工质量验收评定表填表要求

填表时必须遵守"填表基本规定"，并应符合下列要求：

1. 单位工程、分部工程、单元工程名称及部位填写应与表1.17相同。

2. 各检验项目的检验方法及检验数量按表A-33的要求执行。

表 A-33　　　　　　　　　土 工 织 物 铺 设

检验项目	检验方法	检验数量
铺设	观察	全数
拼接	观察、量测	逐缝，全数
周边锚固	观察、量测、查阅施工记录	周边锚固每10延米检测1个断面，坡面防滑钉的位置偏差不大于10cm

3. 工序施工质量验收评定应提交下列资料：

（1）施工单位各班（组）初检记录、施工队复检记录、施工单位专职质检员终检记录，工序中各施工质量检验项目的检验资料。

（2）监理单位对工序中施工质量检验项目的平行检测资料。

4. 工序质量标准：

（1）合格等级标准：

1）主控项目，检验结果应全部符合 SL 631—2012 的要求。

2）一般项目，逐项应有 70％及以上的检验点合格，且不合格点不应集中分布。

3）各项报验资料应符合 SL 631—2012 的要求。

（2）优良等级标准：

1）主控项目，检验结果应全部符合 SL 631—2012 的要求。

2）一般项目，逐项应有 90％及以上的检验点合格，且不合格点不应集中分布。

3）各项报验资料应符合 SL 631—2012 的要求。

表 1.17.3　　土工织物铺设工序施工质量验收评定表

单位工程名称			工序编号			
分部工程名称			施工单位			
单元工程名称、部位			施工日期	年　月　日— 　年　月　日		
项次	检验项目	质量要求	检查记录		合格数	合格率
主控项目	1　铺设	土工织物铺设工艺符合要求，平顺、松紧适度、无皱褶，与土面密贴；场地洁净，无污物污染，施工人员佩带满足现场操作要求				
	2　拼接	搭接或缝接符合设计要求，缝接宽度不小于 10cm；平地搭接宽度不小于 30cm；不平整场地或极软土搭接宽度不小于 50cm；水下及受水流冲击部位应采用缝接，缝接宽度不小于 25cm，且缝成两道缝				
一般项目	1　周边锚固	锚固型式以及坡面防滑钉的设置符合设计要求。水平铺设时其周边宜将土工织物延长回折，做成压枕的型式				
施工单位自评意见	主控项目检验点全部合格，一般项目逐项检验点的合格率均不小于_____%，且不合格点不集中分布，各项报验资料_____ SL 631—2012 的要求。 工序质量等级评定为：_____。 （签字，加盖公章）　　　年　月　日					
监理单位复核意见	经复核，主控项目检验点全部合格，一般项目逐项检验点的合格率均不小于_____%，且不合格点不集中分布，各项报验资料_____ SL 631—2012 的要求。 工序质量等级评定为：_____。 （签字，加盖公章）　　　年　月　日					

表1.17.4 回填和表面防护工序
施工质量验收评定表填表要求

填表时必须遵守"填表基本规定",并应符合下列要求:

1. 单位工程、分部工程、单元工程名称及部位填写应与表1.17相同。

2. 各检验项目的检验方法及检验数量按表A-34的要求执行。

表 A-34   回填和表面防护

检验项目	检验方法	检验数量
回填材料质量	观察、取样试验	软化系数、抗冻性、渗透系数等每批次或每单位工程取样3组;粒径、级配、含泥量、含水量等每100~200m³取样1组
回填时间	观察、查阅施工记录	全数
回填保护层厚度及压实度	观察、量测、查阅施工记录	回填铺筑厚度每个单元检测30个点;碾压密实度每个单元检测1组

3. 工序施工质量验收评定应提交下列资料:

(1) 施工单位各班(组)初检记录、施工队复检记录、施工单位专职质检员终检记录,工序中各施工质量检验项目的检验资料。

(2) 监理单位对工序中施工质量检验项目的平行检测资料。

4. 工序质量标准:

(1) 合格等级标准:

1) 主控项目,检验结果应全部符合 SL 631—2012 的要求。

2) 一般项目,逐项应有70%及以上的检验点合格,且不合格点不应集中分布。

3) 各项报验资料应符合 SL 631—2012 的要求。

(2) 优良等级标准:

1) 主控项目,检验结果应全部符合 SL 631—2012 的要求。

2) 一般项目,逐项应有90%及以上的检验点合格,且不合格点不应集中分布。

3) 各项报验资料应符合 SL 631—2012 的要求。

表 1.17.4　回填和表面防护工序施工质量验收评定表

单位工程名称			工序编号			
分部工程名称			施工单位			
单元工程名称、部位			施工日期	年　月　日—	年　月　日	

项次		检验项目	质量要求	检查记录	合格数	合格率
主控项目	1	回填材料质量	回填材料性能指标符合设计要求，且不应含有损坏织物的物质			
	2	回填时间	及时，回填覆盖时间超过48h应采取临时遮阳措施			
一般项目	1	回填保护层厚度及压实度	符合设计要求，厚度允许偏差0～5cm，压实度符合设计要求			

施工单位自评意见	主控项目检验点全部合格，一般项目逐项检验点的合格率均不小于_____%，且不合格点不集中分布，各项报验资料_____ SL 631—2012 的要求。 工序质量等级评定为：_____。 （签字，加盖公章）　　　年　月　日
监理单位复核意见	经复核，主控项目检验点全部合格，一般项目逐项检验点的合格率均不小于_____%，且不合格点不集中分布，各项报验资料_____ SL 631—2012 的要求。 工序质量等级评定为：_____。 （签字，加盖公章）　　　年　月　日

表1.18 土工膜防渗体单元工程
施工质量验收评定表填表要求

填表时必须遵守"填表基本规定",并应符合下列要求:

1. 土工膜的材料结构型式和材料的质量指标应符合设计要求。

2. 单元工程划分:宜以施工铺设的区、段划分,每一次连续铺填的区、段或每500~1000m² 划分为一个单元工程。土工膜防渗体与刚性建筑物或周边连接部位,应按其连续施工段(一般30 ~50m)划分为一个单元工程。

3. 单元工程量填写本单元工程土工膜防渗面积(m²)。

4. 土工膜防渗体单元工程施工宜分为下垫层和支持层、土工膜备料、土工膜铺设、土工膜与 刚性建筑物或周边连接处理、上垫层和防护层6个工序,其中土工膜铺设工序为主要工序,用△ 标注。本表是在表1.18.1~表1.18.5及防护层工序施工质量验收评定合格的基础上进行。评定时 应根据实际工程情况、工程量的大小,也可以将每一个工序作为一个单元工程进行评定。

5. 防护层施工质量验收评定参照表1.12、表1.14、表1.15等相关标准进行,其评定结果填 入表1.18.工序质量验收评定等级栏。

6. 单元工程施工质量验收评定应提交下列资料:

(1)施工单位应提交单元工程中所含工序(或检验项目)验收评定的检验资料。

(2)原材料与各项实体检验项目的检验记录资料。

(3)监理单位应提交对单元工程施工质量的平行检测资料。

7. 单元工程质量标准:

(1)合格等级标准:各工序施工质量验收评定应全部合格;各项报验资料应符合 SL 631— 2012 的要求。

(2)优良等级标准:各工序施工质量验收评定应全部合格,其中优良工序应达到50%及以上, 且主要工序应达到优良等级;各项报验资料应符合 SL 631—2012 的要求。

表1.18　　土工膜防渗体单元工程施工质量验收评定表

单位工程名称		单元工程量			
分部工程名称		施工单位			
单元工程名称、部位		施工日期	年　月　日—	年　月　日	
项次	工序名称（或编号）	工序质量验收评定等级			
1	下垫层和支持层				
2	土工膜备料				
3	△土工膜铺设				
4	土工膜与刚性建筑物或周边连接处理				
5	上垫层				
6	防护层				
施工单位自评意见	各工序施工质量全部合格，其中优良工序占_____％，且主要工序达到_____等级，各项报验资料_____ SL 631—2012 的要求。 单元工程质量等级评定为：_____。 （签字，加盖公章）　　　　年　月　日				
监理单位复核意见	经抽查并查验相关检验报告和检验资料，各工序施工质量全部合格，其中优良工序占_____％，且主要工序达到_____等级，各项报验资料_____ SL 631—2012 的要求。 单元工程质量等级评定为：_____。 （签字，加盖公章）　　　　年　月　日				
注：本表所填"单元工程量"不作为施工单位工程量结算计量的依据。					

表1.18.1 下垫层和支持层工序
施工质量验收评定表填表要求

填表时必须遵守"填表基本规定",并应符合下列要求:

1. 本表适用于下垫层和支持层合并为一层的铺填。当下垫层和支持层不合并为一层,且是两种不同材料时,应按两个工序进行评定,其验收评定表应根据设计要求做适当修改。

2. 单位工程、分部工程、单元工程名称及部位填写应与表1.18相同。

3. 各检验项目的检验方法及检验数量按表A-35的要求执行。

表 A-35　　　　　　　　　　下 垫 层 和 支 持 层

检验项目	检验方法	检验数量
铺料厚度	方格网定点测量	每个单元不少于10个点
铺填位置	观察、测量	每条边线,每10延米检测1组,每组2个点
结合部	观察、查阅施工记录	全数
碾压参数	查阅试验报告、施工记录	每班至少检查2次
压实质量	试坑法	每200~400m³检测1次,每个取样断面每层所取的样品不应少于1组
铺填层面外观	观察	全数
层间结合面		
压层表面质量		
断面尺寸	查阅施工记录、测量	每100~200m³检测1组,或每10延米检测1组,每组不少于2个点

4. 工序施工质量验收评定应提交下列资料:

(1) 施工单位各班(组)初检记录、施工队复检记录、施工单位专职质检员终检记录,工序中各施工质量检验项目的检验资料。

(2) 监理单位对工序中施工质量检验项目的平行检测资料。

5. 工序质量标准:

(1) 合格等级标准:

1) 主控项目,检验结果应全部符合SL 631—2012的要求。

2) 一般项目,逐项应有70%及以上的检验点合格,且不合格点不应集中分布。

3) 各项报验资料应符合SL 631—2012的要求。

(2) 优良等级标准:

1) 主控项目,检验结果应全部符合SL 631—2012的要求。

2) 一般项目,逐项应有90%及以上的检验点合格,且不合格点不应集中分布。

3) 各项报验资料应符合SL 631—2012的要求

表 1.18.1　下垫层和支持层工序施工质量验收评定表

单位工程名称		工序编号			
分部工程名称		施工单位			
单元工程名称、部位		施工日期	年　月　日— 　年　月　日		

项次		检验项目	质量要求	检查记录	合格数	合格率
主控项目	1	铺料厚度	铺料厚度均匀，不超厚，表面平整，边线整齐			
			检测点允许偏差不大于铺料厚度的10%，且不应超厚			
	2	铺填位置	铺填位置准确，摊铺边线整齐，边线偏差±5cm			
	3	结合部	纵横向符合设计要求，岸坡接合处的填料无分离、架空			
	4	碾压参数	压实机具的型号、规格，碾压遍数、碾压速度、碾压振动频率、振幅和加水量应符合碾压试验确定的参数值			
	5	压实质量	相对密实度不小于设计要求			
一般项目	1	铺填层面外观	铺填力求均衡上升，无团块、无粗粒集中			
	2	层间结合面	上下层间的结合面无泥土、杂物等			
	3	压层表面质量	层面平整，无漏压、欠压和出现弹簧土现象			
	4	断面尺寸	压实后的反滤层、过渡层的断面尺寸偏差值不大于设计厚度的10%			

施工单位自评意见	主控项目检验点全部合格，一般项目逐项检验点的合格率均不小于_____%，且不合格点不集中分布，各项报验资料_____ SL 631—2012 的要求。 工序质量等级评定为：_____。 （签字，加盖公章）　　　年　月　日
监理单位复核意见	经复核，主控项目检验点全部合格，一般项目逐项检验点的合格率均不小于_____%，且不合格点不集中分布，各项报验资料_____ SL 631—2012 的要求。 工序质量等级评定为：_____。 （签字，加盖公章）　　　年　月　日

表1.18.2 土工膜备料工序
施工质量验收评定表填表要求

填表时必须遵守"填表基本规定",并应符合下列要求:

1. 单位工程、分部工程、单元工程名称及部位填写应与表1.18相同。

2. 各检验项目的检验方法及检验数量按表A-36的要求执行。

表A-36　　　　　　　　　　　　土 工 膜 备 料

检验项目	检验方法	检验数量
土工膜的性能指标	查阅出厂合格证和原材料试验报告,并抽样复查	每批次或每单位工程取样1~3组进行试验检测
土工膜的外观质量	观察	全数

3. 工序施工质量验收评定应提交下列资料:

(1) 施工单位各班(组)初检记录、施工队复检记录、施工单位专职质检员终检记录,工序中各施工质量检验项目的检验资料。

(2) 监理单位对工序中施工质量检验项目的平行检测资料。

4. 工序质量标准:

(1) 合格等级标准:

1) 主控项目,检验结果应全部符合 SL 631—2012 的要求。

2) 一般项目,逐项应有70%及以上的检验点合格,且不合格点不应集中分布。

3) 各项报验资料应符合 SL 631—2012 的要求。

(2) 优良等级标准:

1) 主控项目,检验结果应全部符合 SL 631—2012 的要求。

2) 一般项目,逐项应有90%及以上的检验点合格,且不合格点不应集中分布。

3) 各项报验资料应符合 SL 631—2012 的要求。

表 1.18.2　　**土工膜备料工序施工质量验收评定表**

单位工程名称				工序编号			
分部工程名称				施工单位			
单元工程名称、部位				施工日期	年　月　日— 　年　月　日		
项次	检验项目	质量要求		检查记录		合格数	合格率
主控项目 1	土工膜的性能指标	土工膜的物理性能指标、力学性能指标、水力学指标，以及耐久性指标应符合设计要求					
一般项目 1	土工膜的外观质量	无疵点、破洞等，符合相关标准					
施工单位自评意见	主控项目检验点全部合格，一般项目逐项检验点的合格率均不小于_____%，且不合格点不集中分布，各项报验资料_____ SL 631—2012 的要求。 工序质量等级评定为：_____。 （签字，加盖公章）　　　　年　月　日						
监理单位复核意见	经复核，主控项目检验点全部合格，一般项目逐项检验点的合格率均不小于_____%，且不合格点不集中分布，各项报验资料_____ SL 631—2012 的要求。 工序质量等级评定为：_____。 （签字，加盖公章）　　　　年　月　日						

表1.18.3 土工膜铺设工序
施工质量验收评定表填表要求

填表时必须遵守"填表基本规定",并应符合下列要求:

1. 单位工程、分部工程、单元工程名称及部位填写应与表1.18相同。

2. 各检验项目的检验方法及检验数量按表 A-37 的要求执行。

表 A-37   土 工 膜 铺 设

检验项目	检验方法	检验数量
铺设	观察、查阅验收记录	全数
拼接	目测法、现场检漏法和抽样测试法	每100延米接缝抽测1处,但每个单元工程不少于3处。接缝处强度每一个单位工程抽测1～3次
排水、排气	目测法、现场检漏法和抽样测试法	逐个
铺设场地	观察、查阅验收记录	全数

3. 工序施工质量验收评定应提交下列资料:

(1) 施工单位各班(组)初检记录、施工队复检记录、施工单位专职质检员终检记录,工序中各施工质量检验项目的检验资料。

(2) 监理单位对工序中施工质量检验项目的平行检测资料。

4. 工序质量标准:

(1) 合格等级标准:

1) 主控项目,检验结果应全部符合 SL 631—2012 的要求。

2) 一般项目,逐项应有70%及以上的检验点合格,且不合格点不应集中分布。

3) 各项报验资料应符合 SL 631—2012 的要求。

(2) 优良等级标准:

1) 主控项目,检验结果应全部符合 SL 631—2012 的要求。

2) 一般项目,逐项应有90%及以上的检验点合格,且不合格点不应集中分布。

3) 各项报验资料应符合 SL 631—2012 的要求。

表 1.18.3　　土工膜铺设工序施工质量验收评定表

单位工程名称			工序编号		
分部工程名称			施工单位		
单元工程名称、部位			施工日期	年　月　日—　　年　月　日	

项次		检验项目	质量要求	检查记录	合格数	合格率
主控项目	1	铺设	土工膜的铺设工艺应符合设计要求，平顺、松紧适度、无皱褶、留有足够的余幅，与下垫层密贴			
	2	拼接	拼接方法、搭接宽度应符合设计要求，黏结搭接宽度宜不小于15cm，焊缝搭接宽度宜不小于10cm。膜间形成的节点，应为T形，不应做成十字形。接缝处强度不低于母材的80%			
	3	排水、排气	排水、排气的结构型式符合设计要求，阀体与土工膜连接牢固，不应漏水漏气			
一般项目	1	铺设场地	铺设面平整、无杂物、尖锐凸出物。铺设场区气候适宜，场地洁净，无污物污染，施工人员佩戴满足现场操作要求			

施工单位自评意见	主控项目检验点全部合格，一般项目逐项检验点的合格率均不小于＿＿＿＿＿％，且不合格点不集中分布，各项报验资料＿＿＿＿＿ SL 631—2012 的要求。 　　工序质量等级评定为：＿＿＿＿＿。 （签字，加盖公章）　　　年　月　日
监理单位复核意见	经复核，主控项目检验点全部合格，一般项目逐项检验点的合格率均不小于＿＿＿＿＿％，且不合格点不集中分布，各项报验资料＿＿＿＿＿ SL 631—2012 的要求。 　　工序质量等级评定为：＿＿＿＿＿。 （签字，加盖公章）　　　年　月　日

表1.18.4 土工膜与刚性建筑物或周边连接处理工序施工质量验收评定表填表要求

填表时必须遵守"填表基本规定",并应符合下列要求:

1. 单位工程、分部工程、单元工程名称及部位填写应与表1.18相同。

2. 各检验项目的检验方法及检验数量按表A-38的要求执行。

表A-38   土工膜与刚性建筑物或周边连接处理

检验项目	检验方法	检验数量
周边封闭沟槽结构、基础条件	观察、查阅施工记录	全数
封闭材料质量	观察、查阅验收记录、现场取样试验	每个单元至少取1组,试验项目应满足设计要求
沟槽开挖、结构尺寸	观察、测量	沿封闭沟槽每5延米测1横断面,每断面不少于5个点

3. 工序施工质量验收评定应提交下列资料:

(1)施工单位各班(组)初检记录、施工队复检记录、施工单位专职质检员终检记录,工序中各施工质量检验项目的检验资料。

(2)监理单位对工序中施工质量检验项目的平行检测资料。

4. 工序质量标准:

(1)合格等级标准:

1)主控项目,检验结果应全部符合SL 631—2012的要求。

2)一般项目,逐项应有70%及以上的检验点合格,且不合格点不应集中分布。

3)各项报验资料应符合SL 631—2012的要求。

(2)优良等级标准:

1)主控项目,检验结果应全部符合SL 631—2012的要求。

2)一般项目,逐项应有90%及以上的检验点合格,且不合格点不应集中分布。

3)各项报验资料应符合SL 631—2012的要求。

表 1.18.4 土工膜与刚性建筑物或周边连接处理工序
施工质量验收评定表

单位工程名称				工序编号			
分部工程名称				施工单位			
单元工程名称、部位				施工日期	年 月 日— 年 月 日		

项次		检验项目	质量要求	检查记录	合格数	合格率
主控项目	1	周边封闭沟槽结构、基础条件	封闭沟槽的结构型式、基础条件应符合设计要求			
	2	封闭材料质量	封闭材料质量应满足设计要求，试样合格率不小于95%，不合格试样不应集中，且不低于设计指标的0.98倍			
一般项目	1	沟槽开挖、结构尺寸	周边封闭沟槽土石方开挖尺寸，封闭材料如黏土、混凝土结构尺寸应满足设计要求。检测点允许偏差±2cm			
施工单位自评意见		主控项目检验点全部合格，一般项目逐项检验点的合格率均不小于_____%，且不合格点不集中分布，各项报验资料_____ SL 631—2012 的要求。 工序质量等级评定为：_____。 （签字，加盖公章） 年 月 日				
监理单位复核意见		经复核，主控项目检验点全部合格，一般项目逐项检验点的合格率均不小于_____%，且不合格点不集中分布，各项报验资料_____ SL 631—2012 的要求。 工序质量等级评定为：_____。 （签字，加盖公章） 年 月 日				

表1.18.5 上垫层工序施工质量验收
评定表填表要求

填表时必须遵守"填表基本规定",并应符合下列要求:

1. 单位工程、分部工程、单元工程名称及部位填写要与表1.18相同。

2. 各检验项目的检验方法及检验数量按表A-39的要求执行。

表A-39 上 垫 层

检验项目	检验方法	检验数量
铺料厚度	方格网定点测量	每个单元不少于10个点
铺填位置	观察、测量	每条边线,每10延米检测1组,每组2个点
结合部	观察、查阅施工记录	全数检查
碾压参数	查阅试验报告、施工记录	每班至少检查2次
压实质量	试坑法	每200～400m³检测1次,每个取样断面每层所取的样品不应少于1组
铺填层面外观		
层间结合面	观察	全数
压层表面质量		
断面尺寸	查阅施工记录、测量	每100～200m³检测1组,或每10延米检测1组,每组不少于2个点

3．工序施工质量验收评定应提交下列资料：

（1）施工单位各班（组）初检记录、施工队复检记录、施工单位专职质检员终检记录，工序中各施工质量检验项目的检验资料。

（2）监理单位对工序中施工质量检验项目的平行检测资料。

4．工序质量标准：

（1）合格等级标准：

1）主控项目，检验结果应全部符合 SL 631—2012 的要求。

2）一般项目，逐项应有 70％及以上的检验点合格，且不合格点不应集中分布。

3）各项报验资料应符合 SL 631—2012 的要求。

（2）优良等级标准：

1）主控项目，检验结果应全部符合 SL 631—2012 的要求。

2）一般项目，逐项应有 90％及以上的检验点合格，且不合格点不应集中分布。

3）各项报验资料应符合 SL 631—2012 的要求。

表 1.18.5 上垫层工序施工质量验收评定表

单位工程名称		工序编号				
分部工程名称		施工单位				
单元工程名称、部位		施工日期	年 月 日—		年 月 日	

项次	检验项目	质量要求	检查记录	合格数	合格率	
主控项目	1 铺料厚度	铺料厚度均匀，不超厚，表面平整，边线整齐；检测点允许偏差不大于铺料厚度的10%，且不应超厚				
	2 铺填位置	铺填位置准确，摊铺边线整齐，边线允许偏差±5cm				
	3 结合部	纵横向符合设计要求，岸坡结合处的填料无分离、架空				
	4 碾压参数	压实机具的型号、规格，碾压遍数、碾压速度、碾压振动频率、振幅和加水量应符合碾压试验确定的参数值				
	5 压实质量	相对密度不小于设计要求				

项次		检验项目	质量要求	检查记录	合格数	合格率
一般项目	1	铺填层面外观	铺填力求均衡上升，无团块、无粗粒集中			
	2	层间结合面	上下层间的结合面无泥土、杂物等			
	3	压层表面质量	表面平整，无漏压、欠压和出现弹簧土现象			
	4	断面尺寸	压实后的反滤层、过渡层的断面尺寸偏差值不大于设计厚度的10％			

施工单位自评意见	主控项目检验点全部合格，一般项目逐项检验点的合格率均不小于_____％，且不合格点不集中分布，各项报验资料_____ SL 631—2012 的要求。 工序质量等级评定为：_____。 （签字，加盖公章）　　年　月　日
监理单位复核意见	经复核，主控项目检验点全部合格，一般项目逐项检验点的合格率均不小于_____％，且不合格点不集中分布，各项报验资料_____ SL 631—2012 的要求。 工序质量等级评定为：_____。 （签字，加盖公章）　　年　月　日

2 混凝土工程

混凝土工程填表说明

1. 本章表格适用于大中型水利水电工程混凝土工程的单元工程施工质量验收评定，小型水利水电工程可参照执行。

2. 划分工序的单元工程，其施工质量验收评定在各工序验收评定合格和施工项目实体质量检验合格的基础上进行。不划分工序的单元工程，其施工质量验收评定在单元工程中所包含的检验项目检验合格和施工项目实体质量检验合格的基础上进行。

3. 工序施工质量具备下列条件后进行验收评定：①工序中所有施工项目（或施工内容）已完成，现场具备验收条件；②工序中所包含的施工质量检验项目经施工单位自检全部合格。

4. 工序施工质量按下列程序进行验收评定：①施工单位首先对已经完成的工序施工质量按《水利水电工程单元工程施工质量验收评定标准——混凝土工程》（SL 632—2012）进行自检，并做好检验记录；②自检合格后，填写工序施工质量验收评定表，质量责任人履行相应签认手续后，向监理单位申请复核；③监理单位收到申请后，应在4h内进行复核。

5. 监理复核包括下列内容：①核查施工单位报验资料是否真实、齐全；②结合平行检测和跟踪检测结果等，复核工序施工质量检验项目是否符合SL 632—2012标准的要求，在工序施工质量验收评定表中填写复核记录，并签署工序施工质量评定意见，核定工序施工质量等级，相关责任人履行相应签认手续。

6. 单元工程施工质量具备下列条件后验收评定：①单元工程所含工序（或所有施工项目）已完成，施工现场具备验收条件；②已完工序施工质量经验收评定全部合格，有关质量缺陷已处理完毕或有监理单位批准的处理意见。

7. 单元工程施工质量按下列程序进行验收评定：①施工单位首先对已经完成的单元工程施工质量进行自检，并填写检验记录；②自检合格后，填写单元工程施工质量验收评定表，向监理单位申请复核；③监理单位收到申报后，应在一个工作日内进行复核。

8. 监理复核包括下列内容：①核查施工单位报验资料是否真实、齐全；②对照施工图纸及施工技术要求，结合平行检测和跟踪检测结果等，复核单元工程质量是否达到SL 632—2012的要求；③检查已完单元工程遗留问题的处理情况，在单元工程施工质量验收评定表中填写复核记录，并签署单元工程施工质量评定意见，核定单元工程施工质量等级，相关责任人履行相应签认手续；④对验收中发现的问题提出处理意见。

9. 对进场使用的水泥、钢筋、掺合料、外加剂、止水片（带）等原材料质量应按有关规范要求进行全面检验，检验结果应满足相关产品标准。不同批次原材料在工程中的使用部位应有记录，并填写原材料及中间产品备查表（混凝土单元工程原材料检验备查表、混凝土单元工程骨料检验备查表、混凝土拌和物性能检验备查表、硬化混凝土性能检验备查表）。混凝土中间产品质量应符合SL 632—2012评定标准中相应附录的规定。

10. 对重要隐蔽单元工程和关键部位单元工程的施工质量验收评定应由设计、建设等单位的代表签字，具体要求应满足《水利水电工程施工质量检验与评定规程》（SL 176）的规定。

11. 单元工程验收评定表中的施工日期为第一个工序开始至最后一个工序全部完成的时间。

表2.1 普通混凝土单元工程
施工质量验收评定表填表要求

填表时必须遵守"填表基本规定",并应符合下列要求:

1. 单元工程划分:宜以混凝土浇筑仓号或一次检查验收范围划分。对混凝土浇筑仓号,应按每一仓号分为一个单元工程;对排架、梁、板、柱等构件,应按一次检查验收的范围分为一个单元工程。

2. 单元工程量填写混凝土浇筑量(m³)。

3. 单元工程分为基础面或施工缝处理、模板制作及安装、钢筋制作及安装、预埋件(止水、伸缩缝等)制作及安装、混凝土浇筑(含养护、脱模)、外观质量检查6个工序,其中钢筋制作及安装、混凝土浇筑(含养护、脱模)工序为主要工序,用△标注。本表是在表2.1.1~表2.1.6工序施工质量验收评定合格的基础上进行。

4. 单元工程施工质量验收评定应提交下列资料:

(1) 施工单位应提交单元工程中所含工序(或检验项目)验收评定的检验资料,原材料、拌和物与各项实体检验项目的检验记录资料。

(2) 监理单位应提交对单元工程施工质量的平行检测资料。

5. 单元工程质量标准:

(1) 合格等级标准:各工序施工质量验收评定应全部合格;各项报验资料应符合 SL 632—2012 的要求。

(2) 优良等级标准:各工序施工质量验收评定应全部合格,其中优良工序应达到 50% 及以上,且主要工序应达到优良等级;各项报验资料应符合 SL 632—2012 的要求。

表 2.1　　普通混凝土单元工程施工质量验收评定表

单位工程名称		单元工程量	
分部工程名称		施工单位	
单元工程名称、部位		施工日期	年 月 日— 年 月 日

项次	工序名称（或编号）	工序质量验收评定等级
1	基础面	
	施工缝处理	
2	模板制作及安装	
3	△钢筋制作及安装	
4	预埋件（止水、伸缩缝等）制作及安装	
5	△混凝土浇筑（含养护、脱模）	
6	外观质量检查	

施工单位自评意见	各工序施工质量全部合格，其中优良工序占_____%，且主要工序达到_____等级，单元工程试块质量检验合格，各项报验资料_____ SL 632—2012 的要求。 单元工程质量等级评定为：_____。 （签字，加盖公章）　　　年 月 日
监理单位复核意见	经抽查并查验相关检验报告和检验资料，各工序施工质量全部合格，其中优良工序占_____%，且主要工序达到_____等级，单元工程试块质量检验合格，各项报验资料_____ SL 632—2012 的要求。 单元工程质量等级评定为：_____。 （签字，加盖公章）　　　年 月 日

注：本表所填"单元工程量"不作为施工单位工程量结算计量的依据。

表2.1.1 普通混凝土基础面或施工缝工序
施工质量验收评定表填表要求

填表时必须遵守"填表基本规定",并应符合下列要求:

1. 单位工程、分部工程、单元工程名称及部位填写应与表2.1相同。
2. 各检验项目的检验方法及检验数量按表B-1的要求执行。

表B-1 普通混凝土基础面或施工缝

检验项目		检验方法	检验数量
基础面	岩基	观察、查阅设计图纸或地质报告	全仓
	软基	观察、查阅测量断面图及设计图纸	
	地表水和地下水	观察	
	岩面清理		
施工缝处理	施工缝的留置位置	观察、量测	全数
	施工缝面凿毛	观察	
	缝面清理		

3. 工序施工质量验收评定应提交下列资料:

(1) 施工单位各班(组)初检记录、施工队复检记录、施工单位专职质检员终检记录,工序中各施工质量检验项目的检验资料。

(2) 监理单位对工序中施工质量检验项目的平行检测资料。

4. 工序质量标准:

(1) 合格等级标准:

1) 主控项目,检验结果应全部符合 SL 632—2012 的要求。

2) 一般项目,逐项应有70%及以上的检验点合格,且不合格点不应集中分布。

3) 各项报验资料应符合 SL 632—2012 的要求。

(2) 优良等级标准:

1) 主控项目,检验结果应全部符合 SL 632—2012 的要求。

2) 一般项目,逐项应有90%及以上的检验点合格,且不合格点不应集中分布。

3) 各项报验资料应符合 SL 632—2012 的要求。

表 2.1.1－1　　　普通混凝土基础面处理工序

施工质量验收评定表

单位工程名称				工序编号			
分部工程名称				施工单位			
单元工程名称、部位				施工日期	年　月　日－　年　月　日		

项次	检验项目		质量要求	检查记录	合格数	合格率
主控项目	1	岩基	符合设计要求			
		软基	预留保护层已挖除；基础面符合设计要求			
	2	地表水和地下水	妥善引排或封堵			
一般项目	1	岩面清理	符合设计要求；清洗洁净，无积水、无积渣杂物			

施工单位自评意见	主控项目检验点全部合格，一般项目逐项检验点的合格率均不小于_____%，且不合格点不集中分布，各项报验资料_____ SL 632—2012 的要求。 工序质量等级评定为：_____。 　　　　　　　　　　　　　　　　　　（签字，加盖公章）　　　年　月　日
监理单位复核意见	经复核，主控项目检验点全部合格，一般项目逐项检验点的合格率均不小于_____%，且不合格点不集中分布，各项报验资料_____ SL 632—2012 的要求。 工序质量等级评定为：_____。 　　　　　　　　　　　　　　　　　　（签字，加盖公章）　　　年　月　日

表 2.1.1-2　　　**普通混凝土施工缝处理工序**

施工质量验收评定表

单位工程名称					工序编号		
分部工程名称					施工单位		
单元工程名称、部位					施工日期	年　月　日— 年　月　日	
项次		检验项目	质量要求	检查记录		合格数	合格率
主控项目	1	施工缝的留置位置	符合设计或有关施工规范规定				
	2	施工缝面凿毛	基面无乳皮，成毛面，微露粗砂				
一般项目	1	缝面清理	符合设计要求；清洗洁净、无积水、无积渣杂物				
施工单位自评意见	主控项目检验点全部合格，一般项目逐项检验点的合格率均不小于_____%，且不合格点不集中分布，各项报验资料_____ SL 632—2012 的要求。 工序质量等级评定为：_____。 （签字，加盖公章）　　　年　月　日						
监理单位复核意见	经复核，主控项目检验点全部合格，一般项目逐项检验点的合格率均不小于_____%，且不合格点不集中分布，各项报验资料_____ SL 632—2012 的要求。 工序质量等级评定为：_____。 （签字，加盖公章）　　　年　月　日						

表2.1.2 普通混凝土模板制作及安装工序
施工质量验收评定表填表要求

填表时必须遵守"填表基本规定",并应符合下列要求:

1. 本表适用于定型或现场装配式钢、木模板等的制作及安装;对于特种模板(镶面模板、滑升模板、拉模及钢模台车等)除应符合SL 632—2012的要求外,还应符合有关技术标准和设计要求等的规定。

2. 单位工程、分部工程、单元工程名称及部位填写应与表2.1相同。

3. 各检验项目的检验方法及检验数量按表B-2的要求执行。

表B-2　　　　　　　　　　　普通混凝土模板制作及安装

检验项目		检验方法	检验数量
稳定性、刚度和强度		对照模板设计文件及图纸检查	全部
承重模板底面高程		仪器测量	模板面积在100m² 以内,不少于10个点;每增加100m²,检查点数增加不少于10个点
排架、梁、板、柱、墙、墩	结构断面尺寸	钢尺测量	
	轴线位置	仪器测量	
	垂直度	2m靠尺量测、或仪器测量	
结构物边线与设计边线	外露表面	钢尺测量	
	隐蔽内面		
预留孔、洞尺寸及位置	孔、洞尺寸	测量、查看图纸	
	孔洞位置		
相邻两板面错台	外露表面	2m靠尺量测或拉线检查	模板面积在100m² 以内,不少于10个点;每增加100m²,检查点数增加不少于10个点
	隐蔽内面		
局部平整度	外露表面	按水平线(或垂直线)布置检测点,2m靠尺量测	模板面积在100m² 以上,不少于20个点。每增加100m²,检查点数增加不少于10个点
	隐蔽内面		
板面缝隙	外露表面	量测	100m² 以上,检查3～5个点。100m² 以内,检查1～3个点
	隐蔽内面		
结构物水平断面内部尺寸		测量	100m² 以上,不少于10个点;100m² 以内,不少于5个点
脱模剂涂刷		查阅产品质检证明,观察	全面
模板外观		观察	

注1:外露表面、隐蔽内面系指相应模板的混凝土结构物表面最终所处的位置。

注2:有专门要求的高速水流区、溢流面、闸墩、闸门槽等部位的模板,还应符合有关专项设计的要求。

4. 工序施工质量验收评定应提交下列资料：

（1）施工单位各班（组）初检记录、施工队复检记录、施工单位专职质检员终检记录，工序中各施工质量检验项目的检验资料。

（2）监理单位对工序中施工质量检验项目的平行检测资料。

5. 工序质量标准：

（1）合格等级标准：

1）主控项目，检验结果应全部符合 SL 632—2012 的要求。

2）一般项目，逐项应有 70％及以上的检验点合格，且不合格点不应集中分布。

3）各项报验资料应符合 SL 632—2012 的要求。

（2）优良等级标准：

1）主控项目，检验结果应全部符合 SL 632—2012 的要求。

2）一般项目，逐项应有 90％及以上的检验点合格，且不合格点不应集中分布。

3）各项报验资料应符合 SL 632—2012 的要求。

表 2.1.2 普通混凝土模板制作及安装工序施工质量验收评定表

单位工程名称				工序编号			
分部工程名称				施工单位			
单元工程名称、部位				施工日期	年 月 日— 年 月 日		
项次		检验项目	质量要求	检查记录		合格数	合格率
主控项目	1	稳定性、刚度和强度	满足混凝土施工荷载要求，并符合模板设计要求				
	2	承重模板底面高程	允许偏差 0~+5mm				
	3	排架、梁、板、柱、墙、墩	结构断面尺寸	允许偏差±10mm			
			轴线位置	允许偏差±10mm			
			垂直度	允许偏差 5mm			
	4	结构物边线与设计边线	外露表面	内模板：允许偏差 0~+10mm；外模板：允许偏差-10mm~0			
			隐蔽内面	允许偏差 15mm			
	5	预留孔、洞尺寸及位置	孔、洞尺寸	允许偏差 0~+10mm			
			孔洞位置	允许偏差±10mm			
一般项目	1	相邻两板面错台	外露表面	钢模：允许偏差 2mm 木模：允许偏差 3mm			
			隐蔽内面	允许偏差 5mm			
	2	局部平整度	外露表面	钢模：允许偏差 3mm 木模：允许偏差 5mm			
			隐蔽内面	允许偏差 10mm			
	3	板面缝隙	外露表面	钢模：允许偏差 1mm 木模：允许偏差 2mm			
			隐蔽内面	允许偏差 2mm			
	4	结构物水平断面内部尺寸	允许偏差±20mm				
	5	脱模剂涂刷	产品质量符合标准要求，涂刷均匀，无明显色差				
	6	模板外观	表面光洁、无污物				
施工单位自评意见	主控项目检验点全部合格，一般项目逐项检验点的合格率均不小于_____%，且不合格点不集中分布，各项报验资料_____ SL 632—2012 的要求。 工序质量等级评定为：_____。 （签字，加盖公章） 年 月 日						
监理单位复核意见	经复核，主控项目检验点全部合格，一般项目逐项检验点的合格率均不小于_____%，且不合格点不集中分布，各项报验资料_____ SL 632—2012 的要求。 工序质量等级评定为：_____。 （签字，加盖公章） 年 月 日						

表2.1.3 普通混凝土钢筋制作及安装工序
施工质量验收评定表填表要求

填表时必须遵守"填表基本规定",并应符合下列要求:

1. 钢筋进场时应逐批(炉号)进行检验,应查验产品合格证、出厂检验报告和外观质量并记录,并按相关规定抽取试样进行力学性能检验,不符合标准规定的不应使用。

2. 单位工程、分部工程、单元工程名称及部位填写应与表2.1相同。

3. 各检验项目的检验方法及检验数量按表B-3的要求执行。

表B-3 普通混凝土钢筋制作及安装

检验项目				检验方法	检验数量
钢筋的数量、规格尺寸、安装位置				对照设计文件检查	全数
钢筋接头的力学性能				对照仓号在结构上取样测试	焊接200个接头检测1组,机械连接500个接头检测1组
焊接接头和焊缝外观				观察并记录	不少于10个点
钢筋连接	电弧焊	帮条对焊接头中心		观察、量测	每项不少于10个点
		接头处钢筋轴线的曲折			
		焊缝	长度		
			宽度		
			高度		
			表面气孔夹渣		
	对焊及熔槽焊	焊接接头根部未焊透深度	$\phi25\sim40$mm 钢筋		
			$\phi40\sim70$mm 钢筋		
		接头处钢筋中心线的位移			
		蜂窝、气孔、非金属杂质			
	绑扎连接	缺扣、松扣		观察、量测	每项不少于10个点
		弯钩朝向正确		观察	
		搭接长度		量测	
	机械连接	带肋钢筋冷挤压连接接头	压痕处套筒外形尺寸	观察、量测	
			挤压道次		
			接头弯折		
			裂缝检查		

检验项目		检验方法	检验数量
直（锥）螺纹连接接头	丝头外观质量	观察、量测	每项不少于 10 个点
	套头外观质量		
	外露丝扣		
	螺纹匹配		
钢筋间距			全数
保护层厚度			
钢筋长度方向			
同一排受力钢筋间距	排架、柱、梁		每项不少于 5 个点
	板、墙		
双排钢筋，其排与排间距			
梁与柱中箍筋间距			每项不少于 10 个点

4. 工序施工质量验收评定应提交下列资料：

（1）施工单位各班（组）初检记录、施工队复检记录、施工单位专职质检员终检记录，工序中各施工质量检验项目的检验资料。

（2）监理单位对工序中施工质量检验项目的平行检测资料。

5. 工序质量标准：

（1）合格等级标准：

1）主控项目，检验结果应全部符合 SL 632—2012 的要求。

2）一般项目，逐项应有 70％及以上的检验点合格，且不合格点不应集中分布。

3）各项报验资料应符合 SL 632—2012 的要求。

（2）优良等级标准：

1）主控项目，检验结果应全部符合 SL 632—2012 的要求。

2）一般项目，逐项应有 90％及以上的检验点合格，且不合格点不应集中分布。

3）各项报验资料应符合 SL 632—2012 的要求。

表 2.1.3 普通混凝土钢筋制作及安装工序施工质量验收评定表

单位工程名称				工序编号		
分部工程名称				施工单位		
单元工程名称、部位				施工日期	年 月 日— 年 月 日	

项次	检验项目			质量要求	检查记录	合格数	合格率
	1	钢筋的数量、规格尺寸、安装位置		符合质量标准和设计的要求			
	2	钢筋接头的力学性能		符合规范要求和国家及行业有关规定			
	3	焊接接头和焊缝外观		不允许有裂缝、脱焊点、漏焊点、表面平顺，没有明显的咬边、凹陷、气孔等，钢筋不应有明显烧伤			
主控项目	4	钢筋连接	电弧焊	帮条对焊接头中心	纵向偏移差不大于 $0.5d$		
				接头处钢筋轴线的曲折	$\leqslant 4°$		
				焊缝 长度	允许偏差 $-0.5d$		
				焊缝 宽度	允许偏差 $-0.1d$		
				焊缝 高度	允许偏差 $-0.05d$		
				表面气孔夹渣	在 $2d$ 长度上数量不多于 2 个；气孔、夹渣的直径不大于 3mm		
			对焊及熔槽焊	焊接接头根部未焊透深度 $\phi25\sim40mm$ 钢筋	$\leqslant 0.15d$		
				焊接接头根部未焊透深度 $\phi40\sim70mm$ 钢筋	$\leqslant 0.10d$		
				接头处钢筋中心线的位移	$0.10d$ 且不大于 2mm		
				蜂窝、气孔、非金属杂质	焊缝表面（长为 $2d$）和焊缝截面上不多于 3 个，且每个直径不大于 1.5mm		
			绑扎连接	缺扣、松扣	$\leqslant 20\%$，且不集中		
				弯钩朝向正确	符合设计图纸		
				搭接长度	允许偏差 $-0.05mm$ 设计值		

项次	检验项目			质量要求	检查记录	合格数	合格率
主控项目	4	钢筋连接	机械连接	带肋钢筋冷挤压连接接头	压痕处套筒外形尺寸	挤压后套筒长度应为原套筒长度的 1.10～1.15 倍，或压痕处套筒的外径波动范围为原套筒外径的 0.8～0.9 倍			
					挤压道次	符合型式检验结果		
					接头弯折	≤4°		
					裂缝检查	挤压后肉眼观察无裂缝		
				直（锥）螺纹连接接头	丝头外观质量	保护良好，无锈蚀和油污，牙形饱满光滑		
					套头外观质量	无裂纹或其他肉眼可见缺陷		
					外露丝扣	无 1 扣以上完整丝扣外露		
					螺纹匹配	丝头螺纹与套筒螺纹满足连接要求，螺纹结合紧密，无明显松动，以及相应处理方法得当		
	5	钢筋间距				无明显过大过小的现象		
	6	保护层厚度				允许偏差±1/4 净保护层厚		
一般项目	1	钢筋长度方向				允许偏差±1/2 净保护层厚		
	2	同一排受力钢筋间距	排架、柱、梁			允许偏差±0.5d		
			板、墙			允许偏差±0.1 倍间距		
	3	双排钢筋，其排与排间距				允许偏差±0.1 倍排距		
	4	梁与柱中箍筋间距				允许偏差±0.1 倍箍筋间距		

施工单位自评意见	主控项目检验点全部合格，一般项目逐项检验点的合格率均不小于_____%，且不合格点不集中分布，各项报验资料_____ SL 632—2012 的要求。 工序质量等级评定为：_____。 （签字，加盖公章）　　年　月　日
监理单位复核意见	经复核，主控项目检验点全部合格，一般项目逐项检验点的合格率均不小于_____%，且不合格点不集中分布，各项报验资料_____ SL 632—2012 的要求。 工序质量等级评定为：_____。 （签字，加盖公章）　　年　月　日

表2.1.4 普通混凝土预埋件制作及安装工序施工质量验收评定表填表要求

填表时必须遵守"填表基本规定"，并应符合下列要求：

1. 水工混凝土中的预埋件包括止水、伸缩缝（填充材料）、排水系统、冷却及灌浆管路、铁件、安全监测设施等。在施工中应进行全过程检查和保护，防止移位、变形、损坏及堵塞。

2. 预埋件的结构型式、位置、尺寸及材料的品种、规格、性能等应符合设计要求和有关标准。所有预埋件都应进行材质证明检查，需要抽检的材料应按有关规范进行。

3. 单位工程、分部工程、单元工程名称及部位填写应与表2.1相同。

4. 各检验项目的检验方法及检验数量按表B-4的要求执行。

表B-4   普通混凝土预埋件制作及安装

检验项目			检验方法	检验数量
止水片、止水带	片（带）外观		观察	所有外露止水片（带）
	基座			不少于5个点
	片（带）插入深度		检查、量测	不少于1个点
	沥青井（柱）		观察	检查3~5个点
	接头		检查	全数
	片（带）偏差	宽	量测	检查3~5个点
		高		
		长		
	搭接长度	金属止水片		每个焊接处
		橡胶、PVC止水带		
		金属止水片与PVC止水带接头栓接长度		每个连接带
	片（带）中心线与接缝中心线安装偏差			检查1~2个点
伸缩缝（填充材料）	伸缩缝缝面		观察	全部
	涂敷沥青料			
	粘贴沥青油毛毡			
	铺设预制油毡板或其他闭缝板			
排水系统	孔口装置		观察、量测	全数
	排水管通畅性		观察	
	排水孔倾斜度		量测	
	排水孔（管）位置			

检验项目			检验方法	检验数量
排水系统	基岩排水孔	倾斜度	孔深不小于 8m	量测	全部
			孔深小于 8m		
		深度			
冷却及灌浆管路	管路安装			通气、通水	所有接头
	管路出口			观察	全部
铁件	高程、方位、埋入深度及外露长度等			对照图纸现场观察、查阅施工记录、量测	
	铁件外观			观察	
	锚筋钻孔位置	梁、柱的锚筋		量测	
		钢筋网的锚筋			
	钻孔底部的孔径				
	钻孔深度				
	钻孔的倾斜度相对设计轴线				

5. 工序施工质量验收评定应提交下列资料：

（1）施工单位各班（组）初检记录、施工队复检记录、施工单位专职质检员终检记录，工序中各施工质量检验项目的检验资料。

（2）监理单位对工序中施工质量检验项目的平行检测资料。

6. 工序质量标准：

（1）合格等级标准：

1）主控项目，检验结果应全部符合 SL 632—2012 的要求。

2）一般项目，逐项应有 70％及以上的检验点合格，且不合格点不应集中分布。

3）各项报验资料应符合 SL 632—2012 的要求。

（2）优良等级标准：

1）主控项目，检验结果应全部符合 SL 632—2012 的要求。

2）一般项目，逐项应有 90％及以上的检验点合格，且不合格点不应集中分布。

3）各项报验资料应符合 SL 632—2012 的要求。

表 2.1.4　普通混凝土预埋件制作及安装工序
施工质量验收评定表

单位工程名称				工序编号		
分部工程名称				施工单位		
单元工程名称、部位				施工日期	年　月　日— 　年　月　日	

项次			检验项目	质量要求	检查记录	合格数	合格率
止水片、止水带	主控项目	1	片（带）外观	表面平整，无浮皮、锈污、油渍、砂眼、钉孔、裂纹等			
		2	基座	符合设计要求（按基础面要求验收合格）			
		3	片（带）插入深度	符合设计要求			
		4	沥青井（柱）	位置准确、牢固，上下层衔接好，电热元件及绝热材料埋设准确，沥青填塞密实			
		5	接头	符合工艺要求			
	一般项目	1	片（带）偏差 宽	允许偏差±5mm			
			片（带）偏差 高	允许偏差±2mm			
			片（带）偏差 长	允许偏差±20mm			
		2	搭接长度 金属止水片	≥20mm，双面焊接			
			搭接长度 橡胶、PVC止水带	≥100mm			
			搭接长度 金属止水片与PVC止水带接头栓接长度	≥350mm（螺栓栓接法）			
		3	片（带）中心线与接缝中心线安装偏差	允许偏差±5mm			
伸缩缝（填充材料）	主控项目	1	伸缩缝缝面	平整、顺直、干燥，外露铁件应割除，确保伸缩有效			
	一般项目	1	涂敷沥青料	涂刷均匀平整、与混凝土黏结紧密，无气泡及隆起现象			
		2	粘贴沥青油毛毡	铺设厚度均匀平整、牢固、搭接紧密			
		3	铺设预制油毡板或其他闭缝板	铺设厚度均匀平整、牢固、相邻块安装紧密平整无缝			

项次			检验项目		质量要求	检查记录	合格数	合格率
排水系统	主控项目	1	孔口装置		按设计要求加工、安装，并进行防锈处理，安装牢固，不应有渗水、漏水现象			
		2	排水管通畅性		通畅			
	一般项目	1	排水孔倾斜度		允许偏差 4%			
		2	排水孔（管）位置		允许偏差 100mm			
		3	基岩排水孔	倾斜度 孔深不小于 8m	允许偏差 1%			
				孔深小于 8m	允许偏差 2%			
			深度		允许偏差 ±0.5%			
冷却及灌浆管路	主控项目	1	管路安装		安装牢固、可靠，接头不漏水、不漏气、无堵塞			
	一般项目	1	管路出口		露出模板外 300～500mm，妥善保护，有识别标志			
铁件	主控项目	1	高程、方位、埋入深度及外露长度等		符合设计要求			
	一般项目	1	铁件外观		表面无锈皮、油污等			
		2	锚筋钻孔位置	梁、柱的锚筋	允许偏差 20mm			
				钢筋网的锚筋	允许偏差 50mm			
		3	钻孔底部的孔径		锚筋直径 $d+20$mm			
		4	钻孔深度		符合设计要求			
		5	钻孔的倾斜度相对设计轴线		允许偏差 5%（在全孔深度范围内）			

施工单位自评意见	主控项目检验点全部合格，一般项目逐项检验点的合格率均不小于_____%，且不合格点不集中分布，各项报验资料_____ SL 632—2012 的要求。 工序质量等级评定为：_____。 （签字，加盖公章）　　　年　月　日
监理单位复核意见	经复核，主控项目检验点全部合格，一般项目逐项检验点的合格率均不小于_____%，且不合格点不集中分布，各项报验资料_____ SL 632—2012 的要求。 工序质量等级评定为：_____。 （签字，加盖公章）　　　年　月　日

表2.1.5 普通混凝土浇筑工序
施工质量验收评定表填表要求

填表时必须遵守"填表基本规定",并应符合下列要求:

1. 所选用的混凝土浇筑设备能力应与浇筑强度相适应,确保混凝土施工的连续性。

2. 单位工程、分部工程、单元工程名称及部位填写应与表2.1相同。

3. 各检验项目的检验方法及检验数量按表B-5的要求执行。

表B-5 普通混凝土浇筑

检验项目	检验方法	检验数量
入仓混凝土料	观察	不少于入仓总次数的50%
平仓分层	观察、量测	全部
混凝土振捣	在混凝土浇筑过程中全部检查	
铺筑间歇时间		
浇筑温度(指有温控要求的混凝土)	温度计测量	
混凝土养护	观察	
砂浆铺筑		
积水和泌水		
插筋、管路等埋设件以及模板的保护	观察、量测	
混凝土表面保护	观察	
脱模	观察或查阅施工记录	不少于脱模总次数的30%

4. 工序施工质量验收评定应提交下列资料:

(1)施工单位各班(组)初检记录、施工队复检记录、施工单位专职质检员终检记录,工序中各施工质量检验项目的检验资料。

(2)监理单位对工序中施工质量检验项目的平行检测资料。

5. 工序质量标准:

(1)合格等级标准:

1)主控项目,检验结果应全部符合SL 632—2012的要求。

2)一般项目,逐项应有70%及以上的检验点合格,且不合格点不应集中分布。

3)各项报验资料应符合SL 632—2012的要求。

(2)优良等级标准:

1)主控项目,检验结果应全部符合SL 632—2012的要求。

2)一般项目,逐项应有90%及以上的检验点合格,且不合格点不应集中分布。

3)各项报验资料应符合SL 632—2012的要求。

表 2.1.5 普通混凝土浇筑工序施工质量验收评定表

单位工程名称				工序编号		
分部工程名称				施工单位		
单元工程名称、部位				施工日期	年 月 日— 年 月 日	

项次		检验项目	质量要求	检查记录	合格数	合格率
主控项目	1	入仓混凝土料	无不合格料入仓。如有少量不合格料入仓，应及时处理至达到要求			
	2	平仓分层	厚度不大于振捣棒有效长度的90%，铺设均匀，分层清楚，无骨料集中现象			
	3	混凝土振捣	振捣器垂直插入下层5cm，有次序，间距、留振时间合理，无漏振、无超振			
	4	铺筑间歇时间	符合要求，无初凝现象			
	5	浇筑温度（指有温控要求的混凝土）	满足设计要求			
	6	混凝土养护	表面保持湿润；连续养护时间基本满足设计要求			
一般项目	1	砂浆铺筑	厚度宜为2～3cm，均匀平整，无漏铺			
	2	积水和泌水	无外部水流入，泌水排除及时			
	3	插筋、管路等埋设件以及模板的保护	保护好，符合设计要求			
	4	混凝土表面保护	保护时间、保温材料质量符合设计要求			
	5	脱模	脱模时间符合施工技术规范或设计要求			

施工单位自评意见	主控项目检验点全部合格，一般项目逐项检验点的合格率均不小于_____%，且不合格点不集中分布，各项报验资料_____ SL 632—2012 的要求。 工序质量等级评定为：_____。 （签字，加盖公章）　　　年 月 日
监理单位复核意见	经复核，主控项目检验点全部合格，一般项目逐项检验点的合格率均不小于_____%，且不合格点不集中分布，各项报验资料_____ SL 632—2012 的要求。 工序质量等级评定为：_____。 （签字，加盖公章）　　　年 月 日

表2.1.6 普通混凝土外观质量检查工序
施工质量验收评定表填表要求

填表时必须遵守"填表基本规定",并应符合下列要求:

1. 混凝土拆模后,应检查其外观质量。当发生混凝土裂缝、冷缝、蜂窝、麻面、错台和变形等质量问题时,应及时处理,并做好记录。

2. 混凝土外观质量评定可在拆模后或消除缺陷处理后进行。

3. 单位工程、分部工程、单元工程名称及部位填写应与表2.1相同。

4. 各检验项目的检验方法及检验数量按表B-6的要求执行。

表B-6　　　　　　　　　普通混凝土外观质量检查

检验项目	检验方法	检验数量
有平整度要求的部位	用2m靠尺或专用工具检查	$100m^2$ 以上的表面检查6~10个点;$100m^2$ 以下的表面检查3~5个点
形体尺寸	钢尺测量	抽查15%
重要部位缺损	观察、仪器检测	全部
表面平整度	用2m靠尺或专用工具检查	$100m^2$ 以上的表面检查6~10个点;$100m^2$ 以下的表面检查3~5个点
麻面、蜂窝	观察、量测	全部
孔洞		
错台、跑模、掉角		
表面裂缝		

5. 工序施工质量验收评定应提交下列资料:

(1) 施工单位各班(组)初检记录、施工队复检记录、施工单位专职质检员终检记录,工序中各施工质量检验项目的检验资料。

(2) 监理单位对工序中施工质量检验项目的平行检测资料。

6. 工序质量标准:

(1) 合格等级标准:

1) 主控项目,检验结果应全部符合SL 632—2012的要求。

2) 一般项目,逐项应有70%及以上的检验点合格,且不合格点不应集中分布。

3) 各项报验资料应符合SL 632—2012的要求。

(2) 优良等级标准:

1) 主控项目,检验结果应全部符合SL 632—2012的要求。

2) 一般项目,逐项应有90%及以上的检验点合格,且不合格点不应集中分布。

3) 各项报验资料应符合SL 632—2012的要求。

＿＿＿＿＿＿＿＿＿＿＿＿＿＿工程

表 2.1.6 普通混凝土外观质量检查工序施工质量验收评定表

单位工程名称				工序编号			
分部工程名称				施工单位			
单元工程名称、部位				施工日期	年　月　日—	年　月　日	
项次	检验项目	质量要求		检查记录		合格数	合格率
主控项目	1　有平整度要求的部位	符合设计及规范要求					
	2　形体尺寸	符合设计要求或允许偏差±20mm					
	3　重要部位缺损	不允许出现缺损					
一般项目	1　表面平整度	每2m偏差不大于8mm					
	2　麻面、蜂窝	麻面、蜂窝累计面积不超过0.5％。经处理符合设计要求					
	3　孔洞	单个面积不超过0.01m²，且深度不超过骨料最大粒径。经处理符合设计要求					
	4　错台、跑模、掉角	经处理符合设计要求					
	5　表面裂缝	短小、深度不大于钢筋保护层厚度的表面裂缝经处理符合设计要求					
施工单位自评意见	主控项目检验点全部合格，一般项目逐项检验点的合格率均不小于＿＿＿％，且不合格点不集中分布，各项报验资料＿＿＿SL 632—2012的要求。 工序质量等级评定为：＿＿＿。 （签字，加盖公章）　　年　月　日						
监理单位复核意见	经复核，主控项目检验点全部合格，一般项目逐项检验点的合格率均不小于＿＿＿％，且不合格点不集中分布，各项报验资料＿＿＿SL 632—2012的要求。 工序质量等级评定为：＿＿＿。 （签字，加盖公章）　　年　月　日						

135

表2.2　碾压混凝土单元工程
施工质量验收评定表填表要求

填表时必须遵守"填表基本规定"，并应符合下列要求：

1. 单元工程划分：宜以一次连续填筑的段、块划分，每一段、块划分为一个单元工程。

2. 单元工程量填写本单元工程混凝土浇筑量（m³）。

3. 单元工程分为碾压混凝土基础面处理、碾压混凝土施工缝面处理、模板制作及安装、预埋件制作及安装、混凝土浇筑、混凝土成缝及混凝土外观质量检查6个工序，其中碾压混凝土基础面处理、碾压混凝土施工缝面处理、模板制作及安装、混凝土浇筑工序为主要工序，用△标注。本表是在表2.2.1～表2.2.6工序施工质量验收评定合格的基础上进行。

4. 单元工程施工质量验收评定应提交下列资料：

（1）施工单位应提交单元工程中所含工序（或检验项目）验收评定的检验资料，原材料、拌和物与各项实体检验项目的检验记录资料。

（2）监理单位应提交对单元工程施工质量的平行检测资料。

5. 单元工程质量标准：

（1）合格等级标准：各工序施工质量验收评定应全部合格；各项报验资料应符合 SL 632—2012 的要求。

（2）优良等级标准：各工序施工质量验收评定应全部合格，其中优良工序应达到50%及以上，且主要工序应达到优良等级；各项报验资料应符合 SL 632—2012 的要求。

_____工程

表 2.2　碾压混凝土单元工程施工质量验收评定表

单位工程名称		单元工程量		
分部工程名称		施工单位		
单元工程名称、部位		施工日期	年　月　日—	年　月　日
项次	工序名称（或编号）	工序质量验收评定等级		
1	△碾压混凝土基础面处理			
	△碾压混凝土施工缝面处理			
2	△模板制作及安装			
3	预埋件制作及安装			
4	△混凝土浇筑			
5	混凝土成缝			
6	混凝土外观质量			
施工单位自评意见	各工序施工质量全部合格，其中优良工序占_____%，且主要工序达到_____等级，单元工程试块质量检验合格，各项报验资料_____ SL 632—2012 的要求。 　　单元工程质量等级评定为：_____。 　　　　　　　　　　　　　　　　　　　　（签字，加盖公章）　　　年　月　日			
监理单位复核意见	经抽查并查验相关检验报告和检验资料，各工序施工质量全部合格，其中优良工序占_____%，且主要工序达到_____等级，单元工程试块质量检验合格，各项报验资料_____ SL 632—2012 的要求。 　　单元工程质量等级评定为：_____。 　　　　　　　　　　　　　　　　　　　　（签字，加盖公章）　　　年　月　日			
注：本表所填"单元工程量"不作为施工单位工程量结算计量的依据。				

表2.2.1 碾压混凝土基础面、施工缝面处理工序 施工质量验收评定表填表要求

填表时必须遵守"填表基本规定",并应符合下列要求:

1. 单位工程、分部工程、单元工程名称及部位填写应与表2.2相同。

2. 各检验项目的检验方法及检验数量按表B-7的要求执行。

表B-7 碾压混凝土基础面、施工缝面处理

检验项目		检验方法	检验数量
基础面	岩基	观察、查阅设计图纸或地质报告	全仓
	软基	观察、查阅测量断面图及设计图纸	
	地表水和地下水	观察	
	岩面清理		
施工缝面处理	施工缝面凿毛		
	施工缝面清理		

3. 工序施工质量验收评定应提交下列资料:

（1）施工单位各班（组）初检记录、施工队复检记录、施工单位专职质检员终检记录,工序中各施工质量检验项目的检验资料。

（2）监理单位对工序中施工质量检验项目的平行检测资料。

4. 工序质量标准:

（1）合格等级标准:

1）主控项目,检验结果应全部符合 SL 632—2012 的要求。

2）一般项目,逐项应有70%及以上的检验点合格,且不合格点不应集中分布。

3）各项报验资料应符合 SL 632—2012 的要求。

（2）优良等级标准:

1）主控项目,检验结果应全部符合 SL 632—2012 的要求。

2）一般项目,逐项应有90%及以上的检验点合格,且不合格点不应集中分布。

3）各项报验资料应符合 SL 632—2012 的要求。

表 2.2.1　碾压混凝土基础面、施工缝面处理工序施工质量验收评定表

单位工程名称				工序编号			
分部工程名称				施工单位			
单元工程名称、部位				施工日期	年 月 日— 年 月 日		

项次	检验项目		质量要求	检查记录	合格数	合格率
基础面	主控项目	1 岩基	符合设计要求			
		软基	预留保护层已挖除；基础面符合设计要求			
		2 地表水和地下水	妥善引排或封堵			
	一般项目	1 岩面清理	符合设计要求；清洗洁净、无积水、无积渣杂物			
施工缝面处理	主控项目	1 施工缝面凿毛	刷毛或冲毛，无乳皮、表面成毛面			
	一般项目	1 施工缝面清理	符合设计要求；清洗洁净、无积水、无积渣杂物			

施工单位自评意见	主控项目检验点全部合格，一般项目逐项检验点的合格率均不小于_____％，且不合格点不集中分布，各项报验资料_____ SL 632—2012 的要求。 工序质量等级评定为：_____。 （签字，加盖公章）　　　年　月　日
监理单位复核意见	经复核，主控项目检验点全部合格，一般项目逐项检验点的合格率均不小于_____％，且不合格点不集中分布，各项报验资料_____ SL 632—2012 的要求。 工序质量等级评定为：_____。 （签字，加盖公章）　　　年　月　日

表2.2.2　碾压混凝土模板制作及安装工序施工质量验收评定表填表要求

填表时必须遵守"填表基本规定",并应符合下列要求:

1. 单位工程、分部工程、单元工程名称及部位填写应与表2.2相同。

2. 各检验项目的检验方法及检验数量按表B-8的要求执行。

表B-8　　　　　　　　　　　　碾压混凝土模板制作及安装

检验项目		检验方法	检验数量
稳定性、刚度和强度		对照文件和图纸检查	全部
结构物边线与设计边线		量测	不少于5个点
结构物水平断面内部尺寸			
承重模板标高			
相邻两板面错台	外露表面	按照水平方向布点用2m靠尺量测	模板面积在100m²以内,不少于10个点;100m²以上,不少于20个点
	隐蔽内面		
局部不平整度	外露表面	用2m靠尺量测	不少于5个点
	隐蔽内面		
板面缝隙	外露表面	量测	
	隐蔽内面		
模板外观		查阅图纸及目视检查	定型钢模板应抽查同一类型,同一规格模板的10%,且不少于3件,其他逐件检查
预留孔、洞尺寸边线		查阅图纸、测量	全数
预留孔、洞中心位置			
脱模剂		观察	全部

注:外露表面、隐蔽内面系指相应模板的混凝土结构物表面最终所处的位置。

3. 工序施工质量验收评定应提交下列资料:

(1) 施工单位各班(组)初检记录、施工队复检记录、施工单位专职质检员终检记录,工序中各施工质量检验项目的检验资料。

(2) 监理单位对工序中施工质量检验项目的平行检测资料。

4. 工序质量标准:

(1) 合格等级标准:

1) 主控项目,检验结果应全部符合SL 632—2012的要求。

2) 一般项目,逐项应有70%及以上的检验点合格,且不合格点不应集中分布。

3) 各项报验资料应符合SL 632—2012的要求。

(2) 优良等级标准:

1) 主控项目,检验结果应全部符合SL 632—2012的要求。

2) 一般项目,逐项应有90%及以上的检验点合格,且不合格点不应集中分布。

3) 各项报验资料应符合SL 632—2012的要求。

表 2.2.2 碾压混凝土模板制作及安装工序施工质量验收评定表

单位工程名称				工序编号			
分部工程名称				施工单位			
单元工程名称、部位				施工日期	年 月 日— 年 月 日		

项次		检验项目		质量要求	检查记录	合格数	合格率
主控项目	1	稳定性、刚度和强度		符合模板设计要求			
	2	结构物边线与设计边线		钢模：允许偏差 0～＋10mm； 木模：允许偏差 0～＋15mm			
	3	结构物水平断面内部尺寸		允许偏差±20mm			
	4	承重模板标高		允许偏差±5mm			
一般项目	1	相邻两板面错台	外露表面	钢模：允许偏差 2mm； 木模：允许偏差 3mm			
			隐蔽内面	允许偏差 5mm			
	2	局部不平整度	外露表面	钢模：允许偏差 3mm； 木模：允许偏差 5mm			
			隐蔽内面	允许偏差 10mm			
	3	板面缝隙	外露表面	钢模：允许偏差 1mm； 木模：允许偏差 2mm			
			隐蔽内面	允许偏差 2mm			
	4	模板外观		规格符合设计要求； 表面光洁、无污物			
	5	预留孔、洞尺寸边线		钢模：允许偏差 0～＋10mm； 木模：允许偏差 0～＋15mm			
	6	预留孔、洞中心位置		允许偏差±10mm			
	7	脱模剂		质量符合标准要求，涂抹均匀			

施工单位自评意见	主控项目检验点全部合格，一般项目逐项检验点的合格率均不小于_____％，且不合格点不集中分布，各项报验资料_____SL 632—2012 的要求。 工序质量等级评定为：_____。 （签字，加盖公章） 年 月 日
监理单位复核意见	经复核，主控项目检验点全部合格，一般项目逐项检验点的合格率均不小于_____％，且不合格点不集中分布，各项报验资料_____SL 632—2012 的要求。 工序质量等级评定为：_____。 （签字，加盖公章） 年 月 日

表2.2.3 碾压混凝土预埋件制作及安装工序 施工质量验收评定表填表要求

填表时必须遵守"填表基本规定"，并应符合下列要求：

1. 水工混凝土中的预埋件包括止水、伸缩缝（填充材料）、排水系统、冷却及灌浆管路、铁件、安全监测设施等。在施工中应进行全过程检查和保护，防止移位、变形、损坏及堵塞。

2. 预埋件的结构型式、位置、尺寸及材料的品种、规格、性能等应符合设计要求和有关标准。所有预埋件都应进行材质证明检查，需要抽检的材料应按有关规范进行。

3. 单位工程、分部工程、单元工程名称及部位填写应与表2.2相同。

4. 各检验项目的检验方法及检验数量按表B-9的要求执行。

表B-9 碾压混凝土预埋件制作及安装

检验项目			检验方法	检验数量
止水片、止水带	片（带）外观		观察	所有外露止水片（带）
	基座			不少于5个点
	片（带）插入深度		检查、量测	不少于1个点
	沥青井（柱）		观察	检查3～5个点
	接头		检查	全数
	片（带）偏差	宽	量测	检查3～5个点
		高		
		长		
	搭接长度	金属止水片		每个焊接处
		橡胶、PVC止水带		每个连接带
		金属止水片与PVC止水带接头栓接长度		
	片（带）中心线与接缝中心线安装偏差			检查1～2个点
伸缩缝（填充材料）	伸缩缝缝面		观察	全部
	涂敷沥青料			
	粘贴沥青油毛毡			
	铺设预制油毡板或其他闭缝板			
排水系统	孔口装置		观察、量测	
	排水管通畅性		观察	
	排水孔倾斜度		量测	全数

检验项目				检验方法	检验数量
排水系统	排水孔（管）位置			量测	全数
	基岩排水孔	倾斜度	孔深不小于 8m		
			孔深小于 8m		
		深度			
冷却及灌浆管路	管路安装			通气、通水	所有接头
	管路出口			观察	
铁件	高程、方位、埋入深度及外露长度等			对照图纸现场观察、查阅施工记录、量测	全部
	铁件外观			观察	
	锚筋钻孔位置	梁、柱的锚筋		量测	
		钢筋网的锚筋			
	钻孔底部的孔径				
	钻孔深度				
	钻孔的倾斜度相对设计轴线				

5. 工序施工质量验收评定应提交下列资料：

（1）施工单位各班（组）初检记录、施工队复检记录、施工单位专职质检员终检记录，工序中各施工质量检验项目的检验资料。

（2）监理单位对工序中施工质量检验项目的平行检测资料。

6. 工序质量标准：

（1）合格等级标准：

1）主控项目，检验结果应全部符合 SL 632—2012 的要求。

2）一般项目，逐项应有 70% 及以上的检验点合格，且不合格点不应集中分布。

3）各项报验资料应符合 SL 632—2012 的要求。

（2）优良等级标准：

1）主控项目，检验结果应全部符合 SL 632—2012 的要求。

2）一般项目，逐项应有 90% 及以上的检验点合格，且不合格点不应集中分布。

3）各项报验资料应符合 SL 632—2012 的要求。

表 2.2.3 碾压混凝土预埋件制作及安装工序施工质量验收评定表

单位工程名称				工序编号				
分部工程名称				施工单位				
单元工程名称、部位				施工日期	年 月 日—		年 月 日	

项次			检验项目	质量要求	检查记录	合格数	合格率
止水片、止水带	主控项目	1	片（带）外观	表面平整，无浮皮、锈污、油渍、砂眼、钉孔、裂纹等			
		2	基座	符合设计要求（按基础面要求验收合格）			
		3	片（带）插入深度	符合设计要求			
		4	沥青井（柱）	位置准确、牢固，上下层衔接好，电热元件及绝热材料埋设准确，沥青填塞密实			
		5	接头	符合工艺要求			
	一般项目	1	片（带）偏差 宽	允许偏差±5mm			
			高	允许偏差±2mm			
			长	允许偏差±20mm			
		2	搭接长度 金属止水片	≥20mm，双面焊接			
			橡胶、PVC止水带	≥100mm			
			金属止水片与PVC止水带接头栓接长度	≥350mm（螺栓栓接法）			
		3	片（带）中心线与接缝中心线安装偏差	允许偏差±5mm			
伸缩缝（填充材料）	主控项目	1	伸缩缝缝面	平整、顺直、干燥，外露铁件应割除，确保伸缩有效			
	一般项目	1	涂敷沥青料	涂刷均匀平整、与混凝土黏结紧密，无气泡及隆起现象			
		2	粘贴沥青油毛毡	铺设厚度均匀平整、牢固、搭接紧密			
		3	铺设预制油毡板或其他闭缝板	铺设厚度均匀平整、牢固、相邻块安装紧密平整无缝			

项次			检验项目		质量要求	检查记录	合格数	合格率
排水系统	主控项目	1	孔口装置		按设计要求加工、安装，并进行防锈处理，安装牢固，不应有渗水、漏水现象			
		2	排水管通畅性		通畅			
	一般项目	1	排水孔倾斜度		允许偏差4%			
		2	排水孔（管）位置		允许偏差100mm			
		3	基岩排水孔	倾斜度 孔深不小于8m	允许偏差1%			
				倾斜度 孔深小于8m	允许偏差2%			
				深度	允许偏差±0.5%			
冷却及灌浆管路	主控项目	1	管路安装		安装牢固、可靠，接头不漏水、不漏气、无堵塞			
	一般项目	1	管路出口		露出模板外300～500mm，妥善保护，有识别标志			
铁件	主控项目	1	高程、方位、埋入深度及外露长度等		符合设计要求			
	一般项目	1	铁件外观		表面无锈皮、油污等			
		2	锚筋钻孔位置	梁、柱的锚筋	允许偏差20mm			
				钢筋网的锚筋	允许偏差50mm			
		3	钻孔底部的孔径		锚筋直径 $d+20$mm			
		4	钻孔深度		符合设计要求			
		5	钻孔的倾斜度相对设计轴线		允许偏差5%（在全孔深度范围内）			

施工单位自评意见	主控项目检验点全部合格，一般项目逐项检验点的合格率均不小于_____%，且不合格点不集中分布，各项报验资料_____ SL 632—2012 的要求。 工序质量等级评定为：_____。 （签字，加盖公章）　　年　月　日
监理单位复核意见	经复核，主控项目检验点全部合格，一般项目逐项检验点的合格率均不小于_____%，且不合格点不集中分布，各项报验资料_____ SL 632—2012 的要求。 工序质量等级评定为：_____。 （签字，加盖公章）　　年　月　日

表2.2.4 碾压混凝土浇筑工序
施工质量验收评定表填表要求

填表时必须遵守"填表基本规定",并应符合下列要求:

1. 混凝土浇筑包括垫层混凝土(异种混凝土)浇筑、混凝土铺筑碾压、变态混凝土施工。碾压施工参数如压实机具的型号、规格,铺料厚度,碾压遍数,碾压速度等应由碾压试验确定。垫层混凝土(异种混凝土)浇筑施工质量应按表2.1进行评定。

2. 单位工程、分部工程、单元工程名称及部位填写应与表2.2相同。施工日期为混凝土浇筑开始至结束的时间,浇筑质量评定应在混凝土养护期满后进行。

3. 各检验项目的检验方法及检验数量按表B-10的要求执行。

表B-10 碾 压 混 凝 土 浇 筑

检验项目		检验方法	检验数量
混凝土铺筑碾压	碾压参数	查阅试验报告、施工记录	每班至少检查2次
	运输、卸料、平仓和碾压	观察、记录间隔时间	全部
	层间允许间隔时间		
	控制碾压厚度	使用插尺、直尺量测	每个仓号均检测2~3个点
	混凝土压实密度	密度检测仪测试混凝土岩芯试验(必要时)	每100~200m² 碾压层测试1次,每层至少有3个点
	碾压条带边缘的处理	观察、量测	每个仓号均检测1~2个点
	碾压搭接宽度	观察	每个仓号抽查1~2个点
	碾压层表面		全部
	混凝土养护		
变态混凝土	灰浆拌制	查阅试验报告、施工记录或比重计量测	
	灰浆铺洒	观察、记录间隔时间	
	振捣	浇筑过程中全部检查	
	与碾压混凝土振碾搭接宽度	观察	每个仓号抽查1~2个点
	铺层厚度	量测	全部
	施工层面	观察	

4. 工序施工质量验收评定应提交下列资料:

(1)施工单位各班(组)初检记录、施工队复检记录、施工单位专职质检员终检记录,工序中各施工质量检验项目的检验资料。

(2)监理单位对工序中施工质量检验项目的平行检测资料。

5. 工序质量标准:

(1)合格等级标准:

146

1）主控项目，检验结果应全部符合 SL 632—2012 的要求。

2）一般项目，逐项应有 70％及以上的检验点合格，且不合格点不应集中分布。

3）各项报验资料应符合 SL 632—2012 的要求。

（2）优良等级标准：

1）主控项目，检验结果应全部符合 SL 632—2012 的要求。

2）一般项目，逐项应有 90％及以上的检验点合格，且不合格点不应集中分布。

3）各项报验资料应符合 SL 632—2012 的要求。

表 2.2.4　碾压混凝土浇筑工序施工质量验收评定表

单位工程名称				工序编号			
分部工程名称				施工单位			
单元工程名称、部位				施工日期	年 月 日— 年 月 日		

项次			检验项目	质量标准	检查记录	合格数	合格率
混凝土铺筑碾压	主控项目	1	碾压参数	应符合碾压试验确定的参数值			
		2	运输、卸料、平仓和碾压	符合设计要求，卸料高度不大于1.5m；迎水面防渗范围平仓与碾压方向不允许与坝轴线垂直，摊铺至碾压间隔时间不宜超过2h			
		3	层间允许间隔时间	符合允许间隔时间要求			
		4	控制碾压厚度	满足碾压试验参数要求			
		5	混凝土压实密度	符合规范或设计要求			
	一般项目	1	碾压条带边缘的处理	搭接20～30cm宽度与下一条同时碾压			
		2	碾压搭接宽度	条带间搭接10～20cm；端头部位搭接不少于100cm			
		3	碾压层表面	不允许出现骨料分离			
		4	混凝土养护	仓面保持湿润，养护时间符合要求，仓面养护到上层碾压混凝土铺筑为止			
变态混凝土	主控项目	1	灰浆拌制	由水泥与粉煤灰并掺用外加剂拌制，水胶比宜不大于碾压混凝土的水胶比，保持浆体均匀			
		2	灰浆铺洒	加浆量满足设计要求，铺洒方式符合设计及规范要求，间歇时间低于规定时间			
		3	振捣	符合规定要求，间隔时间符合规定标准			
	一般项目	1	与碾压混凝土振碾搭接宽度	应大于20cm			
		2	铺层厚度	符合设计要求			
		3	施工层面	无积水，不允许出现骨料分离；特殊地区施工时空气温度应满足施工层面需要			

施工单位自评意见	主控项目检验点全部合格，一般项目逐项检验点的合格率均不小于_____%，且不合格点不集中分布，各项报验资料_____SL 632—2012的要求。 工序质量等级评定为：_____。 （签字，加盖公章）　　年 月 日
监理单位复核意见	经复核，主控项目检验点全部合格，一般项目逐项检验点的合格率均不小于_____%，且不合格点不集中分布，各项报验资料_____SL 632—2012的要求。 工序质量等级评定为：_____。 （签字，加盖公章）　　年 月 日

表2.2.5 碾压混凝土成缝工序
施工质量验收评定表填表要求

填表时必须遵守"填表基本规定",并应符合下列要求:

1. 单位工程、分部工程、单元工程名称及部位填写应与表2.1相同。

2. 各检验项目的检验方法及检验数量按表B-11的要求执行。

表B-11 碾压混凝土成缝

检验项目	检验方法	检验数量
缝面位置	观察、量测	
结构型式及填充材料	观察	
有重复灌浆要求横缝	观察、量测	全部
切缝工艺	量测	
成缝面积		

3. 工序施工质量验收评定应提交下列资料:

(1) 施工单位各班(组)初检记录、施工队复检记录、施工单位专职质检员终检记录,工序中各施工质量检验项目的检验资料。

(2) 监理单位对工序中施工质量检验项目的平行检测资料。

4. 工序质量标准:

(1) 合格等级标准:

1) 主控项目,检验结果应全部符合SL 632—2012的要求。

2) 一般项目,逐项应有70%及以上的检验点合格,且不合格点不应集中分布。

3) 各项报验资料应符合SL 632—2012的要求。

(2) 优良等级标准:

1) 主控项目,检验结果应全部符合SL 632—2012的要求。

2) 一般项目,逐项应有90%及以上的检验点合格,且不合格点不应集中分布。

3) 各项报验资料应符合SL 632—2012的要求。

表 2.2.5　　碾压混凝土成缝工序施工质量验收评定表

单位工程名称				工序编号			
分部工程名称				施工单位			
单元工程名称、部位				施工日期	年　月　日—	年　月　日	

项次		检验项目	质量要求	检查记录	合格数	合格率
主控项目	1	缝面位置	应满足设计要求			
	2	结构型式及填充材料	应满足设计要求			
	3	有重复灌浆要求横缝	制作与安装应满足设计要求			
一般项目	1	切缝工艺	应满足设计要求			
	2	成缝面积	满足设计要求			

施工单位自评意见	主控项目检验点全部合格，一般项目逐项检验点的合格率均不小于_____%，且不合格点不集中分布，各项报验资料_____ SL 632—2012 的要求。 工序质量等级评定为：_____。 （签字，加盖公章）　　　年　月　日
监理单位复核意见	经复核，主控项目检验点全部合格，一般项目逐项检验点的合格率均不小于_____%，且不合格点不集中分布，各项报验资料_____ SL 632—2012 的要求。 工序质量等级评定为：_____。 （签字，加盖公章）　　　年　月　日

表2.2.6 碾压混凝土外观质量检查工序
施工质量验收评定表填表要求

填表时必须遵守"填表基本规定",并应符合下列要求:

1. 混凝土拆模后,应检查其外观质量。当发生混凝土裂缝、冷缝、蜂窝、麻面、错台和变形等质量问题时,应及时处理,并做好记录。

2. 混凝土外观质量评定可在拆模后或消除缺陷处理后进行。

3. 单位工程、分部工程、单元工程名称及部位填写应与表2.2相同。

4. 各检验项目的检验方法及检验数量按表B-12的要求执行。

表 B-12 碾压混凝土外观质量检查

检验项目	检验方法	检验数量
有平整度要求的部位	用2m靠尺或专用工具检查	100m² 以上的表面检查 6~10 个点;100m² 以下的表面检查 3~5 个点
形体尺寸	钢尺测量	抽查 15%
重要部位缺损	观察、仪器检测	全部
表面平整度	用2m靠尺或专用工具检查	100m² 以上的表面检查 6~10 个点;100m² 以下的表面检查 3~5 个点
麻面、蜂窝	观察、量测	全部
孔洞		
错台、跑模、掉角		
表面裂缝		

5. 工序施工质量验收评定应提交下列资料:

(1) 施工单位各班(组)初检记录、施工队复检记录、施工单位专职质检员终检记录,工序中各施工质量检验项目的检验资料。

(2) 监理单位对工序中施工质量检验项目的平行检测资料。

6. 工序质量标准:

(1) 合格等级标准:

1) 主控项目,检验结果应全部符合 SL 632—2012 的要求。

2) 一般项目,逐项应有 70% 及以上的检验点合格,且不合格点不应集中分布。

3) 各项报验资料应符合 SL 632—2012 的要求。

(2) 优良等级标准:

1) 主控项目,检验结果应全部符合 SL 632—2012 的要求。

2) 一般项目,逐项应有 90% 及以上的检验点合格,且不合格点不应集中分布。

3) 各项报验资料应符合 SL 632—2012 的要求。

表 2.2.6 碾压混凝土外观质量检查工序施工质量验收评定表

单位工程名称					工序编号				
分部工程名称					施工单位				
单元工程名称、部位					施工日期	年 月 日—		年 月 日	

项次		检验项目	质量要求	检查记录	合格数	合格率
主控项目	1	有平整度要求的部位	符合设计及规范要求			
	2	形体尺寸	符合设计要求或允许偏差±20mm			
	3	重要部位缺损	不允许出现缺损			
一般项目	1	表面平整度	每2m偏差不大于8mm			
	2	麻面、蜂窝	麻面、蜂窝累计面积不超过0.5%。经处理符合设计要求			
	3	孔洞	单个面积不超过0.01m²，且深度不超过骨料最大粒径。经处理符合设计要求			
	4	错台、跑模、掉角	经处理符合设计要求			
	5	表面裂缝	短小、深度不大于钢筋保护层厚度的表面裂缝经处理符合设计要求			

施工单位自评意见	主控项目检验点全部合格，一般项目逐项检验点的合格率均不小于_____%，且不合格点不集中分布，各项报验资料_____ SL 632—2012 的要求。 工序质量等级评定为：_____。 （签字，加盖公章）　　　年　月　日
监理单位复核意见	经复核，主控项目检验点全部合格，一般项目逐项检验点的合格率均不小于_____%，且不合格点不集中分布，各项报验资料_____ SL 632—2012 的要求。 工序质量等级评定为：_____。 （签字，加盖公章）　　　年　月　日

表2.3 趾板混凝土单元工程
施工质量验收评定表填表要求

填表时必须遵守"填表基本规定",并应符合下列要求:

1. 本表适用于混凝土面板堆石坝(含砂砾石填筑的坝)中趾板混凝土施工质量的验收评定。

2. 混凝土面板单元工程宜以每块面板对应的趾板划分为一个单元工程。

3. 单元工程量填写本单元工程混凝土浇筑量(m³)

4. 单元工程分为基面清理、模板制作及安装、钢筋制作及安装、预埋件制作及安装、混凝土浇筑(含养护)及混凝土外观质量检查6个工序,其中钢筋制作及安装、混凝土浇筑(含养护)工序为主要工序,用△标注。本表是在表2.3.1~表2.3.6工序施工质量验收评定合格的基础上进行。

5. 单元工程施工质量验收评定应提交下列资料:

(1)施工单位应提交单元工程中所含工序(或检验项目)验收评定的检验资料,原材料、拌和物与各项实体检验项目的检验记录资料。

(2)监理单位应提交对单元工程施工质量的平行检测资料。

6. 单元工程质量标准:

(1)合格等级标准:各工序施工质量验收评定应全部合格;各项报验资料应符合 SL 632—2012 的要求。

(2)优良等级标准:各工序施工质量验收评定应全部合格,其中优良工序应达到 50% 及以上,且主要工序应达到优良等级;各项报验资料应符合 SL 632—2012 的要求。

表 2.3　　　趾板混凝土单元工程施工质量验收评定表

单位工程名称		单元工程量	
分部工程名称		施工单位	
单元工程名称、部位		施工日期	年　月　日—　　年　月　日

项次	工序名称（或编号）	工序质量验收评定等级
1	基面清理	
2	模板制作及安装	
3	△钢筋制作及安装	
4	预埋件制作及安装	
5	△混凝土浇筑（含养护）	
6	混凝土外观质量	
施工单位自评意见	各工序施工质量全部合格，其中优良工序占_____%，且主要工序达到_____等级，单元工程试块质量检验合格，各项报验资料_____ SL 632—2012 的要求。 单元工程质量等级评定为：_____。 （签字，加盖公章）　　　年　月　日	
监理单位复核意见	经抽查并查验相关检验报告和检验资料，各工序施工质量全部合格，其中优良工序占_____%，且主要工序达到_____等级，单元工程试块质量检验合格，各项报验资料_____ SL 632—2012 的要求。 单元工程质量等级评定为：_____。 （签字，加盖公章）　　　年　月　日	

注：本表所填"单元工程量"不作为施工单位工程量结算计量的依据。

表2.3.1 趾板混凝土基础面处理工序 施工质量验收评定表填表要求

填表时必须遵守"填表基本规定",并应符合下列要求:

1. 趾板基础面处理工序是在表1.1、表1.2~表1.5评定基础上进行的。

2. 单位工程、分部工程、单元工程名称及部位填写应与表2.3相同。

3. 各检验项目的检验方法及检验数量按表B-13的要求执行。

表B-13 趾板混凝土基础面处理

检验项目		检验方法	检验数量
基础面	岩基	观察、查阅设计图纸或地质报告	全仓
	软基	观察、查阅测量断面图及设计图纸	
地表水和地下水		观察	
岩面清理			

4. 工序施工质量验收评定应提交下列资料:

(1)施工单位各班(组)初检记录、施工队复检记录、施工单位专职质检员终检记录,工序中各施工质量检验项目的检验资料。

(2)监理单位对工序中施工质量检验项目的平行检测资料。

5. 工序质量标准:

(1)合格等级标准:

1)主控项目,检验结果应全部符合SL 632—2012的要求。

2)一般项目,逐项应有70%及以上的检验点合格,且不合格点不应集中分布。

3)各项报验资料应符合SL 632—2012的要求。

(2)优良等级标准:

1)主控项目,检验结果应全部符合SL 632—2012的要求。

2)一般项目,逐项应有90%及以上的检验点合格,且不合格点不应集中分布。

3)各项报验资料应符合SL 632—2012的要求。

表 2.3.1　　趾板混凝土基础面处理工序施工质量验收评定表

单位工程名称					工序编号			
分部工程名称					施工单位			
单元工程名称、部位					施工日期	年　月　日—　年　月　日			

项次	检验项目		质量要求	检查记录	合格数	合格率
主控项目	1	基础面	岩基	符合设计要求			
			软基	预留保护层已挖除；基础面符合设计要求			
	2	地表水和地下水		妥善引排或封堵			
一般项目	1	岩面清理		符合设计要求；清洗洁净，无积水、无积渣杂物			

施工单位自评意见	主控项目检验点全部合格，一般项目逐项检验点的合格率均不小于_____%，且不合格点不集中分布，各项报验资料_____ SL 632—2012 的要求。 工序质量等级评定为：_____。 （签字，加盖公章）　　　　年　月　日
监理单位复核意见	经复核，主控项目检验点全部合格，一般项目逐项检验点的合格率均不小于_____%，且不合格点不集中分布，各项报验资料_____ SL 632—2012 的要求。 工序质量等级评定为：_____。 （签字，加盖公章）　　　　年　月　日

表2.3.2 趾板混凝土滑模制作及安装工序
施工质量验收评定表填表要求

填表时必须遵守"填表基本规定",并应符合下列要求:

1. 本表适用于混凝土模板滑模制作及安装、滑模轨道安装工序的施工质量评定,其他模板应符合表B-8的要求。

2. 单位工程、分部工程、单元工程名称及部位填写应与表2.3相同。

3. 各检验项目的检验方法及检验数量按表B-14的要求执行。

表B-14 趾板混凝土滑模制作及安装

检验项目		检验方法	检验数量
滑模结构及其牵引系统		观察、试运行	全数
模板及其支架		观察、查阅设计文件	
模板表面		观察	
脱模剂			
滑模制作及安装	外形尺寸	量测	每100m² 不少于8个点
	对角线长度		每100m² 不少于4个点
	扭曲	挂线检查	每100m² 不少于16个点
	表面局部不平度	用2m靠尺量测	每100m² 不少于20个点
	滚轮及滑道间距		每100m² 不少于4个点
滑模轨道制作及安装	轨道安装高程	量测	每10延米各测1点,总检验点不少于20个点
	轨道安装中心线		
	轨道接头处轨面错位		每处接头检测2个点

4. 工序施工质量验收评定应提交下列资料:

(1) 施工单位各班(组)初检记录、施工队复检记录、施工单位专职质检员终检记录,工序中各施工质量检验项目的检验资料。

(2) 监理单位对工序中施工质量检验项目的平行检测资料。

5. 工序质量标准:

(1) 合格等级标准:

1) 主控项目,检验结果应全部符合SL 632—2012的要求。

2) 一般项目,逐项应有70%及以上的检验点合格,且不合格点不应集中分布。

3) 各项报验资料应符合SL 632—2012的要求。

(2) 优良等级标准:

1) 主控项目,检验结果应全部符合SL 632—2012的要求。

2) 一般项目,逐项应有90%及以上的检验点合格,且不合格点不应集中分布。

3) 各项报验资料应符合SL 632—2012的要求。

表 2.3.2　　　　趾板混凝土滑模制作及安装工序
施工质量验收评定表

单位工程名称			工序编号			
分部工程名称			施工单位			
单元工程名称、部位			施工日期	年　月　日—　　年　月　日		
项次		检验项目	质量要求	检查记录	合格数	合格率
主控项目	1	滑模结构及其牵引系统	应牢固可靠，便于施工，并应设有安全装置			
	2	模板及其支架	满足设计稳定性、刚度和强度要求			
一般项目	1	模板表面	处理干净，无任何附着物，表面光滑			
	2	脱模剂	涂抹均匀			
	3	滑模制作及安装　外形尺寸	允许偏差±10mm			
	4	对角线长度	允许偏差±6mm			
	5	扭曲	允许偏差4mm			
	6	表面局部不平度	允许偏差3mm			
	7	滚轮及滑道间距	允许偏差±10mm			
	8	滑模轨道制作及安装　轨道安装高程	允许偏差±5mm			
	9	轨道安装中心线	允许偏差±10mm			
	10	轨道接头处轨面错位	允许偏差2mm			
施工单位自评意见	主控项目检验点全部合格，一般项目逐项检验点的合格率均不小于＿＿＿＿＿＿％，且不合格点不集中分布，各项报验资料＿＿＿＿＿ SL 632—2012 的要求。 工序质量等级评定为：＿＿＿＿＿。 （签字，加盖公章）　　　年　月　日					
监理单位复核意见	经复核，主控项目检验点全部合格，一般项目逐项检验点的合格率均不小于＿＿＿＿＿＿％，且不合格点不集中分布，各项报验资料＿＿＿＿＿ SL 632—2012 的要求。 工序质量等级评定为：＿＿＿＿＿。 （签字，加盖公章）　　　年　月　日					

表2.3.3 趾板混凝土钢筋制作及安装工序
施工质量验收评定表填表要求

填表时必须遵守"填表基本规定",并应符合下列要求:

1. 钢筋进场时应逐批(炉号)进行检验,应查验产品合格证、出厂检验报告和外观质量并记录,并按相关规定抽取试样进行力学性能检验,不符合标准规定的不应使用。

2. 单位工程、分部工程、单元工程名称及部位填写应与表2.1相同。

3. 各检验项目的检验方法及检验数量按表B-15的要求执行。

表 B-15 　　　　　　　　　　趾板混凝土钢筋制作及安装

检验项目			检验方法	检验数量
钢筋的数量、规格尺寸、安装位置			对照设计文件检查	全数
钢筋接头的力学性能			对照仓号在结构上取样测试	焊接200个接头检测1组,机械连接500个接头检测1组
焊接接头和焊缝外观			观察并记录	不少于10个点
钢筋连接	电弧焊	帮条对焊接头中心	观察、量测	每项不少于10个点
		接头处钢筋轴线的曲折		
		焊缝 长度		
		焊缝 宽度		
		焊缝 高度		
		表面气孔夹渣		
	对焊及熔槽焊	焊接接头根部未焊透深度 $\phi25\sim40mm$ 钢筋		
		焊接接头根部未焊透深度 $\phi40\sim70mm$ 钢筋		
		接头处钢筋中心线的位移		
		蜂窝、气孔、非金属杂质		
	绑扎连接	缺扣、松扣	观察	
		弯钩朝向正确	观察	
		搭接长度	量测	
	机械连接	带肋钢筋冷挤压连接接头 压痕处套筒外形尺寸	观察并量测	
		带肋钢筋冷挤压连接接头 挤压道次		
		带肋钢筋冷挤压连接接头 接头弯折		
		带肋钢筋冷挤压连接接头 裂缝检查		

检验项目				检验方法	检验数量
钢筋连接	机械连接	直（锥）螺纹连接接头	丝头外观质量	观察、量测	每项不少于 10 个点
			套头外观质量		
			外露丝扣		
			螺纹匹配		
钢筋间距				观察、量测	每项不少于 10 个点
保护层厚度					
钢筋长度方向					
同一排受力钢筋间距		排架、柱、梁			每项不少于 5 个点
		板、墙			
双排钢筋，其排与排间距					
梁与柱中箍筋间距					每项不少于 10 个点

4. 工序施工质量验收评定应提交下列资料：

（1）施工单位各班（组）初检记录、施工队复检记录、施工单位专职质检员终检记录，工序中各施工质量检验项目的检验资料。

（2）监理单位对工序中施工质量检验项目的平行检测资料。

5. 工序质量标准：

（1）合格等级标准：

1）主控项目，检验结果应全部符合 SL 632—2012 的要求。

2）一般项目，逐项应有 70% 及以上的检验点合格，且不合格点不应集中分布。

3）各项报验资料应符合 SL 632—2012 的要求。

（2）优良等级标准：

1）主控项目，检验结果应全部符合 SL 632—2012 的要求。

2）一般项目，逐项应有 90% 及以上的检验点合格，且不合格点不应集中分布。

3）各项报验资料应符合 SL 632—2012 的要求。

表 2.3.3 趾板混凝土钢筋制作及安装工序施工质量验收评定表

单位工程名称				工序编号			
分部工程名称				施工单位			
单元工程名称、部位				施工日期	年 月 日—		年 月 日

项次		检验项目		质量要求	检查记录	合格数	合格率
主控项目	1	钢筋的数量、规格尺寸、安装位置		符合质量标准和设计的要求			
	2	钢筋接头的力学性能		符合规范要求和国家及行业有关规定			
	3	焊接接头和焊缝外观		不允许有裂缝、脱焊点、漏焊点，表面平顺，没有明显的咬边、凹陷、气孔等，钢筋不应有明显烧伤			
	4	钢筋连接	电弧焊 帮条对焊接头中心	纵向偏移差不大于 $0.5d$			
			电弧焊 接头处钢筋轴线的曲折	$\leqslant 4°$			
			电弧焊 焊缝 长度	允许偏差 $-0.5d$			
			电弧焊 焊缝 宽度	允许偏差 $-0.1d$			
			电弧焊 焊缝 高度	允许偏差 $-0.05d$			
			电弧焊 焊缝 表面气孔夹渣	在 $2d$ 长度上数量不多于 2 个；气孔、夹渣的直径不大于 3mm			
			对焊及熔槽焊 焊接接头根部未焊透深度 $\phi25\sim40$mm 钢筋	$\leqslant 0.15d$			
			对焊及熔槽焊 焊接接头根部未焊透深度 $\phi40\sim70$mm 钢筋	$\leqslant 0.10d$			
			对焊及熔槽焊 接头处钢筋中心线的位移	$0.10d$ 且不大于 2mm			
			对焊及熔槽焊 蜂窝、气孔、非金属杂质	焊缝表面（长为 $2d$）和焊缝截面上不多于 3 个，且每个直径不大于 1.5mm			
			绑扎连接 缺扣、松扣	$\leqslant 20\%$，且不集中			
			绑扎连接 弯钩朝向正确	符合设计图纸			
			绑扎连接 搭接长度	允许偏差 -0.05mm 设计值			

项次	检验项目			质量标准	检查记录	合格数	合格率
主控项目	4 钢筋连接	机械连接	带肋钢筋冷挤压连接接头 压痕处套筒外形尺寸	挤压后套筒长度应为原套筒长度的 1.10～1.15 倍，或压痕处套筒的外径波动范围为原套筒外径的 0.8～0.9 倍			
			挤压道次	符合型式检验结果			
			接头弯折	≤4°			
			裂缝检查	挤压后肉眼观察无裂缝			
		直（锥）螺纹连接接头	丝头外观质量	保护良好，无锈蚀和油污，牙形饱满光滑			
			套头外观质量	无裂纹或其他肉眼可见缺陷			
			外露丝扣	无 1 扣以上完整丝扣外露			
			螺纹匹配	丝头螺纹与套筒螺纹满足连接要求，螺纹结合紧密，无明显松动，以及相应处理方法得当			
	5	钢筋间距		无明显过大过小的现象			
	6	保护层厚度		允许偏差±1/4 净保护层厚			
一般项目	1	钢筋长度方向		允许偏差±1/2 净保护层厚			
	2	同一排受力钢筋间距	排架、柱、梁	允许偏差±0.5d			
			板、墙	允许偏差±0.1 倍间距			
	3	双排钢筋，其排与排间距		允许偏差±0.1 倍排距			
	4	梁与柱中箍筋间距		允许偏差±0.1 倍箍筋间距			

施工单位自评意见	主控项目检验点全部合格，一般项目逐项检验点的合格率均不小于_____%，且不合格点不集中分布，各项报验资料_____ SL 632—2012 的要求。 工序质量等级评定为：_____。 （签字，加盖公章）　　　年　月　日
监理单位复核意见	经复核，主控项目检验点全部合格，一般项目逐项检验点的合格率均不小于_____%，且不合格点不集中分布，各项报验资料_____ SL 632—2012 的要求。 工序质量等级评定为：_____。 （签字，加盖公章）　　　年　月　日

表2.3.4 趾板混凝土预埋件制作及安装工序
施工质量验收评定表填表要求

填表时必须遵守"填表基本规定",并应符合下列要求:

1. 本表主要包括预埋件制作及安装中止水及伸缩缝设置等内容。

2. 单位工程、分部工程、单元工程名称及部位填写要与表2.3相同。

3. 各检验项目的检验方法及检验数量按表B-16的要求执行。

表B-16 趾板混凝土预埋件制作及安装

检验项目			检验方法	检验数量
止水片、止水带	止水片（带）连接	铜止水片连（焊）接	观察、量测、工艺试验	每种焊接工艺不少于3组
		PVC止水带	观察、取样检测	
	止水片（带）外观		观察	全数
	基座		观察	不少于5个点
	片（带）插入深度		检查、量测	不少于1个点
	PVC（或橡胶）垫片		观察、量测	
	制作（成型）	宽度	量测	每5延米检测1个点
		鼻子或立腿高度		
		中心部分直径		
	安装	中心线与设计	仪器测量	
		两侧平段倾斜		
伸缩缝	柔性料填充		抽样检测	每50～100m为一检测段
	无黏性料填充		观察、量测	每10延米抽检1个断面
	面板接缝顶部预留填塞柔性填料的V形槽		观察、量测	每5延米测一横断面，每断面不少于3个测点
	预留槽表面处理		观察	全数
	砂浆垫层		用2m靠尺量测	平整度，每5延米检测1个点；宽度每5延米检测1个断面
	柔性填料表面		自下而上观察	每5延米检测1个点

4. 工序施工质量验收评定应提交下列资料:

（1）施工单位各班（组）初检记录、施工队复检记录、施工单位专职质检员终检记录，工序中各施工质量检验项目的检验资料。

（2）监理单位对工序中施工质量检验项目的平行检测资料。

5. 工序质量标准:

（1）合格等级标准:

1）主控项目，检验结果应全部符合 SL 632—2012 的要求。

2）一般项目，逐项应有 70％及以上的检验点合格，且不合格点不应集中分布。

3）各项报验资料应符合 SL 632—2012 的要求。

（2）优良等级标准：

1）主控项目，检验结果应全部符合 SL 632—2012 的要求。

2）一般项目，逐项应有 90％及以上的检验点合格，且不合格点不应集中分布。

3）各项报验资料应符合 SL 632—2012 的要求。

**表 2.3.4 　趾板混凝土预埋件制作及安装工序
施工质量验收评定表**

单位工程名称				工序编号		
分部工程名称				施工单位		
单元工程名称、部位				施工日期	年　月　日— 　年　月　日	

项次		检验项目		质量要求	检查记录	合格数	合格率
止水片、止水带	主控项目	1	止水片（带）连接	铜止水片连（焊）接表面光滑、无孔洞、无裂缝；对缝焊应为单面双层焊接；搭接焊应为双面焊接，搭接长度应大于20mm。拼接处的抗拉强度不小于母材强度			
				PVC止水带采用热黏结或热焊接，搭接长度不小于150mm；橡胶止水带硫化连接牢固。接头内不应有气泡、夹渣或渗水。拼接处的抗拉强度不小于母材强度			
		2	止水片（带）外观	表面浮皮、锈污、油漆、油渍等清除干净；止水片（带）无变形、变位			
		3	基座	符合设计要求（按基础面要求验收合格）			
		4	片（带）插入深度	符合设计要求			
	一般项目	1	PVC（或橡胶）垫片	平铺或粘贴在砂浆垫（或沥青垫）上，中心线应与缝中心线重合；允许偏差±5mm			
		2	制作（成型）宽度	铜止水允许偏差±5mm；PVC或橡胶止水带允许偏差±5mm			
			鼻子或立腿高度	铜止水允许偏差±2mm			
			中心部分直径	PVC或橡胶止水带允许偏差±2mm			
		3	安装 中心线与设计	铜止水允许偏差±5mm；PVC或橡胶止水带允许偏差±5mm			
			两侧平段倾斜	铜止水允许偏差±5mm；PVC或橡胶止水带允许偏差±10mm			

项次		检验项目	质量标准	检查记录	合格数	合格率
主控项目	1	柔性料填充	满足设计断面要求,边缘允许偏差±10mm;面膜按设计结构设置,与混凝土面应黏结紧密,锚压牢固,形成密封腔			
	2	无黏性料填充	填料填塞密实,保护罩的外形尺寸符合设计要求,安装锚固用的角钢、膨胀螺栓规格、间距符合设计要求,并经防腐处理。位置偏差不大于30mm;螺栓孔距允许偏差不大于50mm;螺栓孔深允许偏差不大于5mm			
一般项目	1	面板接缝顶部预留填塞柔性填料的V形槽	位置准确,规格、尺寸符合设计要求			
	2	预留槽表面处理	清洁、干燥,黏结剂涂刷均匀、平整、不应漏涂,涂料应与混凝土面黏结紧密			
	3	砂浆垫层	平整度、宽度符合设计要求;平整度允许偏差±2mm;宽度允许偏差不大于5mm			
	4	柔性填料表面	混凝土表面应平整、密实;无松动混凝土块、无露筋、蜂窝、麻面、起皮、起砂现象			

伸缩缝

施工单位自评意见	主控项目检验点全部合格,一般项目逐项检验点的合格率均不小于_____%,且不合格点不集中分布,各项报验资料_____ SL 632—2012 的要求。 工序质量等级评定为:_____。 <div align="right">(签字,加盖公章)　　　年　月　日</div>
监理单位复核意见	经复核,主控项目检验点全部合格,一般项目逐项检验点的合格率均不小于_____%,且不合格点不集中分布,各项报验资料_____ SL 632—2012 的要求。 工序质量等级评定为:_____。 <div align="right">(签字,加盖公章)　　　年　月　日</div>

166

表2.3.5 趾板混凝土浇筑工序
施工质量验收评定表填表要求

填表时必须遵守"填表基本规定",并应符合下列要求:

1. 所选用的混凝土浇筑设备能力应与浇筑强度相适应,确保混凝土施工的连续性。

2. 单位工程、分部工程、单元工程名称及部位填写应与表2.3相同。

3. 各检验项目的检验方法及检验数量按表B-17的要求执行。

表 B-17 趾 板 混 凝 土 浇 筑

检验项目	检验方法	检验数量
入仓混凝土料	观察	不少于入仓总次数的50%
平仓分层	观察、量测	
混凝土振捣	在混凝土浇筑过程中全部检查	
铺筑间歇时间	在混凝土浇筑过程中全部检查	
浇筑温度(指有温控要求的混凝土)	温度计测量	
混凝土养护		全部
砂浆铺筑	观察	
积水和泌水		
插筋、管路等埋设件以及模板的保护	观察、量测	
混凝土表面保护	观察	
脱模	观察或查阅施工记录	不少于脱模总次数的30%

4. 工序施工质量验收评定应提交下列资料:

(1) 施工单位各班(组)初检记录、施工队复检记录、施工单位专职质检员终检记录,工序中各施工质量检验项目的检验资料。

(2) 监理单位对工序中施工质量检验项目的平行检测资料。

5. 工序质量标准:

(1) 合格等级标准:

1) 主控项目,检验结果应全部符合 SL 632—2012 的要求。

2) 一般项目,逐项应有70%及以上的检验点合格,且不合格点不应集中分布。

3) 各项报验资料应符合 SL 632—2012 的要求。

(2) 优良等级标准:

1) 主控项目,检验结果应全部符合 SL 632—2012 的要求。

2) 一般项目,逐项应有90%及以上的检验点合格,且不合格点不应集中分布。

3) 各项报验资料应符合 SL 632—2012 的要求。

表 2.3.5 趾板混凝土浇筑工序施工质量验收评定表

单位工程名称			工序编号						
分部工程名称			施工单位						
单元工程名称、部位			施工日期	年 月 日— 年 月 日					

项次		检验项目	质量要求	检查记录	合格数	合格率
主控项目	1	入仓混凝土料	无不合格料入仓。如有少量不合格料入仓，应及时处理至达到要求			
	2	平仓分层	厚度不大于振捣棒有效长度的90%，铺设均匀，分层清楚，无骨料集中现象			
	3	混凝土振捣	振捣器垂直插入下层5cm，有次序，间距、留振时间合理，无漏振、无超振			
	4	铺筑间歇时间	符合要求，无初凝现象			
	5	浇筑温度（指有温控要求的混凝土）	满足设计要求			
	6	混凝土养护	表面保持湿润；连续养护时间基本满足设计要求			
一般项目	1	砂浆铺筑	厚度宜为2~3cm，均匀平整，无漏铺			
	2	积水和泌水	无外部水流入，泌水排除及时			
	3	插筋、管路等埋设件以及模板的保护	保护好，符合设计要求			
	4	混凝土表面保护	保护时间、保温材料质量符合设计要求			
	5	脱模	脱模时间符合施工技术规范或设计要求			

施工单位自评意见	主控项目检验点全部合格，一般项目逐项检验点的合格率均不小于_____%，且不合格点不集中分布，各项报验资料_____ SL 632—2012 的要求。 工序质量等级评定为：_____。 （签字，加盖公章）　　　年 月 日
监理单位复核意见	经复核，主控项目检验点全部合格，一般项目逐项检验点的合格率均不小于_____%，且不合格点不集中分布，各项报验资料_____ SL 632—2012 的要求。 工序质量等级评定为：_____。 （签字，加盖公章）　　　年 月 日

表2.3.6 趾板混凝土外观质量检查工序施工质量验收评定表填表要求

填表时必须遵守"填表基本规定",并应符合下列要求:

1. 混凝土拆模后,应检查其外观质量。当发生混凝土裂缝、冷缝、蜂窝、麻面、错台和变形等质量问题时,应及时处理,并做好记录。

2. 混凝土外观质量评定可在拆模后或消除缺陷处理后进行。

3. 单位工程、分部工程、单元工程名称及部位填写应与表2.3相同。

4. 各检验项目的检验方法及检验数量按表B-18的要求执行。

表 B-18 趾板混凝土外观质量检查

检验项目	检验方法	检验数量
有平整度要求的部位	用2m靠尺或专用工具检查	100m²以上的表面检查6~10个点; 100m²以下的表面检查3~5个点
形体尺寸	钢尺测量	抽查15%
重要部位缺损	观察、仪器检测	全部
表面平整度	用2m靠尺或专用工具检查	100m²以上的表面检查6~10个点; 100m²以下的表面检查3~15个点
麻面、蜂窝	观察	
孔洞		全部
错台、跑模、掉角	观察、量测	
表面裂缝		

5. 工序施工质量验收评定应提交下列资料:

(1)施工单位各班(组)初检记录、施工队复检记录、施工单位专职质检员终检记录,工序中各施工质量检验项目的检验资料。

(2)监理单位对工序中施工质量检验项目的平行检测资料。

6. 工序质量标准:

(1)合格等级标准:

1)主控项目,检验结果应全部符合SL 632—2012的要求。

2)一般项目,逐项应有70%及以上的检验点合格,且不合格点不应集中分布。

3)各项报验资料应符合SL 632—2012的要求。

(2)优良等级标准:

1)主控项目,检验结果应全部符合SL 632—2012的要求。

2)一般项目,逐项应有90%及以上的检验点合格,且不合格点不应集中分布。

3)各项报验资料应符合SL 632—2012的要求。

表 2.3.6 趾板混凝土外观质量检查工序施工质量验收评定表

单位工程名称			工序编号	
分部工程名称			施工单位	
单元工程名称、部位			施工日期	年 月 日— 年 月 日

项次		检验项目	质量要求	检查记录	合格数	合格率
主控项目	1	有平整度要求的部位	符合设计及规范要求			
	2	形体尺寸	符合设计要求或允许偏差±20mm			
	3	重要部位缺损	不允许出现缺损			
一般项目	1	表面平整度	每2m偏差不大于8mm			
	2	麻面、蜂窝	麻面、蜂窝累计面积不超过0.5%。经处理符合设计要求			
	3	孔洞	单个面积不超过0.01m²，且深度不超过骨料最大粒径。经处理符合设计要求			
	4	错台、跑模、掉角	经处理符合设计要求			
	5	表面裂缝	短小、深度不大于钢筋保护层厚度的表面裂缝经处理符合设计要求			

施工单位自评意见	主控项目检验点全部合格，一般项目逐项检验点的合格率均不小于_____%，且不合格点不集中分布，各项报验资料_____ SL 632—2012 的要求。 工序质量等级评定为：_____。 （签字，加盖公章）　　　　年 月 日
监理单位复核意见	经复核，主控项目检验点全部合格，一般项目逐项检验点的合格率均不小于_____%，且不合格点不集中分布，各项报验资料_____ SL 632—2012 的要求。 工序质量等级评定为：_____。 （签字，加盖公章）　　　　年 月 日

表2.4 混凝土面板单元工程
施工质量验收评定表填表要求

填表时必须遵守"填表基本规定",并应符合下列要求:

1. 本表适用于混凝土面板堆石坝(含砂砾石填筑的坝)中面板混凝土施工质量的验收评定。

2. 单元工程划分:宜以每块面板划分为一个单元工程。

3. 对进场使用的水泥、钢筋、掺合料、外加剂、止水片(带)等原材料质量应按有关规范要求进行全面检验,检验结果应满足相关产品标准。不同批次原材料在工程中的使用部位应有记录,并填写原材料及中间产品备查表(混凝土单元工程原材料检验备查表、混凝土单元工程骨料检验备查表、混凝土拌和物性能检验备查表、硬化混凝土性能检验备查表)。混凝土中间产品质量应符合 SL 632—2012 附录 C。

4. 单元工程量填写本单元工程混凝土浇筑量(m³)。

5. 单元工程分为面板基面清理、模板制作及安装、钢筋制作及安装、预埋件制作及安装、混凝土浇筑(含养护)及混凝土外观质量检查 6 个工序,其中钢筋制作及安装、混凝土浇筑(含养护)工序为主要工序,用△标注。本表是在表 2.4.1~表 2.4.6 工序施工质量验收评定合格的基础上进行。

6. 单元工程施工质量验收评定应提交下列资料:

(1)施工单位应提交单元工程中所含工序(或检验项目)验收评定的检验资料,原材料、拌和物与各项实体检验项目的检验记录资料。

(2)监理单位应提交对单元工程施工质量的平行检测资料。

7. 单元工程质量标准:

(1)合格等级标准:各工序施工质量验收评定应全部合格;各项报验资料应符合 SL 632—2012 的要求。

(2)优良等级标准:各工序施工质量验收评定应全部合格,其中优良工序应达到 50% 及以上,且主要工序应达到优良等级;各项报验资料应符合 SL 632—2012 的要求。

表 2.4　　混凝土面板单元工程施工质量验收评定表

单位工程名称		单元工程量	
分部工程名称		施工单位	
单元工程名称、部位		施工日期	年　月　日— 年　月　日

项次	工序名称（或编号）	工序质量验收评定等级
1	基面清理	
2	模板制作及安装	
3	△钢筋制作及安装	
4	预埋件制作及安装	
5	△混凝土浇筑（含养护）	
6	混凝土外观质量	
施工单位自评意见	各工序施工质量全部合格，其中优良工序占_____％，且主要工序达到_____等级，单元工程试块质量检验合格，各项报验资料_____ SL 632—2012 的要求。 单元工程质量等级评定为：_____。 　　　　　　　　　　　　　　　（签字，加盖公章）　　　年　月　日	
监理单位复核意见	经抽查并查验相关检验报告和检验资料，各工序施工质量全部合格，其中优良工序占_____％，且主要工序达到_____等级，单元工程试块质量检验合格，各项报验资料_____ SL 632—2012 的要求。 单元工程质量等级评定为：_____。 　　　　　　　　　　　　　　　（签字，加盖公章）　　　年　月　日	
注：本表所填"单元工程量"不作为施工单位工程量结算计量的依据。			

表2.4.1 混凝土面板基面清理工序 施工质量验收评定表填表要求

填表时必须遵守"填表基本规定",并应符合下列要求:

1. 本表适用于混凝土面板堆石坝(含砂砾石填筑的坝)中面板混凝土施工质量的验收评定。

2. 单位工程、分部工程、单元工程名称及部位填写应与表2.4相同。

3. 各检验项目的检验方法及检验数量按表B-19的要求执行。

表B-19　　　　　　　　　混凝土面板基面清理

检验项目	检验方法	检验数量
垫层坡面	观察、查阅设计图纸	
地表水和地下水	观察	
基础清理	观察、查阅测量断面图	全数
混凝土基础面	观察	

4. 工序施工质量验收评定应提交下列资料:

(1) 施工单位各班(组)初检记录、施工队复检记录、施工单位专职质检员终检记录,工序中各施工质量检验项目的检验资料。

(2) 监理单位对工序中施工质量检验项目的平行检测资料。

5. 工序质量标准:

(1) 合格等级标准:

1) 主控项目,检验结果应全部符合SL 632—2012的要求。

2) 一般项目,逐项应有70%及以上的检验点合格,且不合格点不应集中分布。

3) 各项报验资料应符合SL 632—2012的要求。

(2) 优良等级标准:

1) 主控项目,检验结果应全部符合SL 632—2012的要求。

2) 一般项目,逐项应有90%及以上的检验点合格,且不合格点不应集中分布。

3) 各项报验资料应符合SL 632—2012的要求。

表 2.4.1　混凝土面板基面清理工序施工质量验收评定表

单位工程名称				工序编号					
分部工程名称				施工单位					
单元工程名称、部位				施工日期	年　月　日— 年　月　日				
项次		检验项目	质量要求	检查记录				合格数	合格率
主控项目	1	垫层坡面	符合设计要求；预留保护层已挖除，坡面保护完成						
	2	地表水和地下水	妥善引排或封堵						
一般项目	1	基础清理	符合设计要求；清洗洁净、无积水、无积渣杂物						
	2	混凝土基础面	洁净、无乳皮、表面成毛面；无积水；无积渣杂物						
施工单位自评意见	主控项目检验点全部合格，一般项目逐项检验点的合格率均不小于_____%，且不合格点不集中分布，各项报验资料_____ SL 632—2012 的要求。 工序质量等级评定为：_____。 （签字，加盖公章）　　　年　月　日								
监理单位复核意见	经复核，主控项目检验点全部合格，一般项目逐项检验点的合格率均不小于_____%，且不合格点不集中分布，各项报验资料_____ SL 632—2012 的要求。 工序质量等级评定为：_____。 （签字，加盖公章）　　　年　月　日								

表2.4.2 混凝土面板滑模制作及安装工序
施工质量验收评定表填表要求

填表时必须遵守"填表基本规定",并应符合下列要求:

1. 本表适用于混凝土模板滑模制作及安装、滑模轨道安装工序的施工质量评定。

2. 单位工程、分部工程、单元工程名称及部位填写要与表2.4相同。

3. 各检验项目的检验方法及检验数量按表B-20的要求执行。

表 B-20 混凝土面板滑模制作及安装

检验项目		检验方法	检验数量
滑模结构及其牵引系统		观察、试运行	全数
模板及其支架		观察、查阅设计文件	
模板表面		观察	
脱模剂			
滑模制作及安装	外形尺寸	量测	每100m² 不少于 8 个点
	对角线长度		每100m² 不少于 4 个点
	扭曲	挂线检查	每100m² 不少于 16 个点
	表面局部不平度	2m 靠尺量测	每100m² 不少于 20 个点
	滚轮及滑道间距		每100m² 不少于 4 个点
滑模轨道制作及安装	轨道安装高程	量测	每10延米各测 1 个点,总检验点不少于20个点
	轨道安装中心线		
	轨道接头处轨面错位		每处接头检测 2 个点

4. 工序施工质量验收评定应提交下列资料:

(1) 施工单位各班(组)初检记录、施工队复检记录、施工单位专职质检员终检记录,工序中各施工质量检验项目的检验资料。

(2) 监理单位对工序中施工质量检验项目的平行检测资料。

5. 工序质量标准:

(1) 合格等级标准:

1) 主控项目,检验结果应全部符合 SL 632—2012 的要求。

2) 一般项目,逐项应有 70% 及以上的检验点合格,且不合格点不应集中分布。

3) 各项报验资料应符合 SL 632—2012 的要求。

(2) 优良等级标准:

1) 主控项目,检验结果应全部符合 SL 632—2012 的要求。

2) 一般项目,逐项应有 90% 及以上的检验点合格,且不合格点不应集中分布。

3) 各项报验资料应符合 SL 632—2012 的要求。

表 2.4.2　混凝土面板滑模制作及安装工序施工质量验收评定表

单位工程名称				工序编号		
分部工程名称				施工单位		
单元工程名称、部位				施工日期	年 月 日— 年 月 日	

项次		检验项目	质量要求	检查记录	合格数	合格率
主控项目	1	滑模结构及其牵引系统	应牢固可靠，便于施工，并应设有安全装置			
	2	模板及其支架	满足设计稳定性、刚度和强度要求			
一般项目	1	模板表面	处理干净，无任何附着物，表面光滑			
	2	脱模剂	涂抹均匀			
	3	滑模制作及安装 · 外形尺寸	允许偏差±10mm			
	4	对角线长度	允许偏差±6mm			
	5	扭曲	允许偏差 4mm			
	6	表面局部不平度	允许偏差 3mm			
	7	滚轮及滑道间距	允许偏差±10mm			
	8	滑模轨道制作及安装 · 轨道安装高程	允许偏差±5mm			
	9	轨道安装中心线	允许偏差±10mm			
	10	轨道接头处轨面错位	允许偏差 2mm			

施工单位自评意见	主控项目检验点全部合格，一般项目逐项检验点的合格率均不小于_____%，且不合格点不集中分布，各项报验资料_____ SL 632—2012 的要求。 工序质量等级评定为：_____。 （签字，加盖公章）　　　年　月　日
监理单位复核意见	经复核，主控项目检验点全部合格，一般项目逐项检验点的合格率均不小于_____%，且不合格点不集中分布，各项报验资料_____ SL 632—2012 的要求。 工序质量等级评定为：_____。 （签字，加盖公章）　　　年　月　日

表2.4.3 混凝土面板钢筋制作及安装工序施工质量验收评定表填表要求

填表时必须遵守"填表基本规定",并应符合下列要求:

1. 钢筋进场时逐批(炉号)进行检验,应查验产品合格证、出厂检验报告和外观质量并记录,并按相关规定抽取试样进行力学性能检验,不符合标准规定的不使用。

2. 单位工程、分部工程、单元工程名称及部位填写要与表2.4相同。

3. 各检验项目的检验方法及检验数量按表 B-21 的要求执行。

表 B-21　　　　　　　　混凝土面板钢筋制作及安装

检验项目			检验方法	检验数量
钢筋的数量、规格尺寸、安装位置			对照设计文件检查	全数
钢筋接头的力学性能			对照仓号在结构上取样测试	焊接 200 个接头检测 1 组,机械连接 500 个接头检测 1 组
焊接接头和焊缝外观			观察并记录	不少于 10 个点
钢筋连接	电弧焊	帮条对焊接头中心	观察、量测	每项不少于 10 个点
		接头处钢筋轴线的曲折		
		焊缝　长度		
		焊缝　宽度		
		焊缝　高度		
		表面气孔夹渣		
	对焊及熔槽焊	焊接接头根部未焊透深度　$\phi25\sim40$mm 钢筋		
		焊接接头根部未焊透深度　$\phi40\sim70$mm 钢筋		
		接头处钢筋中心线的位移		
		蜂窝、气孔、非金属杂质		
	绑扎连接	缺扣、松扣		
		弯钩朝向正确	观察	
		搭接长度	量测	
	机械连接	带肋钢筋冷挤压连接接头　压痕处套筒外形尺寸	观察、量测	
		带肋钢筋冷挤压连接接头　挤压道次		
		带肋钢筋冷挤压连接接头　接头弯折		
		带肋钢筋冷挤压连接接头　裂缝检查		

检验项目				检验方法	检验数量
钢筋连接	机械连接	直（锥）螺纹连接接头	丝头外观质量	观察、量测	每项不少于10个点
			套头外观质量		
			外露丝扣		
			螺纹匹配		
钢筋间距				观察、量测	每项不少于10个点
保护层厚度					每项不少于5个点
钢筋长度方向					
同一排受力钢筋间距		排架、柱、梁			
		板、墙			
双排钢筋，其排与排间距					
梁与柱中箍筋间距					每项不少于10个点

4. 工序施工质量验收评定应提交下列资料：

（1）施工单位各班（组）初检记录、施工队复检记录、施工单位专职质检员终检记录，工序中各施工质量检验项目的检验资料。

（2）监理单位对工序中施工质量检验项目的平行检测资料。

5. 工序质量标准：

（1）合格等级标准：

1）主控项目，检验结果应全部符合 SL 632—2012 的要求。

2）一般项目，逐项应有70％及以上的检验点合格，且不合格点不应集中分布。

3）各项报验资料应符合 SL 632—2012 的要求。

（2）优良等级标准：

1）主控项目，检验结果应全部符合 SL 632—2012 的要求。

2）一般项目，逐项应有90％及以上的检验点合格，且不合格点不应集中分布。

3）各项报验资料应符合 SL 632—2012 的要求。

表 2.4.3 混凝土面板钢筋制作及安装工序施工质量验收评定表

单位工程名称				工序编号				
分部工程名称				施工单位				
单元工程名称、部位				施工日期	年 月 日—		年 月 日	

项次		检验项目		质量要求	检查记录	合格数	合格率
主控项目	1	钢筋的数量、规格尺寸、安装位置		符合质量标准和设计的要求			
	2	钢筋接头的力学性能		符合规范要求和国家及行业有关规定			
	3	焊接接头和焊缝外观		不允许有裂缝、脱焊点、漏焊点、表面平顺,没有明显的咬边、凹陷、气孔等,钢筋不应有明显烧伤			
	4	钢筋连接	电弧焊	帮条对焊接头中心	纵向偏移差不大于 0.5d		
				接头处钢筋轴线的曲折	≤4°		
			焊缝	长度	允许偏差 −0.5d		
				宽度	允许偏差 −0.1d		
				高度	允许偏差 −0.05d		
				表面气孔夹渣	在 2d 长度上数量不多于 2 个;气孔、夹渣的直径不大于 3mm		
			对焊及熔槽焊	焊接接头根部未焊透深度 ϕ25～40mm 钢筋	≤0.15d		
				ϕ40～70mm 钢筋	≤0.10d		
				接头处钢筋中心线的位移	0.10d 且不大于 2mm		
				蜂窝、气孔、非金属杂质	焊缝表面(长为 2d)和焊缝截面上不多于 3 个,且每个直径不大于 1.5mm		
			绑扎连接	缺扣、松扣	≤20%,且不集中		
				弯钩朝向正确	符合设计图纸		
				搭接长度	允许偏差 −0.05mm 设计值		

项次		检验项目			质量要求	检查记录	合格数	合格率
主控项目	4	钢筋连接	机械连接	带肋钢筋冷挤压连接接头	压痕处套筒外形尺寸	挤压后套筒长度应为原套筒长度的 1.10～1.15 倍，或压痕处套筒的外径波动范围为原套筒外径的 0.8～0.9 倍			
					挤压道次	符合型式检验结果			
					接头弯折	≤4°			
					裂缝检查	挤压后肉眼观察无裂缝			
				直(锥)螺纹连接接头	丝头外观质量	保护良好，无锈蚀和油污，牙形饱满光滑			
					套头外观质量	无裂纹或其他肉眼可见缺陷			
					外露丝扣	无 1 扣以上完整丝扣外露			
					螺纹匹配	丝头螺纹与套筒螺纹满足连接要求，螺纹结合紧密，无明显松动，以及相应处理方法得当			
	5	钢筋间距			无明显过大过小的现象			
	6	保护层厚度			允许偏差±1/4 净保护层厚			
一般项目	1	钢筋长度方向			允许偏差±1/2 净保护层厚			
	2	同一排受力钢筋间距	排架、柱、梁		允许偏差±0.5d			
			板、墙		允许偏差±0.1 倍间距			
	3	双排钢筋，其排与排间距			允许偏差±0.1 倍排距			
	4	梁与柱中箍筋间距			允许偏差±0.1 倍箍筋间距			

施工单位自评意见	主控项目检验点全部合格，一般项目逐项检验点的合格率均不小于_____%，且不合格点不集中分布，各项报验资料_____ SL 632—2012 的要求。 工序质量等级评定为：_____。 （签字，加盖公章）　　年　月　日
监理单位复核意见	经复核，主控项目检验点全部合格，一般项目逐项检验点的合格率均不小于_____%，且不合格点不集中分布，各项报验资料_____ SL 632—2012 的要求。 工序质量等级评定为：_____。 （签字，加盖公章）　　年　月　日

表2.4.4　混凝土面板预埋件制作及安装工序施工质量验收评定表填表要求

填表时必须遵守"填表基本规定"，并应符合下列要求：

1. 本表适用于混凝土面板中预埋件制作及安装工序的施工质量验收评定。

2. 单位工程、分部工程、单元工程名称及部位填写要与表2.4相同。

3. 各检验项目的检验方法及检验数量按表B-22的要求执行。

表B-22　　　　　　　　　　混凝土面板预埋件制作及安装

检验项目		检验方法	检验数量
止水片（带）、止水带	止水片（带）连接	铜止水片连（焊）接	观察、量测、工艺试验	每种焊接工艺不少于3组
		PVC止水带	观察、取样检测	
	止水片（带）外观		观察	全数
	基座		观察	不少于5个点
	片（带）插入深度		检查，量测	不少于1个点
	PVC（或橡胶）垫片		观察、量测	每5延米检测1个点
	制作（成型）	宽度	量测	
		鼻子或立腿高度		
		中心部分直径		
	安装	中心线与设计	仪器测量	
		两侧平段倾斜		
伸缩缝	柔性料填充		抽样检测	每50～100m为一检测段
	无黏性料填充		观察、量测	每10延米抽检1个断面
	面板接缝顶部预留填塞柔性填料的V形槽		观察、量测	每5延米测一横断面，每断面不少于3个测点
	预留槽表面处理		观察	全数
	砂浆垫层		用2m靠尺量测	平整度，每5延米检测1个点，宽度每5延米检测1个断面
	柔性填料表面		自下而上观察	每5延米检测1个点

4. 工序施工质量验收评定应提交下列资料：

（1）施工单位各班（组）初检记录、施工队复检记录、施工单位专职质检员终检记录，工序中各施工质量检验项目的检验资料。

（2）监理单位对工序中施工质量检验项目的平行检测资料。

5. 工序质量标准：

（1）合格等级标准：

1）主控项目，检验结果应全部符合 SL 632—2012 的要求。

2）一般项目，逐项应有 70％及以上的检验点合格，且不合格点不应集中分布。

3）各项报验资料应符合 SL 632—2012 的要求。

（2）优良等级标准：

1）主控项目，检验结果应全部符合 SL 632—2012 的要求。

2）一般项目，逐项应有 90％及以上的检验点合格，且不合格点不应集中分布。

3）各项报验资料应符合 SL 632—2012 的要求。

表 2.4.4　混凝土面板预埋件制作及安装工序施工质量验收评定表

单位工程名称				工序编号			
分部工程名称				施工单位			
单元工程名称、部位				施工日期	年　月　日—	年　月　日	
项次		检验项目	质量要求	检查记录		合格数	合格率
主控项目	1	止水片（带）连接	铜止水片连（焊）接表面光滑、无孔洞、无裂缝；对缝焊应为单面双层焊接，搭接焊应为双面焊接，搭接长度应大于20mm。拼接处的抗拉强度不小于母材强度				
			PVC止水带采用热黏结或热焊接，搭接长度不小于150mm；橡胶止水带硫化连接牢固。接头内不应有气泡、夹渣或渗水。拼接处的抗拉强度不小于母材强度				
	2	止水片（带）外观	表面浮皮、锈污、油漆、油渍等清除干净，止水片（带）无变形、变位				
	3	基座	符合设计要求（按基础面要求验收合格）				
	4	片（带）插入深度	符合设计要求				
一般项目	1	PVC（或橡胶）垫片	平铺或粘贴在砂浆垫（或沥青垫）上，中心线应与缝中心线重合；允许偏差±5mm				
	2	制作（成型）宽度	铜止水允许偏差±5mm；PVC或橡胶止水带允许偏差±5mm				
		鼻子或立腿高度	铜止水允许偏差±2mm				
		中心部分直径	PVC或橡胶止水带允许偏差±2mm				
	3	安装 中心线与设计	铜止水允许偏差±5mm；PVC或橡胶止水带允许偏差±5mm				
		两侧平段倾斜	铜止水允许偏差±5mm；PVC或橡胶止水带允许偏差±10mm				

（止水片、止水带）

项次			检验项目	质量标准	检查记录	合格数	合格率
伸缩缝	主控项目	1	柔性料填充	满足设计断面要求,边缘允许偏差±10mm;面膜按设计结构设置,与混凝土面应黏结紧密,锚压牢固,形成密封腔			
		2	无黏性料填充	填料填塞密实,保护罩的外形尺寸符合设计要求,安装锚固用的角钢、膨胀螺栓规格、间距符合设计要求,并经防腐处理。位置偏差不大于30mm;螺栓孔距允许偏差不大于50mm;螺栓孔深允许偏差不大于5mm			
	一般项目	1	面板接缝顶部预留填塞柔性填料的V形槽	位置准确,规格、尺寸符合设计要求			
		2	预留槽表面处理	清洁、干燥,黏结剂涂刷均匀、平整、不应漏涂,涂料应与混凝土面黏结紧密			
		3	砂浆垫层	平整度、宽度符合设计要求;平整度允许偏差±2mm;宽度允许偏差不大于5mm			
		4	柔性填料表面	混凝土表面应平整、密实;无松动混凝土块、无露筋、蜂窝、麻面、起皮、起砂现象			

施工单位自评意见	主控项目检验点全部合格,一般项目逐项检验点的合格率均不小于_____%,且不合格点不集中分布,各项报验资料_____ SL 632—2012 的要求。 工序质量等级评定为:_____。 (签字,加盖公章)　　年　月　日
监理单位复核意见	经复核,主控项目检验点全部合格,一般项目逐项检验点的合格率均不小于_____%,且不合格点不集中分布,各项报验资料_____ SL 632—2012 的要求。 工序质量等级评定为:_____。 (签字,加盖公章)　　年　月　日

表2.4.5 混凝土面板浇筑工序
施工质量验收评定表填表要求

填表时必须遵守"填表基本规定",并应符合下列要求:

1. 本表适用于混凝土面板浇筑工序的施工质量验收评定。
2. 单位工程、分部工程、单元工程名称及部位填写应与表2.4相同。
3. 各检验项目的检验方法及检验数量按表B-23的要求执行。

表B-23 混凝土面板浇筑

检验项目	检验方法	检验数量
滑模提升速度控制	观察、查阅施工记录	全部
混凝土振捣	观察	
施工缝处理	观察、量测	
裂缝	检查、进行统计描述裂缝情况的位置、深度、宽度、长度等	
铺筑厚度	量测	每10延米测1个点
面板厚度	测量	
混凝土养护	观察、查阅施工记录	全部

4. 工序施工质量验收评定应提交下列资料:

(1) 施工单位各班(组)初检记录、施工队复检记录、施工单位专职质检员终检记录,工序中各施工质量检验项目的检验资料。

(2) 监理单位对工序中施工质量检验项目的平行检测资料。

5. 工序质量标准:

(1) 合格等级标准:

1) 主控项目,检验结果应全部符合 SL 632—2012 的要求。

2) 一般项目,逐项应有70%及以上的检验点合格,且不合格点不应集中分布。

3) 各项报验资料应符合 SL 632—2012 的要求。

(2) 优良等级标准:

1) 主控项目,检验结果应全部符合 SL 632—2012 的要求。

2) 一般项目,逐项应有90%及以上的检验点合格,且不合格点不应集中分布。

3) 各项报验资料应符合 SL 632—2012 的要求。

表 2.4.5 **混凝土面板浇筑工序施工质量验收评定表**

单位工程名称			工序编号			
分部工程名称			施工单位			
单元工程名称、部位			施工日期	年 月 日— 年 月 日		

项次		检验项目	质量要求	检查记录	合格数	合格率
主控项目	1	滑模提升速度控制	滑模提升速度由试验确定，混凝土浇筑连续，不允许仓面混凝土出现初凝现象。脱模后无鼓胀及表面拉裂现象，外观光滑平整			
	2	混凝土振捣	有序振捣均匀、密实			
	3	施工缝处理	按设计要求处理			
	4	裂缝	无贯穿性裂缝，出现裂缝按设计要求处理			
一般项目	1	铺筑厚度	符合规范要求			
	2	面板厚度	符合设计要求。允许偏差－50～100mm			
	3	混凝土养护	符合规范要求			

施工单位自评意见	主控项目检验点全部合格，一般项目逐项检验点的合格率均不小于_____%，且不合格点不集中分布，各项报验资料_____ SL 632—2012 的要求。 工序质量等级评定为：_____。 （签字，加盖公章） 年 月 日
监理单位复核意见	经复核，主控项目检验点全部合格，一般项目逐项检验点的合格率均不小于_____%，且不合格点不集中分布，各项报验资料_____ SL 632—2012 的要求。 工序质量等级评定为：_____。 （签字，加盖公章） 年 月 日

表2.4.6　混凝土面板外观质量检查工序
施工质量验收评定表填表要求

填表时必须遵守"填表基本规定"，并应符合下列要求：

1. 本表适用于混凝土面板外观质量验收评定。

2. 单位工程、分部工程、单元工程名称及部位填写应与表2.4相同。

3. 各检验项目的检验方法及检验数量按表B-24的要求执行。

表 B-24　　　　　　　　　　混凝土面板外观质量检查

检验项目	检验方法	检验数量
有平整度要求的部位	用2m靠尺或专用工具检查	100m² 以上的表面检查6～10个点；100m² 以下的表面检查3～5个点
形体尺寸	钢尺测量	抽查15％
重要部位缺损	观察、仪器检测	全部
表面平整度	用2m靠尺或专用工具检查	100m² 以上的表面检查6～10个点；100m² 以下的表面检查3～5个点
麻面、蜂窝	观察	全部
孔洞		
错台、跑模、掉角	观察、量测	
表面裂缝		

4. 工序施工质量验收评定应提交下列资料：

（1）施工单位各班（组）初检记录、施工队复检记录、施工单位专职质检员终检记录，工序中各施工质量检验项目的检验资料。

（2）监理单位对工序中施工质量检验项目的平行检测资料。

5. 工序质量标准：

（1）合格等级标准：

1）主控项目，检验结果应全部符合 SL 632—2012 的要求。

2）一般项目，逐项应有70％及以上的检验点合格，且不合格点不应集中分布。

3）各项报验资料应符合 SL 632—2012 的要求。

（2）优良等级标准：

1）主控项目，检验结果应全部符合 SL 632—2012 的要求。

2）一般项目，逐项应有90％及以上的检验点合格，且不合格点不应集中分布。

3）各项报验资料应符合 SL 632—2012 的要求。

表 2.4.6　混凝土面板外观质量检查工序施工质量验收评定表

单位工程名称				工序编号		
分部工程名称				施工单位		
单元工程名称、部位				施工日期	年　月　日— 　年　月　日	

项次		检验项目	质量要求	检查记录	合格数	合格率
主控项目	1	有平整度要求的部位	符合设计及规范要求			
	2	形体尺寸	符合设计要求或允许偏差±20mm			
	3	重要部位缺损	不允许			
一般项目	1	表面平整度	每 2m 偏差不大于 8mm			
	2	麻面、蜂窝	麻面、蜂窝累计面积不超过 0.5％。经处理符合设计要求			
	3	孔洞	单个面积不超过 0.01m² ，且深度不超过骨料最大粒径。经处理符合设计要求			
	4	错台、跑模、掉角	经处理符合设计要求			
	5	表面裂缝	短小、深度不大于钢筋保护层厚度的表面裂缝经处理符合设计要求			
施工单位自评意见		主控项目检验点全部合格，一般项目逐项检验点的合格率均不小于＿＿＿＿＿＿％，且不合格点不集中分布，各项报验资料＿＿＿＿＿＿ SL 632—2012 的要求。　工序质量等级评定为：＿＿＿＿＿＿。（签字，加盖公章）　　　年　月　日				
监理单位复核意见		经复核，主控项目检验点全部合格，一般项目逐项检验点的合格率均不小于＿＿＿＿＿＿％，且不合格点不集中分布，各项报验资料＿＿＿＿＿＿ SL 632—2012 的要求。　工序质量等级评定为：＿＿＿＿＿＿。（签字，加盖公章）　　　年　月　日				

表2.5 沥青混凝土心墙单元工程施工质量验收评定表填表要求

填表时必须遵守"填表基本规定",并应符合下列要求:

1. 本表适用于碾压式沥青混凝土心墙工程。沥青及其他混合材料的质量应满足技术规范的要求;沥青混凝土的配合比应通过试验确定;碾压施工参数如压实机具的型号、规格、碾压遍数、碾压速度等应通过现场碾压试验确定。

2. 沥青质量的进场检验结果应满足相关产品标准,并符合 SL 632—2012 附录 E.1 的规定。

粗细骨料、掺料的质量应符合 SL 632—2012 附录 E.2 的规定,沥青拌和物及沥青混凝土质量应符合 SL 632—2012 附录 E.3 的规定。

3. 单元工程划分:宜以施工铺筑区、段、层划分,每一区、段的每一铺筑层划分为一个单元工程。

4. 单元工程量填写本单元沥青混凝土铺筑量(m³)。

5. 单元工程分为基座结合面处理及沥青混凝土结合层面处理、模板制作及安装(心墙底部及两岸接坡扩宽部分采用人工铺筑时有模板制作及安装)、沥青混凝土的铺筑 3 个工序,其中沥青混凝土的铺筑为主要工序,用△标注。本表是在表 2.5.1~表 2.5.3 工序施工质量验收评定合格的基础上进行。

6. 单元工程施工质量验收评定应提交下列资料:

(1) 施工单位应提交单元工程中所含工序(或检验项目)验收评定的检验资料,原材料、拌和物与各项实体检验项目的检验记录资料。

(2) 监理单位应提交对单元工程施工质量的平行检测资料。

7. 单元工程质量标准:

(1) 合格等级标准:各工序施工质量验收评定应全部合格;各项报验资料应符合 SL 632—2012 的要求。

(2) 优良等级标准:各工序施工质量验收评定应全部合格,其中优良工序应达到 50% 及以上,且主要工序应达到优良等级;各项报验资料应符合 SL 632—2012 的要求。

表 2.5　　沥青混凝土心墙单元工程施工质量验收评定表

单位工程名称		单元工程量					
分部工程名称		施工单位					
单元工程名称、部位		施工日期	年　月　日—		年　月　日		
项次	工序名称（或编号）	工序质量验收评定等级					
1	基座结合面处理及沥青混凝土结合层面处理						
2	模板制作及安装（心墙底部及两岸接坡扩宽部分采用人工铺筑时有模板制作及安装）						
3	△沥青混凝土的铺筑						
施工单位自评意见	各工序施工质量全部合格，其中优良工序占_____%，且主要工序达到_____等级，各项报验资料_____ SL 632—2012 的要求。 单元工程质量等级评定为：_____。 （签字，加盖公章）　　　　年　月　日						
监理单位复核意见	经抽查并查验相关检验报告和检验资料，各工序施工质量全部合格，其中优良工序占_____%，且主要工序达到_____等级，各项报验资料_____ SL 632—2012 的要求。 单元工程质量等级评定为：_____。 （签字，加盖公章）　　　　年　月　日						
注：本表所填"单元工程量"不作为施工单位工程量结算计量的依据。							

表2.5.1 基座结合面处理及沥青混凝土结合层面处理工序施工质量验收评定表填表要求

填表时必须遵守"填表基本规定",并应符合下列要求:

1. 单位工程、分部工程、单元工程名称及部位填写应与表2.5相同。

2. 各检验项目的检验方法及检验数量按表B-25的要求执行。

表 B-25　　　　　基座结合面处理及沥青混凝土结合层面处理

检验项目	检验方法	检验数量
沥青涂料和沥青胶配料比	查阅配合比试验报告、原材料出厂合格证明	每种配合比至少抽检1组
基座结合面处理	观察、阅查施工记录	全数
层面清理	观察、测量,查阅施工记录	每10m² 量测1个点,每单元温度测量点数不少于10个点
沥青涂料、沥青胶涂刷	观察、量测	每10m² 量测1个点,每验收单元不少于10个点
心墙上下层施工间歇时间	观察、查阅施工记录	全数

3. 工序施工质量验收评定应提交下列资料:

(1)施工单位各班(组)初检记录、施工队复检记录、施工单位专职质检员终检记录,工序中各施工质量检验项目的检验资料。

(2)监理单位对工序中施工质量检验项目的平行检测资料。

4. 工序质量标准:

(1)合格等级标准:

1)主控项目,检验结果应全部符合 SL 632—2012 的要求。

2)一般项目,逐项应有 70% 及以上的检验点合格,且不合格点不应集中分布。

3)各项报验资料应符合 SL 632—2012 的要求。

(2)优良等级标准:

1)主控项目,检验结果应全部符合 SL 632—2012 的要求。

2)一般项目,逐项应有 90% 及以上的检验点合格,且不合格点不应集中分布。

3)各项报验资料应符合 SL 632—2012 的要求。

表 2.5.1 　基座结合面处理及沥青混凝土结合层面处理工序 施工质量验收评定表

单位工程名称				工序编号			
分部工程名称				施工单位			
单元工程名称、部位				施工日期	年 月 日— 年 月 日		

项次		检验项目	质量要求	检查记录	合格数	合格率
主控项目	1	沥青涂料和沥青胶配料比	配料比准确,所用原材料符合国家相应标准			
	2	基座结合面处理	结合面干净、干燥、平整、粗糙,无浮皮、浮渣,无积水			
	3	层面清理	层面干净、平整,无杂物,无水珠,返油均匀,层面下 1 cm 处温度不低于 70℃,且各点温差不大于 20℃			
一般项目	1	沥青涂料、沥青胶涂刷	涂刷厚度符合设计要求,均匀一致,与混凝土贴附牢靠,无鼓包,无流淌,表面平整光顺			
	2	心墙上下层施工间歇时间	不宜超过 48h			

施工单位自评意见	主控项目检验点全部合格,一般项目逐项检验点的合格率均不小于_____%,且不合格点不集中分布,各项报验资料_____ SL 632—2012 的要求。　　工序质量等级评定为:_____。 (签字,加盖公章)　　　年 月 日
监理单位复核意见	经复核,主控项目检验点全部合格,一般项目逐项检验点的合格率均不小于_____%,且不合格点不集中分布,各项报验资料_____ SL 632—2012 的要求。　　工序质量等级评定为:_____。 (签字,加盖公章)　　　年 月 日

表2.5.2 沥青混凝土心墙模板制作及安装工序
施工质量验收评定表填表要求

填表时必须遵守"填表基本规定",并应符合下列要求:

1. 单位工程、分部工程、单元工程名称及部位填写应与表2.5相同。

2. 各检验项目的检验方法及检验数量按表B-26的要求执行。

表B-26   沥青混凝土心墙模板制作及安装

检验项目	检验方法	检验数量
稳定性、刚度和强度	对照文件或设计图纸检查	全部
模板安装	观察、查阅设计图纸	抽查同一类型同一规格模板数量的10%,且不少于3件
结构物边线与设计边线	钢尺测量	模板面积在100m² 以内,不少于10个点;100m² 以上,不少于20个点
预留孔、洞尺寸及位置	测量、核对图纸	抽查点数不少于总数30%
相邻两板面错台	尺量(靠尺)测或拉线检查	模板面积在100m² 以内,不少于10个点;100m² 以上,不少于20个点
局部平整度	按水平线(或垂直线)布置检测点,靠尺检查	100m² 以上,不少于10个点;100m² 以内,不少于5个点
板块间缝隙	尺量	100m² 以上,检查3~5个点;100m² 以内,检查1~3个点
结构物水平断面内部尺寸	尺量或仪器测量	100m² 以上,不少于10个点;100m² 以内,不少于5个点
脱模剂涂刷	查阅产品质检证明,目视检查	全部

3. 工序施工质量验收评定应提交下列资料:

(1)施工单位各班(组)初检记录、施工队复检记录、施工单位专职质检员终检记录,工序中各施工质量检验项目的检验资料。

(2)监理单位对工序中施工质量检验项目的平行检测资料。

4. 工序质量标准:

(1)合格等级标准:

1)主控项目,检验结果应全部符合 SL 632—2012 的要求。

2)一般项目,逐项应有70%及以上的检验点合格,且不合格点不应集中分布。

3)各项报验资料应符合 SL 632—2012 的要求。

(2)优良等级标准:

1)主控项目,检验结果应全部符合 SL 632—2012 的要求。

2)一般项目,逐项应有90%及以上的检验点合格,且不合格点不应集中分布。

3)各项报验资料应符合 SL 632—2012 的要求。

表 2.5.2 沥青混凝土心墙模板制作及安装工序施工质量验收评定表

单位工程名称				工序编号			
分部工程名称				施工单位			
单元工程名称、部位				施工日期	年 月 日— 年 月 日		
项次		检验项目	质量要求	检查记录		合格数	合格率
主控项目	1	稳定性、刚度和强度	符合设计要求				
	2	模板安装	符合设计要求，牢固、不变形、拼接严密				
	3	结构物边线与设计边线	符合设计要求，允许偏差±15mm				
	4	预留孔、洞尺寸及位置	位置准确，尺寸允许偏差±10mm				
一般项目	1	相邻两板面错台	允许偏差5mm				
	2	局部平整度	允许偏差10mm				
	3	板块间缝隙	允许偏差3mm				
	4	结构物水平断面内部尺寸	符合设计要求。允许偏差±20mm				
	5	脱模剂涂刷	产品质量符合标准要求。涂抹均匀，无明显色差				
施工单位自评意见	主控项目检验点全部合格，一般项目逐项检验点的合格率均不小于_____%，且不合格点不集中分布，各项报验资料_____ SL 632—2012 的要求。 工序质量等级评定为：_____。 （签字，加盖公章） 年 月 日						
监理单位复核意见	经复核，主控项目检验点全部合格，一般项目逐项检验点的合格率均不小于_____%，且不合格点不集中分布，各项报验资料_____ SL 632—2012 的要求。 工序质量等级评定为：_____。 （签字，加盖公章） 年 月 日						

表2.5.3 沥青混凝土心墙铺筑工序
施工质量验收评定表填表要求

填表时必须遵守"填表基本规定",并应符合下列要求:

1. 单位工程、分部工程、单元工程名称及部位填写应与表2.5相同。

2. 各检验项目的检验方法及检验数量按表B-27的要求执行。

表B-27   沥青混凝土心墙铺筑

检验项目	检验方法	检验数量
碾压参数	测量温度、查阅试验报告、施工记录	每班2~3次
铺筑宽度(沥青混凝土心墙厚度)	观察、尺量、查阅施工记录	每10延米检测1组,每组不少于2个点,每一验收单元不少于10组
压实系数	量测	每100~150m³检验1组
与刚性建筑物的连接	观察	全部
铺筑厚度	观察、量测	每班2~3次
铺筑速度(采用铺筑机)	观察、量测、查阅施工记录	
碾压错距	观察、量测	全部
特殊部位的碾压	观察、量测、查阅施工记录	
施工接缝处及碾压带处理	观察、量测	
平整度	观察、靠尺量测	每10延米测1组,每组不少于2个点
降温或防冻措施	观察、量测	全部
层间铺筑间隔时间	观察、量测、查阅施工记录	

3. 工序施工质量验收评定应提交下列资料:

(1) 施工单位各班(组)初检记录、施工队复检记录、施工单位专职质检员终检记录,工序中各施工质量检验项目的检验资料。

(2) 监理单位对工序中施工质量检验项目的平行检测资料。

4. 工序质量标准:

(1) 合格等级标准:

1) 主控项目,检验结果应全部符合SL 632—2012的要求。

2) 一般项目,逐项应有70%及以上的检验点合格,且不合格点不应集中分布。

3) 各项报验资料应符合SL 632—2012的要求。

(2) 优良等级标准:

1) 主控项目,检验结果应全部符合SL 632—2012的要求。

2) 一般项目,逐项应有90%及以上的检验点合格,且不合格点不应集中分布。

3) 各项报验资料应符合SL 632—2012的要求。

表 2.5.3   沥青混凝土心墙铺筑工序施工质量验收评定表

单位工程名称			工序编号				
分部工程名称			施工单位				
单元工程名称、部位			施工日期	年 月 日— 年 月 日			
项次		检验项目	质量要求	检查记录		合格数	合格率
主控项目	1	碾压参数	应符合碾压试验确定的参数值				
	2	铺筑宽度（沥青混凝土心墙厚度）	符合设计要求，表面光洁、无污物；允许偏差为心墙厚度的10%				
	3	压实系数	质量符合标准要求，取值1.2~1.35				
	4	与刚性建筑物的连接	符合规范和设计要求				
一般项目	1	铺筑厚度	符合设计要求				
	2	铺筑速度（采用铺筑机）	规格符合设计要求或1~3m/min				
	3	碾压错距	符合规范和设计要求				
	4	特殊部位的碾压	符合规范和设计要求				
	5	施工接缝处及碾压带处理	符合规范和设计要求；重叠碾压10~15cm				
	6	平整度	符合设计要求，或在2m范围内起伏高度差小于10mm				
	7	降温或防冻措施	符合规范和设计要求				
	8	层间铺筑间隔时间	宜不小于12h				

施工单位自评意见	主控项目检验点全部合格，一般项目逐项检验点的合格率均不小于_____%，且不合格点不集中分布，各项报验资料_____ SL 632—2012 的要求。 工序质量等级评定为：_____。 （签字，加盖公章） 年 月 日
监理单位复核意见	经复核，主控项目检验点全部合格，一般项目逐项检验点的合格率均不小于_____%，且不合格点不集中分布，各项报验资料_____ SL 632—2012 的要求。 工序质量等级评定为：_____。 （签字，加盖公章） 年 月 日

表2.6 沥青混凝土面板单元工程施工质量验收评定表填表要求

填表时必须遵守"填表基本规定",并应符合下列要求:

1. 本表适用于碾压式沥青混凝土面板工程。沥青及其他混合材料的质量应满足技术规范的要求;沥青混凝土的配合比应通过试验确定;碾压施工参数如压实机具的型号、规格、碾压遍数、碾压速度等应通过现场碾压试验确定。

2. 沥青质量的进场检验结果应满足相关产品标准,并符合 SL 632—2012 附录 E.1 的规定。粗细骨料、掺料的质量应符合 SL 632—2012 附录 E.2 的规定,沥青拌和物及沥青混凝土质量应符合 SL 632—2012 附录 E.3 的规定。

3. 单元工程划分:宜以施工铺筑区、段、层划分,每一区、段的每一铺筑层划分为一个单元工程。

4. 单元工程量填写本单元沥青混凝土铺筑量(m³)。

5. 单元沥青混凝土面板施工分为整平胶结层(含排水层)、防渗层、封闭层、面板与刚性建筑物连接 4 个工序,其中整平胶结层(含排水层)、防渗层工序为主要工序,用△标注。本表是在表 2.6.1~表 2.6.4 工序施工质量验收评定合格的基础上进行。

6. 单元工程施工质量验收评定应提交下列资料:

(1) 施工单位应提交单元工程中所含工序(或检验项目)验收评定的检验资料,原材料、拌和物与各项实体检验项目的检验记录资料。

(2) 监理单位应提交对单元工程施工质量的平行检测资料。

7. 单元工程质量标准:

(1) 合格等级标准:各工序施工质量验收评定应全部合格;各项报验资料应符合 SL 632—2012 的要求。

(2) 优良等级标准:各工序施工质量验收评定应全部合格,其中优良工序应达到 50% 及以上,且主要工序应达到优良等级;各项报验资料应符合 SL 632—2012 的要求。

表 2.6   沥青混凝土面板单元工程施工质量验收评定表

单位工程名称		单元工程量	
分部工程名称		施工单位	
单元工程名称、部位		施工日期	年　月　日— 　年　月　日

项次	工序名称（或编号）	工序质量验收评定等级
1	△沥青混凝土面板整平胶结层（含排水层）	
2	△防渗层	
3	封闭层	
4	面板与刚性建筑物连接	

施工单位自评意见	各工序施工质量全部合格，其中优良工序占_____%，且主要工序达到_____等级，单元工程试块质量检验合格，各项报验资料_____ SL 632—2012 的要求。 单元工程质量等级评定为：_____。 （签字，加盖公章）　　　年　月　日
监理单位复核意见	经抽查并查验相关检验报告和检验资料，各工序施工质量全部合格，其中优良工序占_____%，且主要工序达到_____等级，单元工程试块质量检验合格，各项报验资料_____ SL 632—2012 的要求。 单元工程质量等级评定为：_____。 （签字，加盖公章）　　　年　月　日

注：本表所填"单元工程量"不作为施工单位工程量结算计量的依据。

表2.6.1 沥青混凝土面板整平胶结层（含排水层）工序施工质量验收评定表填表要求

填表时必须遵守"填表基本规定"，并应符合下列要求：

1. 单位工程、分部工程、单元工程名称及部位填写应与表2.6相同。

2. 各检验项目的检验方法及检验数量按表B-28的要求执行。

表B-28　　　　　　　　沥青混凝土面板整平胶结层（含排水层）

检验项目	检验方法	检验数量
碾压参数	测量温度、查阅试验报告、施工记录	每班2~3次
整平层、排水层的铺筑	查阅施工记录、验收报告	全部
铺筑厚度	观察、尺量、查阅施工记录	摊铺厚度每10m² 量测1个点，但每单元不少于20个点
层面平整度	摊铺层面平整度用2m靠尺量测	每10m² 量测1个点，各点允许偏差不大于10mm
摊铺碾压温度	温度计量测	坝面每30~50m² 量测1个点

3. 工序施工质量验收评定应提交下列资料：

（1）施工单位各班（组）初检记录、施工队复检记录、施工单位专职质检员终检记录，工序中各施工质量检验项目的检验资料。

（2）监理单位对工序中施工质量检验项目的平行检测资料。

4. 工序质量标准：

（1）合格等级标准：

1）主控项目，检验结果应全部符合 SL 632—2012 的要求。

2）一般项目，逐项应有70％及以上的检验点合格，且不合格点不应集中分布。

3）各项报验资料应符合 SL 632—2012 的要求。

（2）优良等级标准：

1）主控项目，检验结果应全部符合 SL 632—2012 的要求。

2）一般项目，逐项应有90％及以上的检验点合格，且不合格点不应集中分布。

3）各项报验资料应符合 SL 632—2012 的要求。

表 2.6.1 沥青混凝土面板整平胶结层（含排水层）工序
施工质量验收评定表

单位工程名称			工序编号			
分部工程名称			施工单位			
单元工程名称、部位			施工日期	年 月 日— 年 月 日		

项次		检验项目	质量要求	检查记录	合格数	合格率
主控项目	1	碾压参数	应符合碾压试验确定的参数值			
	2	整平层、排水层的铺筑	应在垫层（含防渗底层）质量验收后，并须待喷涂的乳化沥青（或稀释沥青）干燥后进行			
一般项目	1	铺筑厚度	符合设计要求			
	2	层面平整度	符合设计要求			
	3	摊铺碾压温度	初碾压温度 110～140℃，终碾压温度 80～120℃			

施工单位自评意见	主控项目检验点全部合格，一般项目逐项检验点的合格率均不小于_____%，且不合格点不集中分布，各项报验资料_____ SL 632—2012 的要求。 工序质量等级评定为：_____。 （签字，加盖公章）　　　年 月 日
监理单位复核意见	经复核，主控项目检验点全部合格，一般项目逐项检验点的合格率均不小于_____%，且不合格点不集中分布，各项报验资料_____ SL 632—2012 的要求。 工序质量等级评定为：_____。 （签字，加盖公章）　　　年 月 日

表2.6.2 沥青混凝土面板防渗层工序施工质量验收评定表填表要求

填表时必须遵守"填表基本规定",并应符合下列要求:

1. 单位工程、分部工程、单元工程名称及部位填写应与表2.6相同。
2. 各检验项目的检验方法及检验数量按表B-29的要求执行。

表B-29   沥青混凝土面板防渗层

检验项目	检验方法	检验数量
碾压参数	测量温度、查阅试验报告、施工记录	每班2~3次
防渗层的铺筑及层间处理	查阅施工记录、验收报告	全数
摊铺厚度	观察、尺量、查阅施工记录	摊铺厚度每10m² 量测1个点,但每验收单元不少于10个点
层面平整度	摊铺层面平整度用2m 靠尺量测	每10m² 量测1个点,各点允许偏差不大于10mm
沥青混凝土防渗层表面	观察	全数
铺筑层的接缝错距	观测、查阅检测记录	各项测点均不少于10个点
摊铺碾压温度	现场量测	坝面每30~50m² 测1个点

3. 工序施工质量验收评定应提交下列资料:

(1) 施工单位各班(组)初检记录、施工队复检记录、施工单位专职质检员终检记录,工序中各施工质量检验项目的检验资料。

(2) 监理单位对工序中施工质量检验项目的平行检测资料。

4. 工序质量标准:

(1) 合格等级标准:

1) 主控项目,检验结果应全部符合SL 632—2012的要求。

2) 一般项目,逐项应有70%及以上的检验点合格,且不合格点不应集中分布。

3) 各项报验资料应符合SL 632—2012的要求。

(2) 优良等级标准:

1) 主控项目,检验结果应全部符合SL 632—2012的要求。

2) 一般项目,逐项应有90%及以上的检验点合格,且不合格点不应集中分布。

3) 各项报验资料应符合SL 632—2012的要求。

表 2.6.2 沥青混凝土面板防渗层工序施工质量验收评定表

单位工程名称				工序编号				
分部工程名称				施工单位				
单元工程名称、部位				施工日期	年 月 日—		年 月 日	
项次	检验项目		质量要求	检查记录			合格数	合格率
主控项目	1	碾压参数	应符合碾压试验确定的参数值					
	2	防渗层的铺筑及层间处理	应在整平层质量检测合格后进行；上层防渗层的铺筑应在下层防渗层检测合格后进行。各铺筑层间的坡向或水平接缝相互错开					
一般项目	1	摊铺厚度	符合设计要求					
	2	层面平整度	符合设计要求					
	3	沥青混凝土防渗层表面	不应出现裂缝、流淌与鼓包					
	4	铺筑层的接缝错距	上下层水平接缝错距1.0m，允许偏差0～20cm；上下层条幅坡向接缝错距（以$1/n$条幅宽计）允许偏差0～20cm（n为铺筑层数）					
	5	摊铺碾压温度	初碾压温度110～140℃，终碾压温度80～120℃					
施工单位自评意见	主控项目检验点全部合格，一般项目逐项检验点的合格率均不小于_____％，且不合格点不集中分布，各项报验资料_____SL 632—2012的要求。 工序质量等级评定为：_____。 <div align=right>（签字，加盖公章）　　　年　月　日</div>							
监理单位复核意见	经复核，主控项目检验点全部合格，一般项目逐项检验点的合格率均不小于_____％，且不合格点不集中分布，各项报验资料_____SL 632—2012的要求。 工序质量等级评定为：_____。 <div align=right>（签字，加盖公章）　　　年　月　日</div>							

表2.6.3 沥青混凝土面板封闭层工序施工质量验收评定表填表要求

填表时必须遵守"填表基本规定",并应符合下列要求:

1. 单位工程、分部工程、单元工程名称及部位填写应与表2.6相同。

2. 各检验项目的检验方法及检验数量按表B-30的要求执行。

表B-30   沥青混凝土面板封闭层

检验项目	检验方法	检验数量
封闭层涂抹	观察、查阅施工记录	每天至少观察并计算铺抹量1次,且全部检查铺抹过程
沥青胶最低软化点	查阅施工记录,取样量测	每500~1000m² 的铺抹层至少取1个试样,1天铺抹面积不足500m² 的也取1个试样
沥青胶的铺抹	观察、称量	每天至少观察并计算铺抹量1次,且全部检查铺抹过程
沥青胶的施工温度	查阅施工记录、现场实测	搅拌出料温度,每盘(罐)出料时量测1次;铺抹温度每天至少实测2次

3. 工序施工质量验收评定应提交下列资料:

(1) 施工单位各班(组)初检记录、施工队复检记录、施工单位专职质检员终检记录,工序中各施工质量检验项目的检验资料。

(2) 监理单位对工序中施工质量检验项目的平行检测资料。

4. 工序质量标准:

(1) 合格等级标准:

1) 主控项目,检验结果应全部符合SL 632—2012的要求。

2) 一般项目,逐项应有70%及以上的检验点合格,且不合格点不应集中分布。

3) 各项报验资料应符合SL 632—2012的要求。

(2) 优良等级标准:

1) 主控项目,检验结果应全部符合SL 632—2012的要求。

2) 一般项目,逐项应有90%及以上的检验点合格,且不合格点不应集中分布。

3) 各项报验资料应符合SL 632—2012的要求。

表 2.6.3 沥青混凝土面板封闭层工序施工质量验收评定表

单位工程名称				工序编号			
分部工程名称				施工单位			
单元工程名称、部位				施工日期	年 月 日— 年 月 日		
项次		检验项目	质量要求	检查记录		合格数	合格率
主控项目	1	封闭层涂抹	应均匀一致，无脱层和流淌，涂抹量应在 2.5~3.5kg/m² 之间，或满足设计要求涂抹量合格率不小于 85%				
一般项目	1	沥青胶最低软化点	沥青胶最低软化点不应低于 85℃，试样合格率不小于 85%				
一般项目	2	沥青胶的铺抹	应均匀一致，铺抹量在 2.5~3.5kg/m² 之间，或满足设计要求铺抹量合格率不小于 85%				
一般项目	3	沥青胶的施工温度	搅拌出料温度 190℃±10℃；铺抹温度不小于 170℃ 或满足设计要求				
施工单位自评意见			主控项目检验点全部合格，一般项目逐项检验点的合格率均不小于_____%，且不合格点不集中分布，各项报验资料_____ SL 632—2012 的要求。 工序质量等级评定为：_____。 （签字，加盖公章）　　　 年 月 日				
监理单位复核意见			经复核，主控项目检验点全部合格，一般项目逐项检验点的合格率均不小于_____%，且不合格点不集中分布，各项报验资料_____ SL 632—2012 的要求。 工序质量等级评定为：_____。 （签字，加盖公章）　　　 年 月 日				

表2.6.4 沥青混凝土面板与刚性建筑物连接工序 施工质量验收评定表填表要求

填表时必须遵守"填表基本规定",并应符合下列要求:

1. 单位工程、分部工程、单元工程名称及部位填写应与表2.6相同。

2. 各检验项目的检验方法及检验数量按表B-31的要求执行。

表B-31 沥青混凝土面板与刚性建筑物连接

检验项目	检验方法	检验数量
楔形体的浇筑	观察、查阅施工记录	全数
防滑层与加强层的敷设		
铺筑沥青混凝土防渗层		
橡胶沥青胶防滑层的敷设		
沥青砂浆楔形体浇筑温度	检查施工记录和现场量测	每盘1次
橡胶沥青胶滑动层拌制温度		
连接面的处理	观察、查阅施工工艺记录和施工记录	全数
加强层	检查施工记录和现场检测	测点不少于10个点

3. 工序施工质量验收评定应提交下列资料:

(1) 施工单位各班(组)初检记录、施工队复检记录、施工单位专职质检员终检记录,工序中各施工质量检验项目的检验资料。

(2) 监理单位对工序中施工质量检验项目的平行检测资料。

4. 工序质量标准:

(1) 合格等级标准:

1) 主控项目,检验结果应全部符合SL 632—2012的要求。

2) 一般项目,逐项应有70%及以上的检验点合格,且不合格点不应集中分布。

3) 各项报验资料应符合SL 632—2012的要求。

(2) 优良等级标准:

1) 主控项目,检验结果应全部符合SL 632—2012的要求。

2) 一般项目,逐项应有90%及以上的检验点合格,且不合格点不应集中分布。

3) 各项报验资料应符合SL 632—2012的要求。

表 2.6.4 **沥青混凝土面板与刚性建筑物连接工序**
施工质量验收评定表

单位工程名称			工序编号			
分部工程名称			施工单位			
单元工程名称、部位			施工日期	年 月 日— 年 月 日		
项次	检验项目	质量要求	检查记录		合格数	合格率
主控项目	1 楔形体的浇筑	施工前应进行现场铺筑试验以确定合理施工工艺，满足设计要求；保持接头部位无熔化、流淌及滑移现象				
	2 防滑层与加强层的敷设	满足设计要求，接头部位无熔化、流淌及滑移观象				
	3 铺筑沥青混凝土防渗层	在铺筑沥青混凝土防渗层时，应待滑动层与楔形体冷凝且质量合格后进行，满足设计要求				
一般项目	1 橡胶沥青胶防滑层的敷设	应待喷涂乳化沥青完全干燥后进行，满足设计要求				
	2 沥青砂浆楔形体浇筑温度	150℃±10℃				
	3 橡胶沥青胶滑动层拌制温度	190℃±5℃				
	4 连接面的处理	施工前应进行现场铺筑试验，确定施工工艺，满足设计要求				
	5 加强层	上下层接缝的搭接宽度，符合设计要求				
施工单位自评意见	主控项目检验点全部合格，一般项目逐项检验点的合格率均不小于_____%，且不合格点不集中分布，各项报验资料_____SL 632—2012的要求。 工序质量等级评定为：_____。 （签字，加盖公章）　　　年　月　日					
监理单位复核意见	经复核，主控项目检验点全部合格，一般项目逐项检验点的合格率均不小于_____%，且不合格点不集中分布，各项报验资料_____SL 632—2012的要求。 工序质量等级评定为：_____。 （签字，加盖公章）　　　年　月　日					

表2.7 预应力混凝土单元工程施工
质量验收评定表填表要求

填表时必须遵守"填表基本规定",并应符合下列要求:

1. 本表适用于水工建筑物中闸墩、板梁、隧洞衬砌锚固等预应力混凝土后张法施工(包括有黏结、无黏结两种工艺)质量的验收评定。

2. 对进场使用的水泥、钢筋、掺合料、外加剂、止水片(带)等原材料质量应按有关规范要求进行全面检验,检验结果应满足相关产品标准。不同批次原材料在工程中的使用部位应有记录,并填写原材料及中间产品备查表(混凝土单元工程原材料检验备查表、混凝土单元工程骨料检验备查表、混凝土拌和物性能检验备查表、硬化混凝土性能检验备查表)。混凝土中间产品质量应符合 SL 632—2012 附录 C 的规定。

3. 单元工程划分:宜以混凝土浇筑段或预制件的一个制作批次划分为一个单元工程。

4. 单元工程量填写本单元预应力混凝土浇筑量(m³)。

5. 单元工程分为基础面或施工缝处理、模板制作及安装、钢筋制作及安装、预埋件(止水、伸缩缝等设置)制作及安装、混凝土浇筑(养护、脱模)、预应力筋孔道、预应力筋制作及安装、预应力筋张拉、有黏结预应力筋灌浆、预应力混凝土外观质量检查 10 个工序,其中混凝土浇筑(养护、脱模)、预应力筋张拉工序为主要工序,用△标注。本表是在表 2.7.1~表 2.7.10 工序施工质量验收评定合格的基础上进行。

6. 单元工程施工质量验收评定应提交下列资料:

(1)施工单位应提交单元工程中所含工序(或检验项目)验收评定的检验资料,原材料、拌和物与各项实体检验项目的检验记录资料。

(2)监理单位应提交对单元工程施工质量的平行检测资料。

7. 单元工程质量标准:

(1)合格等级标准:各工序施工质量验收评定应全部合格;各项报验资料应符合SL 632—2012 的要求。

(2)优良等级标准:各工序施工质量验收评定应全部合格,其中优良工序应达到50%及以上,且主要工序应达到优良等级;各项报验资料应符合 SL 632—2012 的要求。

表 2.7　　预应力混凝土单元工程施工质量验收评定表

单位工程名称		单元工程量	
分部工程名称		施工单位	
单元工程名称、部位		施工日期	年　月　日—　　年　月　日

项次	工序名称（或编号）	工序质量验收评定等级
1	基础面或施工缝处理	
2	模板制作及安装	
3	钢筋制作及安装	
4	预埋件（止水、伸缩缝等设置）制作及安装	
5	△混凝土浇筑（养护、脱模）	
6	预应力筋孔道	
7	预应力筋制作及安装	
8	△预应力筋张拉	
9	有黏结预应力筋灌浆	
10	预应力混凝土外观质量检查	

施工单位自评意见	各工序施工质量全部合格，其中优良工序占_____%，且主要工序达到_____等级，单元工程试块质量检验合格，各项报验资料_____ SL 632—2012 的要求。 单元工程质量等级评定为：_____。 　　　　　　　　　　　　　　　　　　　　（签字，加盖公章）　　　年　月　日
监理单位复核意见	经抽查并查验相关检验报告和检验资料，各工序施工质量全部合格，其中优良工序占_____%，且主要工序达到_____等级，单元工程试块质量检验合格，各项报验资料_____ SL 632—2012 的要求。 单元工程质量等级评定为：_____。 　　　　　　　　　　　　　　　　　　　　（签字，加盖公章）　　　年　月　日

注：本表所填"单元工程量"不作为施工单位工程量结算计量的依据。

表2.7.1 预应力混凝土基础面或施工缝工序
施工质量验收评定表填表要求

填表时必须遵守"填表基本规定"，并应符合下列要求：

1. 基础面处理工序是在表2.1.1～表2.1.5评定基础上进行的。

2. 单位工程、分部工程、单元工程名称及部位填写应与表2.7相同。

3. 各检验项目的检验方法及检验数量按表B-32的要求执行。

表 B-32　　　　　　　　　预应力混凝土基础面或施工缝

检验项目		检验方法	检验数量
基础面	岩基	观察、查阅设计图纸或地质报告	全仓
	软基	观察、查阅测量断面图及设计图纸	
	地表水和地下水	观察	
	岩面清理		
施工缝处理	施工缝的留置位置	观察、量测	全数
	施工缝面凿毛	观察	
	缝面清理		

4. 工序施工质量验收评定应提交下列资料：

（1）施工单位各班（组）初检记录、施工队复检记录、施工单位专职质检员终检记录，工序中各施工质量检验项目的检验资料。

（2）监理单位对工序中施工质量检验项目的平行检测资料。

5. 工序质量标准：

（1）合格等级标准：

1）主控项目，检验结果应全部符合SL 632—2012的要求。

2）一般项目，逐项应有70％及以上的检验点合格，且不合格点不应集中分布。

3）各项报验资料应符合SL 632—2012的要求。

（2）优良等级标准：

1）主控项目，检验结果应全部符合SL 632—2012的要求。

2）一般项目，逐项应有90％及以上的检验点合格，且不合格点不应集中分布。

3）各项报验资料应符合SL 632—2012的要求。

表 2.7.1　预应力混凝土基础面或施工缝工序
施工质量验收评定表

单位工程名称				工序编号			
分部工程名称				施工单位			
单元工程名称、部位				施工日期	年　月　日— 年　月　日		
项次			检验项目	质量要求	检查记录	合格数	合格率
基础面	主控项目	1	岩基	符合设计要求			
			软基	预留保护层已挖除；基础面符合设计要求			
		2	地表水和地下水	妥善引排或封堵			
	一般项目	1	岩面清理	符合设计要求；清洗洁净、无积水、无积渣杂物			
施工缝处理	主控项目	1	施工缝的留置位置	符合设计或有关施工规范规定			
		2	施工缝面凿毛	基面无乳皮，成毛面，微露粗砂			
	一般项目	1	缝面清理	符合设计要求；清洗洁净、无积水、无积渣杂物			
施工单位自评意见	主控项目检验点全部合格，一般项目逐项检验点的合格率均不小于_____%，且不合格点不集中分布，各项报验资料_____ SL 632—2012 的要求。 工序质量等级评定为：_____。 　　　　　　　　　　　　　　　　　　（签字，加盖公章）　　年　月　日						
监理单位复核意见	经复核，主控项目检验点全部合格，一般项目逐项检验点的合格率均不小于_____%，且不合格点不集中分布，各项报验资料_____ SL 632—2012 的要求。 工序质量等级评定为：_____。 　　　　　　　　　　　　　　　　　　（签字，加盖公章）　　年　月　日						

表2.7.2 预应力混凝土模板制作及安装工序施工质量验收评定表填表要求

填表时必须遵守"填表基本规定",并应符合下列要求:

1. 单位工程、分部工程、单元工程名称及部位填写应与表 2.7 相同。

2. 各检验项目的检验方法及检验数量按表 B-33 的要求执行。

表 B-33 预应力混凝土模板制作及安装

检验项目		检验方法	检验数量
稳定性、刚度和强度		对照模板设计文件及图纸检查	全部
承重模板底面高程		仪器测量	模板面积在 100m² 以内,不少于 10 个点;每增加 100m²,检查点数增加不少于 10 个点
排架、梁、板、柱、墙	结构断面尺寸	钢尺测量	
	轴线位置	仪器测量	
	垂直度	用 2m 靠尺量测、或仪器测量	
结构物边线与设计边线	外露表面	钢尺测量	
	隐蔽内面		
预留孔、洞尺寸及位置	孔、洞尺寸	测量、查看图纸	
	孔洞位置		
相邻两板面错台	外露表面	用 2m 靠尺量测或拉线检查	模板面积在 100m² 以内,不少于 10 个点;每增加 100m²,检查点数增加不少于 10 个点
	隐蔽内面		
局部平整度	外露表面	按水平线(或垂直线)布置检测点,用 2m 靠尺量测	模板面积在 100m² 以上,不少于 20 个点。每增加 100m²,检查点数增加不少于 10 个点
	隐蔽内面		
板面缝隙	外露表面	量测	100m² 以上,检查 3~5 个点;100m² 以内,检查 1~3 个点
	隐蔽内面		
结构物水平断面内部尺寸		测量	100m² 以上,不少于 10 个点;100m² 以内,不少于 5 个点
脱模剂涂刷		查阅产品质检证明,观察	全面
模板外观		观察	

注:外露表面、隐蔽内面系指相应模板的混凝土结构物表面最终所处的位置。

3. 工序施工质量验收评定应提交下列资料:

(1) 施工单位各班(组)初检记录、施工队复检记录、施工单位专职质检员终检记录,工序中各施工质量检验项目的检验资料。

（2）监理单位对工序中施工质量检验项目的平行检测资料。

4.工序质量标准：

（1）合格等级标准：

1）主控项目，检验结果应全部符合 SL 632—2012 的要求。

2）一般项目，逐项应有 70％及以上的检验点合格，且不合格点不应集中分布。

3）各项报验资料应符合 SL 632—2012 的要求。

（2）优良等级标准：

1）主控项目，检验结果应全部符合 SL 632—2012 的要求。

2）一般项目，逐项应有 90％及以上的检验点合格，且不合格点不应集中分布。

3）各项报验资料应符合 SL 632—2012 的要求。

_____工程

表 2.7.2 预应力混凝土模板制作及安装工序施工质量验收评定表

单位工程名称				工序编号			
分部工程名称				施工单位			
单元工程名称、部位				施工日期	年 月 日—		年 月 日

项次		检验项目		质量要求	检查记录	合格数	合格率
主控项目	1	稳定性、刚度和强度		满足混凝土施工荷载要求,并符合模板设计要求			
	2	承重模板底面高程		允许偏差 0～+5mm			
	3	排架、梁、板、柱、墙	结构断面尺寸	允许偏差±10mm			
			轴线位置	允许偏差±10mm			
			垂直度	允许偏差 5mm			
	4	结构物边线与设计边线	外露表面	内模板:允许偏差 0～+10mm;外模板:允许偏差−10mm～0			
			隐蔽内面	允许偏差 15mm			
	5	预留孔、洞尺寸及位置	孔、洞尺寸	允许偏差 0～+10mm			
			孔洞位置	允许偏差±10mm			
一般项目	1	相邻两板面错台	外露表面	钢模:允许偏差 2mm;木模:允许偏差 3mm			
			隐蔽内面	允许偏差 5mm			
	2	局部平整度	外露表面	钢模:允许偏差 3mm;木模:允许偏差 5mm			
			隐蔽内面	允许偏差 10mm			
	3	板面缝隙	外露表面	钢模:允许偏差 1mm;木模:允许偏差 2mm			
			隐蔽内面	允许偏差 2mm			
	4	结构物水平断面内部尺寸		允许偏差±20mm			
	5	脱模剂涂刷		产品质量符合标准要求,涂刷均匀,无明显色差			
	6	模板外观		表面光洁、无污物			

施工单位自评意见	主控项目检验点全部合格,一般项目逐项检验点的合格率均不小于_____%,且不合格点不集中分布,各项报验资料_____ SL 632—2012 的要求。 工序质量等级评定为:_____。 (签字,加盖公章)　　　　年　月　日
监理单位复核意见	经复核,主控项目检验点全部合格,一般项目逐项检验点的合格率均不小于_____%,且不合格点不集中分布,各项报验资料_____ SL 632—2012 的要求。 工序质量等级评定为:_____。 (签字,加盖公章)　　　　年　月　日

表2.7.3 预应力混凝土钢筋制作及安装工序
施工质量验收评定表填表要求

填表时必须遵守"填表基本规定",并应符合下列要求:

钢筋进场时应逐批(炉号)进行检验,应查验产品合格证、出厂检验报告和外观质量并记录,并按相关规定抽取试样进行力学性能检验,不符合标准规定的不应使用。

1. 单位工程、分部工程、单元工程名称及部位填写应与表2.7相同。

2. 各检验项目的检验方法及检验数量按表B-34的要求执行。

表B-34   预应力混凝土钢筋制作及安装

检验项目			检验方法	检验数量
钢筋的数量、规格尺寸、安装位置			对照设计文件检查	全数
钢筋接头的力学性能			对照仓号在结构上取样测试	焊接200个接头检查1组,机械连接500个接头检测1组
焊接接头和焊缝外观			观察并记录	不少于10个点
钢筋连接	电弧焊	帮条对焊接头中心	观察、量测	每项不少于10个点
		接头处钢筋轴线的曲折		
		焊缝 长度		
		焊缝 宽度		
		焊缝 高度		
		表面气孔夹渣		
	对焊及熔槽焊	焊接接头根部未焊透深度 φ25~40mm钢筋		
		焊接接头根部未焊透深度 φ40~70mm钢筋		
		接头处钢筋中心线的位移		
		蜂窝、气孔、非金属杂质		
	绑扎连接	缺扣、松扣	观察	
		弯钩朝向正确		
		搭接长度	量测	
	机械连接	带肋钢筋冷挤压连接接头 压痕处套筒外形尺寸	观察、量测	
		带肋钢筋冷挤压连接接头 挤压道次		
		带肋钢筋冷挤压连接接头 接头弯折		
		带肋钢筋冷挤压连接接头 裂缝检查		

检验项目			检验方法	检验数量
钢筋连接	机械连接	直（锥）螺纹连接接头 丝头外观质量	观察、量测	每项不少于10个点
		套头外观质量		
		外露丝扣		
		螺纹匹配		
钢筋间距			观察、量测	每项不少于10个点
保护层厚度				
钢筋长度方向				
同一排受力钢筋间距	排架、柱、梁			每项不少于5个点
	板、墙			
双排钢筋，其排与排间距				
梁与柱中箍筋间距				每项不少于10个点

3. 工序施工质量验收评定应提交下列资料：

（1）施工单位各班（组）初检记录、施工队复检记录、施工单位专职质检员终检记录，工序中各施工质量检验项目的检验资料。

（2）监理单位对工序中施工质量检验项目的平行检测资料。

4. 工序质量标准：

（1）合格等级标准：

1）主控项目，检验结果应全部符合 SL 632—2012 的要求。

2）一般项目，逐项应有70％及以上的检验点合格，且不合格点不应集中分布。

3）各项报验资料应符合 SL 632—2012 的要求。

（2）优良等级标准：

1）主控项目，检验结果应全部符合 SL 632—2012 的要求。

2）一般项目，逐项应有90％及以上的检验点合格，且不合格点不应集中分布。

3）各项报验资料应符合 SL 632—2012 的要求。

表 2.7.3 预应力混凝土钢筋制作及安装工序施工质量验收评定表

单位工程名称					工序编号		
分部工程名称					施工单位		
单元工程名称、部位					施工日期	年 月 日—	年 月 日

项次		检验项目		质量要求	检查记录	合格数	合格率
主控项目	1	钢筋的数量、规格尺寸、安装位置		符合质量标准和设计的要求			
	2	钢筋接头的力学性能		符合规范要求和国家及行业有关规定			
	3	焊接接头和焊缝外观		不允许有裂缝、脱焊点、漏焊点，表面平顺，没有明显的咬边、凹陷、气孔等，钢筋不应有明显烧伤			
	4	钢筋连接	电弧焊 帮条对焊接头中心	纵向偏移差不大于0.5d			
			接头处钢筋轴线的曲折	≤4°			
			焊缝 长度	允许偏差−0.5d			
			焊缝 宽度	允许偏差−0.1d			
			焊缝 高度	允许偏差−0.05d			
			表面气孔夹渣	在2d长度上数量不多于2个；气孔、夹渣的直径不大于3mm			
		对焊及熔槽焊	焊接接头根部未焊透深度 ϕ25～40mm钢筋	≤0.15d			
			焊接接头根部未焊透深度 ϕ40～70mm钢筋	≤0.10d			
			接头处钢筋中心线的位移	0.10d且不大于2mm			
			蜂窝、气孔、非金属杂质	焊缝表面（长为2d）和焊缝截面上不多于3个，且每个直径不大于1.5mm			
		绑扎连接	缺扣、松扣	≤20％，且不集中			
			弯钩朝向正确	符合设计图纸			
			搭接长度	允许偏差−0.05mm设计值			

项次	检验项目			质量要求	检查记录	合格数	合格率
主控项目	钢筋连接	机械连接	带肋钢筋冷挤压连接接头	压痕处套筒外形尺寸：挤压后套筒长度应为原套筒长度的1.10~1.15倍，或压痕处套筒的外径波动范围为原套筒外径的0.8~0.9倍			
				挤压道次：符合型式检验结果			
				接头弯折：≤4°			
				裂缝检查：挤压后肉眼观察无裂缝			
			直（锥）螺纹连接接头	丝头外观质量：保护良好，无锈蚀和油污，牙形饱满光滑			
				套头外观质量：无裂纹或其他肉眼可见缺陷			
				外露丝扣：无1扣以上完整丝扣外露			
				螺纹匹配：丝头螺纹与套筒螺纹满足连接要求，螺纹结合紧密，无明显松动，以及相应处理方法得当			
	5	钢筋间距		无明显过大过小的现象			
	6	保护层厚度		允许偏差±1/4净保护层厚			
一般项目	1	钢筋长度方向		允许偏差±1/2净保护层厚			
	2	同一排受力钢筋间距	排架、柱、梁	允许偏差±0.5d			
			板、墙	允许偏差±0.1倍间距			
	3	双排钢筋，其排与排间距		允许偏差±0.1倍排距			
	4	梁与柱中箍筋间距		允许偏差±0.1倍箍筋间距			

施工单位自评意见	主控项目检验点全部合格，一般项目逐项检验点的合格率均不小于_____%，且不合格点不集中分布，各项报验资料_____ SL 632—2012 的要求。 工序质量等级评定为：_____。 <div align="right">（签字，加盖公章）　　年　月　日</div>
监理单位复核意见	经复核，主控项目检验点全部合格，一般项目逐项检验点的合格率均不小于_____%，且不合格点不集中分布，各项报验资料_____ SL 632—2012 的要求。 工序质量等级评定为：_____。 <div align="right">（签字，加盖公章）　　年　月　日</div>

表2.7.4 预应力混凝土预埋件制作及安装工序 施工质量验收评定表填表要求

填表时必须遵守"填表基本规定",并应符合下列要求:

1. 预埋件的结构型式、位置、尺寸及材料的品种、规格、性能等应符合设计要求和有关标准。所有预埋件都应进行材质证明检查,需要抽检的材料应按有关规范进行。

2. 单位工程、分部工程、单元工程名称及部位填写应与表2.7相同。

3. 各检验项目的检验方法及检验数量按表B-35的要求执行。

表 B-35 预应力混凝土预埋件制作及安装

检验项目			检验方法	检验数量
止水片、止水带	片(带)外观		观察	所有外露止水片(带)
	基座		观察	不少于5个点
	片(带)插入深度		检查、量测	不少于1个点
	沥青井(柱)		观察	检查3~5个点
	接头		检查	全数
	片(带)偏差	宽	量测	检查3~5个点
		高		
		长		
	搭接长度	金属止水片		每个焊接处
		橡胶、PVC止水带		每个连接处
		金属止水片与PVC止水带接头栓接长度		每个连接带
	片(带)中心线与接缝中心线安装偏差			检查1~2个点
伸缩缝(填充材料)	伸缩缝缝面		观察	全部
	涂敷沥青料			
	粘贴沥青油毛毡			
	铺设预制油毡板或其他闭缝板			
排水系统	孔口装置		观察、量测	全数
	排水管通畅性		观察	
	排水孔倾斜度		量测	
	排水孔(管)位置			

检验项目				检验方法	检验数量
排水系统	基岩排水孔	倾斜度	孔深不小于 8m	量测	全部
			孔深小于 8m		
		深度			
冷却及灌浆管路	管路安装			通气、通水	所有接头
	管路出口			观察	
软件	高程、方位、埋入深度及外露长度等			对照图纸现场观察、查阅施工记录、量测	全部
	铁件外观			观察	
	锚筋钻孔位置	梁、柱的锚筋		量测	
		钢筋网的锚筋			
	钻孔底部的孔径				
	钻孔深度				
	钻孔的倾斜度相对设计轴线				

4. 工序施工质量验收评定应提交下列资料：

（1）施工单位各班（组）初检记录、施工队复检记录、施工单位专职质检员终检记录，工序中各施工质量检验项目的检验资料。

（2）监理单位对工序中施工质量检验项目的平行检测资料。

5. 工序质量标准：

（1）合格等级标准：

1）主控项目，检验结果应全部符合 SL 632—2012 的要求。

2）一般项目，逐项应有 70％及以上的检验点合格，且不合格点不应集中分布。

3）各项报验资料应符合 SL 632—2012 的要求。

（2）优良等级标准：

1）主控项目，检验结果应全部符合 SL 632—2012 的要求。

2）一般项目，逐项应有 90％及以上的检验点合格，且不合格点不应集中分布。

3）各项报验资料应符合 SL 632—2012 的要求。

表 2.7.4　预应力混凝土预埋件制作及安装工序施工质量验收评定表

单位工程名称					工序编号			
分部工程名称					施工单位			
单元工程名称、部位					施工日期	年　月　日—		年　月　日

项次			检验项目	质量要求	检查记录	合格数	合格率
止水片、止水带	主控项目	1	片（带）外观	表面平整，无浮皮、锈污、油渍、砂眼、钉孔、裂纹等			
		2	基座	符合设计要求（按基础面要求验收合格）			
		3	片（带）插入深度	符合设计要求			
		4	沥青井（柱）	位置准确、牢固，上下层衔接好，电热元件及绝热材料埋设准确，沥青填塞密实			
		5	接头	符合工艺要求			
	一般项目	1	片（带）偏差 宽	允许偏差±5mm			
			高	允许偏差±2mm			
			长	允许偏差±20mm			
		2	搭接长度 金属止水片	≥20mm，双面焊接			
			橡胶、PVC止水带	≥100mm			
			金属止水片与PVC止水带接头栓接长度	≥350mm（螺栓栓接法）			
		3	片（带）中心线与接缝中心线安装偏差	允许偏差±5mm			
伸缩缝（填充材料）	主控项目	1	伸缩缝缝面	平整、顺直、干燥，外露铁件应割除，确保伸缩有效			
	一般项目	1	涂敷沥青料	涂刷均匀平整、与混凝土黏结紧密，无气泡及隆起现象			
		2	粘贴沥青油毛毡	铺设厚度均匀平整、牢固、搭接紧密			
		3	铺设预制油毡板或其他闭缝板	铺设厚度均匀平整、牢固、相邻块安装紧密平整无缝			
排水系统	主控项目	1	孔口装置	按设计要求加工安装，并进行防锈处理，安装牢固，不应有渗水、漏水现象			
		2	排水管通畅性	通畅			
	一般项目	1	排水孔倾斜度	允许偏差4%			
		2	排水孔（管）位置	允许偏差100mm			

项次		检验项目		质量要求	检查记录	合格数	合格率
排水系统	一般项目	3	基岩排水孔	倾斜度	孔深不小于8m	允许偏差1%			
					孔深小于8m	允许偏差2%			
				深度	允许偏差±0.5%			
冷却及灌浆管路	主控项目	1	管路安装		安装牢固、可靠，接头不漏水、不漏气、无堵塞		
	一般项目	1	管路出口		露出模板外300～500mm，妥善保护，有识别标志		
铁件	主控项目	1	高程、方位、埋入深度及外露长度等		符合设计要求		
	一般项目	1	铁件外观		表面无锈皮、油污等		
		2	锚筋钻孔位置	梁、柱的锚筋	允许偏差20mm		
				钢筋网的锚筋	允许偏差50mm		
		3	钻孔底部的孔径		锚筋直径 d＋20mm		
		4	钻孔深度		符合设计要求		
		5	钻孔的倾斜度相对设计轴线		允许偏差5%（在全孔深度范围内）		

施工单位自评意见	主控项目检验点全部合格，一般项目逐项检验点的合格率均不小于_____%，且不合格点不集中分布，各项报验资料_____ SL 632—2012 的要求。 工序质量等级评定为：_____。 （签字，加盖公章）　　年　月　日
监理单位复核意见	经复核，主控项目检验点全部合格，一般项目逐项检验点的合格率均不小于_____%，且不合格点不集中分布，各项报验资料_____ SL 632—2012 的要求。 工序质量等级评定为：_____。 （签字，加盖公章）　　年　月　日

表2.7.5 预应力混凝土浇筑工序
施工质量验收评定表填表要求

填表时必须遵守"填表基本规定",并应符合下列要求:

1. 单位工程、分部工程、单元工程名称及部位填写应与表2.7相同。

2. 各检验项目的检验方法及检验数量按表B-36的要求执行。

表 B-36 预应力混凝土浇筑

检验项目	检验方法	检验数量
入仓混凝土料	观察	不少于入仓总次数的50%
平仓分层	观察、量测	全部
混凝土振捣	在混凝土浇筑过程中全部检查	
铺筑间歇时间	在混凝土浇筑过程中全部检查	
浇筑温度(指有温控要求的混凝土)	温度计测量	
混凝土养护		
砂浆铺筑	观察	
积水和泌水		
插筋、管路等埋设件以及模板的保护	观察、量测	
混凝土表面保护	观察	
脱模	观察或查阅施工记录	不少于脱模总次数的30%

3. 工序施工质量验收评定应提交下列资料:

(1) 施工单位各班(组)初检记录、施工队复检记录、施工单位专职质检员终检记录,工序中各施工质量检验项目的检验资料。

(2) 监理单位对工序中施工质量检验项目的平行检测资料。

4. 工序质量标准

(1) 合格等级标准:

1) 主控项目,检验结果应全部符合 SL 632—2012 的要求。

2) 一般项目,逐项应有70%及以上的检验点合格,且不合格点不应集中分布。

3) 各项报验资料应符合 SL 632—2012 的要求。

(2) 优良等级标准:

1) 主控项目,检验结果应全部符合 SL 632—2012 的要求。

2) 一般项目,逐项应有90%及以上的检验点合格,且不合格点不应集中分布。

3) 各项报验资料应符合 SL 632—2012 的要求。

表 2.7.5　预应力混凝土浇筑工序施工质量验收评定表

单位工程名称				工序编号			
分部工程名称				施工单位			
单元工程名称、部位				施工日期	年　月　日— 　年　月　日		

项次		检验项目	质量要求	检查记录	合格数	合格率
主控项目	1	入仓混凝土料	无不合格料入仓。如有少量不合格料入仓，应及时处理至达到要求			
	2	平仓分层	厚度不大于振捣棒有效长度的90％，铺设均匀，分层清楚，无骨料集中现象			
	3	混凝土振捣	振捣器垂直插入下层 5cm，有次序，间距、留振时间合理，无漏振、无超振			
	4	铺筑间歇时间	符合要求，无初凝现象			
	5	浇筑温度（指有温控要求的混凝土）	满足设计要求			
	6	混凝土养护	表面保持湿润；连续养护时间基本满足设计要求			
一般项目	1	砂浆铺筑	厚度宜为 2～3cm，均匀平整，无漏铺			
	2	积水和泌水	无外部水流入，泌水排除及时			
	3	插筋、管路等埋设件以及模板的保护	保护好，符合设计要求			
	4	混凝土表面保护	保护时间、保温材料质量符合设计要求			
	5	脱模	脱模时间符合施工技术规范或设计要求			

施工单位自评意见	主控项目检验点全部合格，一般项目逐项检验点的合格率均不小于_____％，且不合格点不集中分布，各项报验资料_____ SL 632—2012 的要求。 工序质量等级评定为：_____。 　　　　　　　　　　　　　　　　（签字，加盖公章）　　　年　月　日
监理单位复核意见	经复核，主控项目检验点全部合格，一般项目逐项检验点的合格率均不小于_____％，且不合格点不集中分布，各项报验资料_____ SL 632—2012 的要求。 工序质量等级评定为：_____。 　　　　　　　　　　　　　　　　（签字，加盖公章）　　　年　月　日

表2.7.6 预应力筋孔道预留工序
施工质量验收评定表填表要求

填表时必须遵守"填表基本规定",并应符合下列要求:

1. 单位工程、分部工程、单元工程名称及部位填写应与表2.7相同。

2. 各检验项目的检验方法及检验数量按表B-37的要求执行。

表 B-37　　　　　　　　　　预应力筋孔道预留

检验项目		检验方法	检验数量
孔道位置		观察、量测	
孔道数量			
孔口承压钢垫板尺寸及强度		量测	
造孔		观察	
孔径		量测	
孔道的通畅性		观察、测试	全数
孔口承压钢垫板	垂直度	量测	
	位置		
	牢固度	观察	
灌浆孔和泌水孔的设置		观察、量测	
环锚预留槽			

3. 工序施工质量验收评定应提交下列资料:

(1) 施工单位各班(组)初检记录、施工队复检记录、施工单位专职质检员终检记录,工序中各施工质量检验项目的检验资料。

(2) 监理单位对工序中施工质量检验项目的平行检测资料。

4. 工序质量标准:

(1) 合格等级标准:

1) 主控项目,检验结果应全部符合 SL 632—2012 的要求。

2) 一般项目,逐项应有70%及以上的检验点合格,且不合格点不应集中分布。

3) 各项报验资料应符合 SL 632—2012 的要求。

(2) 优良等级标准:

1) 主控项目,检验结果应全部符合 SL 632—2012 的要求。

2) 一般项目,逐项应有90%及以上的检验点合格,且不合格点不应集中分布。

3) 各项报验资料应符合 SL 632—2012 的要求。

表 2.7.6　预应力筋孔道预留工序施工质量验收评定表

单位工程名称				工序编号		
分部工程名称				施工单位		
单元工程名称、部位				施工日期	年　月　日—　　年　月　日	

项次		检验项目		质量要求	检查记录	合格数	合格率
主控项目	1	孔道位置		位置和间距符合设计要求			
	2	孔道数量		符合设计要求			
	3	孔口承压钢垫板尺寸及强度		几何尺寸、结构强度应满足设计要求			
一般项目	1	造孔		埋管的管模应架立牢靠，并加妥善保护；拔管时间应通过现场试验确定			
	2	孔径		符合设计要求			
	3	孔道的通畅性		孔道通畅、平顺；接头应严密且不应漏浆			
	4	孔口承压钢垫板	垂直度	承压面与锚孔轴线应保持垂直，其误差不应大于0.5°			
			位置	孔道中心线应与锚孔轴线重合			
			牢固度	承压钢垫板底部混凝土或水泥砂浆充填密实，安装牢固			
	5	灌浆孔和泌水孔的设置		数量、位置、规格符合设计要求；连接通畅			
	6	环锚预留槽		喇叭管中心线应与槽板垂直			

施工单位自评意见	主控项目检验点全部合格，一般项目逐项检验点的合格率均不小于_____%，且不合格点不集中分布，各项报验资料_____ SL 632—2012 的要求。 　　工序质量等级评定为：_____。 　　　　　　　　　　　　　　　　　　　　（签字，加盖公章）　　　年　月　日
监理单位复核意见	经复核，主控项目检验点全部合格，一般项目逐项检验点的合格率均不小于_____%，且不合格点不集中分布，各项报验资料_____ SL 632—2012 的要求。 　　工序质量等级评定为：_____。 　　　　　　　　　　　　　　　　　　　　（签字，加盖公章）　　　年　月　日

表2.7.7　预应力筋制作及安装工序施工质量验收评定表填表要求

填表时必须遵守"填表基本规定",并应符合下列要求:

1. 单位工程、分部工程、单元工程名称及部位填写应与表2.7相同。

2. 各检验项目的检验方法及检验数量按表B-38的要求执行。

表B-38   预应力筋制作及安装

检验项目	检验方法	检验数量
锚具、夹具、连接器的质量	试验、查看试验报告、观察	每批外观检查10%,硬度检查5%,静载试验3套;硬度检查要求同一部件应不少于3个点
预应力筋制作	观察、量测	全数
安装	观察	
无黏结预应力筋的铺设	观察、量测	

3. 工序施工质量验收评定应提交下列资料:

(1) 施工单位各班(组)初检记录、施工队复检记录、施工单位专职质检员终检记录,工序中各施工质量检验项目的检验资料。

(2) 监理单位对工序中施工质量检验项目的平行检测资料。

4. 工序质量标准:

(1) 合格等级标准:

1) 主控项目,检验结果应全部符合SL 632—2012的要求。

2) 一般项目,逐项应有70%及以上的检验点合格,且不合格点不应集中分布。

3) 各项报验资料应符合SL 632—2012的要求。

(2) 优良等级标准:

1) 主控项目,检验结果应全部符合SL 632—2012的要求。

2) 一般项目,逐项应有90%及以上的检验点合格,且不合格点不应集中分布。

3) 各项报验资料应符合SL 632—2012的要求。

表 2.7.7 预应力筋制作及安装工序施工质量验收评定表

单位工程名称			工序编号			
分部工程名称			施工单位			
单元工程名称、部位			施工日期	年 月 日— 年 月 日		

项次		检验项目	质量要求	检查记录	合格数	合格率
主控项目	1	锚具、夹具、连接器的质量	符合 GB/T 14370 和设计要求			
一般项目	1	预应力筋制作	当钢丝束两端采用镦头锚具时,各根钢丝长度差不大于下料长度的1/5000,且不应超过 5mm;下料时应采用机械切割机切割,不应采用电弧切割,其他类型锚头的锚束下料长度与切割方法,应按施工要求选定			
	2	安装	预应力筋束号应与孔号一致			
	3	无黏结预应力筋的铺设	预应力筋应定位准确、安装牢固,浇筑混凝土时不应出现移位和变形;护套应完整			

施工单位自评意见	主控项目检验点全部合格,一般项目逐项检验点的合格率均不小于_____%,且不合格点不集中分布,各项报验资料_____ SL 632—2012 的要求。 　　工序质量等级评定为:_____。 　　　　　　　　　　　　　　　　　　　　　　　　(签字,加盖公章)　　　年　月　日
监理单位复核意见	经复核,主控项目检验点全部合格,一般项目逐项检验点的合格率均不小于_____%,且不合格点不集中分布,各项报验资料_____ SL 632—2012 的要求。 　　工序质量等级评定为:_____。 　　　　　　　　　　　　　　　　　　　　　　　　(签字,加盖公章)　　　年　月　日

表2.7.8 预应力筋张拉工序
施工质量验收评定表填表要求

填表时必须遵守"填表基本规定",并应符合下列要求:

1. 单位工程、分部工程、单元工程名称及部位填写应与表2.7相同。

2. 各检验项目的检验方法及检验数量按表B-39的要求执行。

表B-39　　　　　　　　预 应 力 筋 张 拉

检验项目	检验方法	检验数量
混凝土抗压强度	试件试验报告	全数
张拉设备	观察、检查率定合格证	
张拉程序	观察、量测、检查张拉记录	
稳压时间	量测、检查张拉记录	
外锚头防护	观察	
无黏结型永久防护		
环锚预留槽回填	观察、检查记录	

3. 工序施工质量验收评定应提交下列资料:

(1) 施工单位各班(组)初检记录、施工队复检记录、施工单位专职质检员终检记录,工序中各施工质量检验项目的检验资料。

(2) 监理单位对工序中施工质量检验项目的平行检测资料。

4. 工序质量标准:

(1) 合格等级标准:

1) 主控项目,检验结果应全部符合SL 632—2012的要求。

2) 一般项目,逐项应有70%及以上的检验点合格,且不合格点不应集中分布。

3) 各项报验资料应符合SL 632—2012的要求。

(2) 优良等级标准:

1) 主控项目,检验结果应全部符合SL 632—2012的要求。

2) 一般项目,逐项应有90%及以上的检验点合格,且不合格点不应集中分布。

3) 各项报验资料应符合SL 632—2012的要求。

表 2.7.8 预应力筋张拉工序施工质量验收评定表

单位工程名称				工序编号		
分部工程名称				施工单位		
单元工程名称、部位				施工日期	年 月 日— 年 月 日	

项次		检验项目	质量要求	检查记录	合格数	合格率
主控项目	1	混凝土抗压强度	预应力筋张拉时，混凝土强度应符合设计要求；当设计无具体要求时，闸墩混凝土抗压强度应达到设计值的90%，梁板混凝土抗压强度不低于设计值的70%			
	2	张拉设备	应配套标定，定期率定，且在有效期内使用			
	3	张拉程序	技术指标符合设计要求和规范规定			
一般项目	1	稳压时间	不少于2min			
	2	外锚头防护	确保防腐脂不外漏			
	3	无黏结型永久防护	措施可靠、耐久，并且有良好的化学稳定性，应符合设计要求			
	4	环锚预留槽回填	回填前对槽内冲洗干净、涂浓水泥浆。回填混凝土强度等级应与衬砌圈混凝土一致			

施工单位自评意见	主控项目检验点全部合格，一般项目逐项检验点的合格率均不小于_____%，且不合格点不集中分布，各项报验资料_____ SL 632—2012 的要求。 工序质量等级评定为：_____。 （签字，加盖公章） 年 月 日
监理单位复核意见	经复核，主控项目检验点全部合格，一般项目逐项检验点的合格率均不小于_____%，且不合格点不集中分布，各项报验资料_____ SL 632—2012 的要求。 工序质量等级评定为：_____。 （签字，加盖公章） 年 月 日

表2.7.9　有黏结预应力筋灌浆工序
施工质量验收评定表填表要求

填表时必须遵守"填表基本规定"，并应符合下列要求：

1. 单位工程、分部工程、单元工程名称及部位填写应与表2.7相同。

2. 各检验项目的检验方法及检验数量按表B-40的要求执行。

表B-40　　　　　　　　　有黏结预应力筋灌浆

检验项目	检验方法	检验数量
浆液质量	试验	同一配合比至少检查1次
灌浆质量	检查孔，施工记录，观察	全数

3. 工序施工质量验收评定应提交下列资料：

（1）施工单位各班（组）初检记录、施工队复检记录、施工单位专职质检员终检记录，工序中各施工质量检验项目的检验资料。

（2）监理单位对工序中施工质量检验项目的平行检测资料。

4. 工序质量标准：

（1）合格等级标准：

1）主控项目，检验结果应全部符合SL 632—2012的要求。

2）一般项目，逐项应有70％及以上的检验点合格，且不合格点不应集中分布。

3）各项报验资料应符合SL 632—2012的要求。

（2）优良等级标准：

1）主控项目，检验结果应全部符合SL 632—2012的要求。

2）一般项目，逐项应有90％及以上的检验点合格，且不合格点不应集中分布。

3）各项报验资料应符合SL 632—2012的要求。

表 2.7.9　有黏结预应力筋灌浆工序施工质量验收评定表

单位工程名称		工序编号	
分部工程名称		施工单位	
单元工程名称、部位		施工日期	年　月　日— 　年　月　日

项次	检验项目	质量要求	检查记录	合格数	合格率
主控项目	1 浆液质量	水泥浆水灰比宜采用 0.3～0.4；水泥砂浆水灰比宜采用 0.5			
	2 灌浆质量	封孔灌浆应形成密实的、完整的保护层			

施工单位自评意见	主控项目检验点全部合格，一般项目逐项检验点的合格率均不小于＿＿＿＿％，且不合格点不集中分布，各项报验资料＿＿＿＿ SL 632—2012 的要求。 工序质量等级评定为：＿＿＿＿。 （签字，加盖公章）　　　　年　月　日
监理单位复核意见	经复核，主控项目检验点全部合格，一般项目逐项检验点的合格率均不小于＿＿＿＿％，且不合格点不集中分布，各项报验资料＿＿＿＿ SL 632—2012 的要求。 工序质量等级评定为：＿＿＿＿。 （签字，加盖公章）　　　　年　月　日

表2.7.10 预应力混凝土外观质量检查工序
施工质量验收评定表填表要求

填表时必须遵守"填表基本规定",并应符合下列要求:

1. 单位工程、分部工程、单元工程名称及部位填写应与表2.7相同。

2. 各检验项目的检验方法及检验数量按表B-41的要求执行。

表B-41　　　　　　　　　预应力混凝土外观质量检查

检验项目		检验方法	检验数量
闸墩、隧洞混凝土	有平整度要求的部位	用2m靠尺或专用工具检查	$100m^2$以上的表面检查6～10个点;$100m^2$以下的表面检查3～5个点
	形体尺寸	钢尺测量	抽查15%
	重要部位缺损	观察、仪器检验	全部
	表面平整度	用2m靠尺或专用工具检查	$100m^2$以上的表面检查6～10个点;$100m^2$以下的表面检查3～5个点
	麻面、蜂窝	观察	全部
	孔洞	观察、量测	
	错台、跑模、掉角		
	表面裂缝		
预制件混凝土	外观检查	观察,量测	全数
	尺寸偏差	量测	
	预制构件标识	观察	
	构件上的预埋件、插筋和预留孔洞的规格、位置和数量		

3. 工序施工质量验收评定应提交下列资料:

（1）施工单位各班（组）初检记录、施工队复检记录、施工单位专职质检员终检记录,工序中各施工质量检验项目的检验资料。

（2）监理单位对工序中施工质量检验项目的平行检测资料。

4. 工序质量标准:

（1）合格等级标准:

1）主控项目,检验结果应全部符合SL 632—2012的要求。

2）一般项目,逐项应有70%及以上的检验点合格,且不合格点不应集中分布。

3）各项报验资料应符合SL 632—2012的要求。

（2）优良等级标准:

1）主控项目,检验结果应全部符合SL 632—2012的要求。

2）一般项目,逐项应有90%及以上的检验点合格,且不合格点不应集中分布。

3）各项报验资料应符合SL 632—2012的要求。

表 2.7.10 预应力混凝土外观质量检查工序施工质量验收评定表

单位工程名称					工序编号			
分部工程名称					施工单位			
单元工程名称、部位					施工日期	年 月 日— 年 月 日		

项次			检验项目	质量要求	检查记录	合格数	合格率
闸墩、隧洞混凝土	主控项目	1	有平整度要求的部位	符合设计及规范要求			
		2	形体尺寸	符合设计要求或允许偏差±20mm			
		3	重要部位缺损	不允许出现缺损			
	一般项目	1	表面平整度	每2m偏差不大于8mm			
		2	麻面、蜂窝	麻面、蜂窝累计面积不超过0.5%。经处理符合设计要求			
		3	孔洞	单个面积不超过0.01m²，且深度不超过骨料最大粒径。经处理符合设计要求			
		4	错台、跑模、掉角	经处理符合设计要求			
		5	表面裂缝	短小、深度不大于钢筋保护层厚度的表面裂缝经处理符合设计要求			
预制件混凝土	主控项目	1	外观检查	无缺陷			
		2	尺寸偏差	预制构件不应有影响结构性能和安装、使用功能的尺寸偏差			
	一般项目	1	预制构件标识	应在明显部位标明生产单位、构件型号、生产日期和质量验收标志			
		2	构件上的预埋件、插筋和预留孔洞的规格、位置和数量	应符合标准图或设计的要求			

施工单位自评意见	主控项目检验点全部合格，一般项目逐项检验点的合格率均不小于_____%，且不合格点不集中分布，各项报验资料_____ SL 632—2012 的要求。 工序质量等级评定为：_____。 （签字，加盖公章）　　年　月　日
监理单位复核意见	经复核，主控项目检验点全部合格，一般项目逐项检验点的合格率均不小于_____%，且不合格点不集中分布，各项报验资料_____ SL 632—2012 的要求。 工序质量等级评定为：_____。 （签字，加盖公章）　　年　月　日

表2.8 混凝土预制构件安装单元工程施工质量验收评定表填表要求

填表时必须遵守"填表基本规定",并应符合下列要求:

1. 单元工程划分:宜以每一次检查验收的根、组、批划分,或者按安装的桩号、高程划分,每一根、组、批或某桩号、高程之间的预制构件安装划分为一个单元工程。

2. 对进场使用的水泥、钢筋、掺合料、外加剂、止水片(带)等原材料质量应按有关规范要求进行全面检验,检验结果应满足相关产品标准。不同批次原材料在工程中的使用部位应有记录,并填写原材料及中间产品备查表(混凝土单元工程原材料检验备查表、混凝土单元工程骨料检验备查表、混凝土拌和物性能检验备查表、硬化混凝土性能检验备查表)。混凝土中间产品质量应符合 SL 632—2012 附录 C 的规定。

3. 混凝土预制构件质量应满足设计要求。从场外购买的混凝土预制构件,则应提供构件性能检验等质量合格的相关证明资料。不合格构件不应使用。

4. 单元工程量填写预制件混凝土量(m^3)。

5. 单元工程混凝土预制构件安装单元工程分为构件外观质量检查、预制件吊装、预制件接缝及接头处理 3 个工序,其中预制件吊装工序为主要工序,用△标注。本表是在表 2.8.1～表 2.8.3 工序施工质量验收评定合格的基础上进行。

6. 单元工程施工质量验收评定应提交下列资料:

(1) 施工单位应提交单元工程中所含工序(或检验项目)验收评定的检验资料,原材料、拌和物与各项实体检验项目的检验记录资料。

(2) 监理单位应提交对单元工程施工质量的平行检测资料。

7. 单元工程质量标准:

(1) 合格等级标准:各工序施工质量验收评定应全部合格;各项报验资料应符合 SL 632—2012 的要求。

(2) 优良等级标准:各工序施工质量验收评定应全部合格,其中优良工序应达到 50% 及以上,且主要工序应达到优良等级;各项报验资料应符合 SL 632—2012 的要求。

表 2.8　混凝土预制构件安装单元工程施工质量验收评定表

单位工程名称		单元工程量		
分部工程名称		施工单位		
单元工程名称、部位		施工日期	年　月　日—	年　月　日

项次	工序名称（或编号）	工序质量验收评定等级		
1	构件外观质量检查			
2	△预制件吊装			
3	预制件接缝及接头处理			
施工单位自评意见	各工序施工质量全部合格，其中优良工序占＿＿＿＿＿％，且主要工序达到＿＿＿＿＿等级，各项报验资料＿＿＿＿＿SL 632—2012 的要求。 单元工程质量等级评定为：＿＿＿＿＿。 （签字，加盖公章）　　　年　月　日			
监理单位复核意见	经抽查并查验相关检验报告和检验资料，各工序施工质量全部合格，其中优良工序占＿＿＿＿＿％，且主要工序达到＿＿＿＿＿等级，各项报验资料＿＿＿＿＿SL 632—2012 的要求。 单元工程质量等级评定为：＿＿＿＿＿。 （签字，加盖公章）　　　年　月　日			
注：本表所填"单元工程量"不作为施工单位工程量结算计量的依据。				

表2.8.1 混凝土预制构件外观质量检查工序施工质量验收评定表填表要求

填表时必须遵守"填表基本规定",并应符合下列要求:

1. 单位工程、分部工程、单元工程名称及部位填写应与表2.8相同。

2. 各检验项目的检验方法及检验数量按表B-42的要求执行。

表B-42 混凝土预制构件外观质量检查

检验项目	检验方法	检验数量
外观检查	观察,量测	全数
尺寸偏差	量测	
预制构件标识	观察	
构件上的预埋件、插筋和预留孔洞的规格、位置和数量		

3. 工序施工质量验收评定应提交下列资料:

(1)施工单位各班(组)初检记录、施工队复检记录、施工单位专职质检员终检记录,工序中各施工质量检验项目的检验资料。

(2)监理单位对工序中施工质量检验项目的平行检测资料。

4. 工序质量标准:

(1)合格等级标准:

1)主控项目,检验结果应全部符合SL 632—2012的要求。

2)一般项目,逐项应有70%及以上的检验点合格,且不合格点不应集中分布。

3)各项报验资料应符合SL 632—2012的要求。

(2)优良等级标准:

1)主控项目,检验结果应全部符合SL 632—2012的要求。

2)一般项目,逐项应有90%及以上的检验点合格,且不合格点不应集中分布。

3)各项报验资料应符合SL 632—2012的要求。

表 2.8.1 混凝土预制构件外观质量检查工序施工质量验收评定表

单位工程名称				工序编号				
分部工程名称				施工单位				
单元工程名称、部位				施工日期	年 月 日—		年 月 日	

项次		检验项目	质量要求	检查记录	合格数	合格率
主控项目	1	外观检查	无缺陷			
	2	尺寸偏差	预制构件不应有影响结构性能和安装、使用功能的尺寸偏差			
一般项目	1	预制构件标识	应在明显部位标明生产单位、构件型号、生产日期和质量验收标志			
	2	构件上的预埋件、插筋和预留孔洞的规格、位置和数量	应符合标准图或设计的要求			

施工单位自评意见	主控项目检验点全部合格,一般项目逐项检验点的合格率均不小于_____%,且不合格点不集中分布,各项报验资料_____ SL 632—2012 的要求。 工序质量等级评定为:_____。 <div align="right">(签字,加盖公章)　　年　月　日</div>
监理单位复核意见	经复核,主控项目检验点全部合格,一般项目逐项检验点的合格率均不小于_____%,且不合格点不集中分布,各项报验资料_____ SL 632—2012 的要求。 工序质量等级评定为:_____。 <div align="right">(签字,加盖公章)　　年　月　日</div>

表2.8.2 混凝土预制件吊装工序 施工质量验收评定表填表要求

填表时必须遵守"填表基本规定",并应符合下列要求:

1. 单位工程、分部工程、单元工程名称及部位填写应与表2.8相同。

2. 各检验项目的检验方法及检验数量按表B-43的要求执行。

表 B-43 混凝土预制件吊装

检验项目			检验方法	检验数量
构件型号和安装位置			查阅施工图纸	
构件吊装时的混凝土强度			查阅试验资料和施工记录	
柱	中心线和轴线位移		测量	全数
	垂直度	柱高 10m 以下		
		柱高 10m 及其以上		
	牛腿上表面、柱顶标高			
梁或吊车梁	中心线和轴线位移			
	梁顶面标高			
屋架	下弦中心线和轴线位移			
	垂直度	桁架、拱形屋架		
		薄腹梁		
板	相邻两板下表面平整	抹灰	用 2m 靠尺量测	
		不抹灰		
预制廊道、井筒板(埋入建筑物)	中心线和轴线位移		测量检查	
	相邻两构件的表面平整		用 2m 靠尺量测	
建筑物外表面模板	相邻两板面高差			
	外边线与结构物边线			

3. 工序施工质量验收评定应提交下列资料:

(1) 施工单位各班(组)初检记录、施工队复检记录、施工单位专职质检员终检记录,工序中各施工质量检验项目的检验资料。

(2) 监理单位对工序中施工质量检验项目的平行检测资料。

4. 工序质量标准:

(1) 合格等级标准:

1) 主控项目,检验结果应全部符合 SL 632—2012 的要求。

2）一般项目，逐项应有 70％及以上的检验点合格，且不合格点不应集中分布。

3）各项报验资料应符合 SL 632—2012 的要求。

（2）优良等级标准：

1）主控项目，检验结果应全部符合 SL 632—2012 的要求。

2）一般项目，逐项应有 90％及以上的检验点合格，且不合格点不应集中分布。

3）各项报验资料应符合 SL 632—2012 的要求。

表 2.8.2　混凝土预制件吊装工序施工质量验收评定表

单位工程名称				工序编号			
分部工程名称				施工单位			
单元工程名称、部位				施工日期	年　月　日—		年　月　日
项次	检验项目		质量要求	检查记录		合格数	合格率
主控项目	1	构件型号和安装位置	符合设计要求				
	2	构件吊装时的混凝土强度	符合设计要求。设计无规定时，不应低于设计强度标准值的70%；预应力构件孔道灌浆的强度，应达到设计要求				
一般项目	1	柱 中心线和轴线位移	允许偏差±5mm				
	2	柱 垂直度 柱高10m以下	允许偏差10mm				
	3	柱高10m及其以上	允许偏差20mm				
	4	牛腿上表面、柱顶标高	允许偏差－8～0mm				
	5	梁或吊车梁 中心线和轴线位移	允许偏差±5mm				
	6	梁顶面标高	允许偏差－5～0mm				
	7	屋架 下弦中心线和轴线位移	允许偏差±5mm				
	8	屋架 垂直度 桁架、拱形屋架	允许偏差1/250屋架高				
	9	薄腹梁	允许偏差5mm				
	10	板 相邻两板下表面平整 抹灰	允许偏差5mm				
	11	不抹灰	允许偏差3mm				

项次	检验项目		质量要求	检查记录	合格数	合格率
一般项目	12	预制廊道、井筒板（埋入建筑物）	中心线和轴线位移	允许偏差±20mm			
	13		相邻两构件的表面平整	允许偏差 10mm			
	14	建筑物外表面模板	相邻两板面高差	允许偏差 3mm（局部 5mm）			
			外边线与结构物边线	允许偏差±10mm			

施工单位自评意见	主控项目检验点全部合格，一般项目逐项检验点的合格率均不小于_____%，且不合格点不集中分布，各项报验资料_____ SL 632—2012 的要求。 工序质量等级评定为：_____。 　　　　　　　　　　　　　　　　　（签字，加盖公章）　　　年　月　日
监理单位复核意见	经复核，主控项目检验点全部合格，一般项目逐项检验点的合格率均不小于_____%，且不合格点不集中分布，各项报验资料_____ SL 632—2012 的要求。 工序质量等级评定为：_____。 　　　　　　　　　　　　　　　　　（签字，加盖公章）　　　年　月　日

表2.8.3 混凝土预制件接缝及接头处理工序施工质量验收评定表填表要求

填表时必须遵守"填表基本规定",并应符合下列要求:

1. 单位工程、分部工程、单元工程名称及部位填写应与表2.8相同。

2. 各检验项目的检验方法及检验数量按表B-44的要求执行。

表B-44　　　　　　　　混凝土预制件接缝及接头处理

检验项目	检验方法	检验数量
构件连接	观察、查阅试验资料和施工记录	全数
接缝凿毛处理	观察	全面
构件接缝的混凝土(砂浆)		

3. 工序施工质量验收评定应提交下列资料:

(1) 施工单位各班(组)初检记录、施工队复检记录、施工单位专职质检员终检记录,工序中各施工质量检验项目的检验资料。

(2) 监理单位对工序中施工质量检验项目的平行检测资料。

4. 工序质量标准:

(1) 合格等级标准:

1) 主控项目,检验结果应全部符合 SL 632—2012 的要求。

2) 一般项目,逐项应有70%及以上的检验点合格,且不合格点不应集中分布。

3) 各项报验资料应符合 SL 632—2012 的要求。

(2) 优良等级标准:

1) 主控项目,检验结果应全部符合 SL 632—2012 的要求。

2) 一般项目,逐项应有90%及以上的检验点合格,且不合格点不应集中分布。

3) 各项报验资料应符合 SL 632—2012 的要求。

表 2.8.3 混凝土预制件接缝及接头处理工序施工质量验收评定表

单位工程名称				工序编号		
分部工程名称				施工单位		
单元工程名称、部位				施工日期	年 月 日— 年 月 日	

项次		检验项目	质量要求	检查记录	合格数	合格率
主控项目	1	构件连接	构件与底座、构件与构件的连接应符合设计要求，受力接头应符合GB 50204 的规定			
一般项目	1	接缝凿毛处理	符合设计要求			
	2	构件接缝的混凝土（砂浆）	养护符合设计要求，且在规定的时间内不应拆除其支承模板			

施工单位自评意见	主控项目检验点全部合格，一般项目逐项检验点的合格率均不小于_____%，且不合格点不集中分布，各项报验资料_____ SL 632—2012 的要求。 工序质量等级评定为：_____。 （签字，加盖公章） 年 月 日
监理单位复核意见	经复核，主控项目检验点全部合格，一般项目逐项检验点的合格率均不小于_____%，且不合格点不集中分布，各项报验资料_____ SL 632—2012 的要求。 工序质量等级评定为：_____。 （签字，加盖公章） 年 月 日

表2.9 混凝土坝坝体接缝灌浆
单元工程施工质量验收评定表填表要求

填表时必须遵守"填表基本规定"，并应符合下列要求：

1. 单元工程划分：宜以设计、施工确定的灌浆区（段）划分，每一灌浆区（段）划分为一个单元工程。

2. 对进场的水泥、掺合料、外加剂等原材料质量应按有关规范要求进行全面检验，检验结果应满足相关产品标准。不同批次原材料在工程中的使用部位应有记录，并填写原材料及中间产品备查表（混凝土单元工程原材料检验备查表）。

3. 灌浆前的准备工作完成后应及时灌浆，避免灌缝及管路污染或堵塞。灌浆用水、水泥和外加剂等材料的质量标准应符合设计和相关产品质量标准的要求。效果检查（如钻孔取芯及压水试验检查）应符合设计要求。

4. 单元工程量填写本单元工程灌浆区域面积（m^2）。

5. 单元工程分为灌浆前检查和灌浆2个工序，其中灌浆施工工序为主要工序，用△标注。本表是在表2.9.1、表2.9.2工序施工质量验收评定合格的基础上进行。

6. 单元工程施工质量验收评定应提交下列资料：

（1）施工单位应提交单元工程中所含工序（或检验项目）验收评定的检验资料，原材料、拌和物与各项实体检验项目的检验记录资料。

（2）监理单位应提交对单元工程施工质量的平行检测资料。

7. 单元工程质量标准：

（1）合格等级标准：各工序施工质量验收评定应全部合格；各项报验资料应符合 SL 632—2012 的要求。

（2）优良等级标准：各工序施工质量验收评定应全部合格，其中优良工序应达到 50% 及以上，且主要工序应达到优良等级；各项报验资料应符合 SL 632—2012 的要求。

表 2.9　混凝土坝坝体接缝灌浆单元工程施工质量验收评定表

单位工程名称		单元工程量			
分部工程名称		施工单位			
单元工程名称、部位		施工日期	年　月　日—		年　月　日
项次	工序名称（或编号）	工序质量验收评定等级			
1	灌浆前检查				
2	△灌浆				
施工单位自评意见	各工序施工质量全部合格，其中优良工序占_____％，且主要工序达到_____等级，各项报验资料_____ SL 632—2012 的要求。 　单元工程质量等级评定为：_____。 　　　　　　　　　　　　　　　　（签字，加盖公章）　　　年　月　日				
监理单位复核意见	经抽查并查验相关检验报告和检验资料，各工序施工质量全部合格，其中优良工序占_____％，且主要工序达到_____等级，各项报验资料_____ SL 632—2012 的要求。 　单元工程质量等级评定为：_____。 　　　　　　　　　　　　　　　　（签字，加盖公章）　　　年　月　日				
注1：本表所填"单元工程量"不作为施工单位工程量结算计量的依据。					

表2.9.1　灌浆前检查工序
施工质量验收评定表填表要求

填表时必须遵守"填表基本规定",并应符合下列要求:

1. 单位工程、分部工程、单元工程名称及部位填写应与表2.9相同。

2. 各检验项目的检验方法及检验数量按表B-45的要求执行。

表B-45　　　　　　　　　　　灌　浆　前　检　查

检验项目	检验方法	检验数量
灌浆系统	观察、尺量	
灌浆管路通畅情况	通水试验,测量出水量	
缝面畅通情况	采用"单开通水检查"方法	
灌区封闭情况	通水试验	
灌区两侧坝块及压重块混凝土的温度	充水闷管测温法或设计规定的其他方法	逐区
灌浆前接缝张开度	测缝计、孔探仪或厚薄规量测等	
管路及缝面冲洗	检查冲洗记录,查看压力表压力和回水	

3. 工序施工质量验收评定应提交下列资料:

(1) 施工单位各班(组)初检记录、施工队复检记录、施工单位专职质检员终检记录,工序中各施工质量检验项目的检验资料。

(2) 监理单位对工序中施工质量检验项目的平行检测资料。

4. 工序质量标准:

(1) 合格等级标准:

1) 主控项目,检验结果应全部符合 SL 632—2012 的要求。

2) 一般项目,逐项应有 70% 及以上的检验点合格,且不合格点不应集中分布。

3) 各项报验资料应符合 SL 632—2012 的要求。

(2) 优良等级标准:

1) 主控项目,检验结果应全部符合 SL 632—2012 的要求。

2) 一般项目,逐项应有 90% 及以上的检验点合格,且不合格点不应集中分布。

3) 各项报验资料应符合 SL 632—2012 的要求。

表 2.9.1　灌浆前检查工序施工质量验收评定表

单位工程名称			工序编号	
分部工程名称			施工单位	
单元工程名称、部位			施工日期	年　月　日—　年　月　日

项次		检验项目	质量要求	检查记录	合格数	合格率
主控项目	1	灌浆系统	埋设、规格、尺寸、进回浆方式等符合设计要求			
	2	灌浆管路通畅情况	灌区至少应有一套灌浆管路畅通，其流量宜大于 30L/min			
	3	缝面畅通情况	两根排气管的单开出水量均宜大于 25L/min			
	4	灌区封闭情况	缝面漏水量宜小于 15L/min			
	5	灌区两侧坝块及压重块混凝土的温度	符合设计要求			
一般项目	1	灌浆前接缝张开度	符合设计要求，灌浆前接缝张开度宜大于 0.5mm			
	2	管路及缝面冲洗	冲洗时间和压力符合设计要求，回水清净			

施工单位自评意见	主控项目检验点全部合格，一般项目逐项检验点的合格率均不小于_____%，且不合格点不集中分布，各项报验资料_____ SL 632—2012 的要求。 工序质量等级评定为：_____。 （签字，加盖公章）　　　年　月　日
监理单位复核意见	经复核，主控项目检验点全部合格，一般项目逐项检验点的合格率均不小于_____%，且不合格点不集中分布，各项报验资料_____ SL 632—2012 的要求。 工序质量等级评定为：_____。 （签字，加盖公章）　　　年　月　日

表2.9.2 灌浆工序
施工质量验收评定表填表要求

填表时必须遵守"填表基本规定",并应符合下列要求:

1. 单位工程、分部工程、单元工程名称及部位填写应与表2.9相同。

2. 各检验项目的检验方法及检验数量按表B-46的要求执行。

表 B-46 灌 浆

检验项目	检验方法	检验数量
排气管管口压力或灌浆压力	压力表量测	
浆液浓度变换及结束标准	查看记录,用比重秤、自动记录仪及量浆尺检测	逐区
排气管出浆密度	观察、比重秤量测	
灌浆记录	查阅原始记录	全面
灌浆过程中接缝张开度变化	千(百)分表量测	
灌浆中有无串漏	观察、测量和分析	逐区
灌浆中有无中断	根据施工记录和实际情况检查	

3. 工序施工质量验收评定应提交下列资料:

(1)施工单位各班(组)初检记录、施工队复检记录、施工单位专职质检员终检记录,工序中各施工质量检验项目的检验资料。

(2)监理单位对工序中施工质量检验项目的平行检测资料。

4. 工序质量标准:

(1)合格等级标准:

1)主控项目,检验结果应全部符合SL 632—2012的要求。

2)一般项目,逐项应有70%及以上的检验点合格,且不合格点不应集中分布。

3)各项报验资料应符合SL 632—2012的要求。

(2)优良等级标准:

1)主控项目,检验结果应全部符合SL 632—2012的要求。

2)一般项目,逐项应有90%及以上的检验点合格,且不合格点不应集中分布。

3)各项报验资料应符合SL 632—2012的要求。

表 2.9.2 　　　　　　　**灌浆工序施工质量验收评定表**

单位工程名称			工序编号	
分部工程名称			施工单位	
单元工程名称、部位			施工日期	年　月　日— 　年　月　日

项次		检验项目	质量要求	检查记录	合格数	合格率
主控项目	1	排气管管口压力或灌浆压力	符合设计要求			
	2	浆液浓度变换及结束标准	符合设计要求			
	3	排气管出浆密度	两根排气管均应出浆，其出浆密度均大于 1.5g/cm³			
	4	灌浆记录	接缝灌浆施工全过程各项指标均应详细记录，原始记录应真实、齐全、完整。记录人、检验人等相关责任人均应签字并注明时间			
一般项目	1	灌浆过程中接缝张开度变化	符合设计要求			
	2	灌浆中有无串漏	应无串漏。或虽稍有串漏，但经处理后，不影响灌浆质量			
	3	灌浆中有无中断	应无中断。或虽有中断，但处理及时，措施合理，经检查分析不影响灌浆质量			

施工单位自评意见	主控项目检验点全部合格，一般项目逐项检验点的合格率均不小于_____％，且不合格点不集中分布，各项报验资料_____ SL 632—2012 的要求。 　　工序质量等级评定为：_____。 　　　　　　　　　　　　　　　　　　（签字，加盖公章）　　　年　月　日
监理单位复核意见	经复核，主控项目检验点全部合格，一般项目逐项检验点的合格率均不小于_____％，且不合格点不集中分布，各项报验资料_____ SL 632—2012 的要求。 　　工序质量等级评定为：_____。 　　　　　　　　　　　　　　　　　　（签字，加盖公章）　　　年　月　日

表2.10 安全监测仪器设备安装埋设
单元工程施工质量验收评定表填表要求

填表时必须遵守"填表基本规定",并应符合下列要求:

1. 单元工程划分:宜以每一单支监测仪器或建筑物结构、监测仪器分类划分为一个单元工程。

2. 单元工程量填写本单元工程量(套)。

3. 单元工程分为安全监测仪器设备检验、安全监测仪器安装埋设、观测电缆敷设3个工序,其中安全监测仪器设备埋设工序为主要工序,用△标注。本表是在表2.10.1~表2.10.3工序施工质量验收评定合格的基础上进行。

4. 单元工程施工质量验收评定应提交下列资料:

(1)施工单位应提交单元工程中所含工序(或检验项目)验收评定的检验资料,各项实体检验项目的检验记录资料,设备出厂合格证、安装说明书。

(2)监理单位应提交对单元工程施工质量的平行检测资料。

5. 单元工程质量标准:

(1)合格等级标准:各工序施工质量验收评定应全部合格;各项报验资料应符合 SL 632—2012 的要求。

(2)优良等级标准:各工序施工质量验收评定应全部合格,其中优良工序应达到 50% 及以上,且主要工序应达到优良等级;各项报验资料应符合 SL 632—2012 的要求。

表 2.10　安全监测仪器设备安装埋设单元工程施工质量验收评定表

单位工程名称		单元工程量	
分部工程名称		施工单位	
单元工程名称、部位		施工日期	年　月　日— 　年　月　日

项次	工序名称（或编号）	工序质量验收评定等级
1	安全监测仪器设备检验	
2	△安全监测仪器安装埋设	
3	观测电缆敷设	
施工单位自评意见	各工序施工质量全部合格，其中优良工序占_____％，且主要工序达到_____等级，各项报验资料_____ SL 632—2012 的要求。 单元工程质量等级评定为：_____。 （签字，加盖公章）　　　年　月　日	
监理单位复核意见	经抽查并查验相关检验报告和检验资料，各工序施工质量全部合格，其中优良工序占_____％，且主要工序达到_____等级，各项报验资料_____ SL 632—2012 的要求。 单元工程质量等级评定为：_____。 （签字，加盖公章）　　　年　月　日	
注：本表所填"单元工程量"不作为施工单位工程量结算计量的依据。		

表2.10.1　安全监测仪器设备检验工序施工质量验收评定表填表要求

填表时必须遵守"填表基本规定"，并应符合下列要求：

1. 单位工程、分部工程、单元工程名称及部位填写应与表2.10相同。

2. 各检验项目的检验方法及检验数量按表B-47的要求执行。

表 B-47　　　　　　　　　安全监测仪器设备检验

检验项目	检验方法	检验数量
力学性能检验	对照检验率定记录检查	全面
防水性能检查	对照检验率定记录检查	
温度性能检验	对照检验率定记录检查，并与技术指标要求进行对比判定仪器是否合格	
电阻比电桥检验	对照规范要求检查	
检验记录	查阅原始记录，查阅仪器率定报告	逐个
仪器设备现场检验	检查合格证书	全面
仪器保管	对照记录检查，是否按要求进行保管	

3. 工序施工质量验收评定应提交下列资料：

（1）施工单位各班（组）初检记录、施工队复检记录、施工单位专职质检员终检记录，工序中各施工质量检验项目的检验资料。

（2）监理单位对工序中施工质量检验项目的平行检测资料。

4. 工序质量标准：

（1）合格等级标准：

1）主控项目，检验结果应全部符合SL 632—2012的要求。

2）一般项目，逐项应有70％及以上的检验点合格，且不合格点不应集中分布。

3）各项报验资料应符合SL 632—2012的要求。

（2）优良等级标准：

1）主控项目，检验结果应全部符合SL 632—2012的要求。

2）一般项目，逐项应有90％及以上的检验点合格，且不合格点不应集中分布。

3）各项报验资料应符合SL 632—2012的要求。

表 2.10.1 安全监测仪器设备检验工序施工质量验收评定表

单位工程名称				工序编号		
分部工程名称				施工单位		
单元工程名称、部位				施工日期	年 月 日— 年 月 日	

项次		检验项目	质量要求	检查记录	合格数	合格率
主控项目	1	力学性能检验	符合设计和规范要求			
	2	防水性能检查	符合设计和规范要求			
	3	温度性能检验	检验仪器的温度、绝缘电阻满足设计及规范要求			
	4	电阻比电桥检验	绝缘电阻、零位电阻及变差、电阻比及电阻准确度、内附检流计灵敏度及工作时间符合规范要求			
	5	检验记录	准确、完整、清晰			
一般项目	1	仪器设备现场检验	检查仪器工作状态；校核仪器出厂参数；验证仪器各项质量指标			
	2	仪器保管	仪器设备安装埋设前，应存放在温度、湿度满足要求的仓库内上架保管			

施工单位自评意见	主控项目检验点全部合格，一般项目逐项检验点的合格率均不小于_____%，且不合格点不集中分布，各项报验资料_____ SL 632—2012 的要求。 工序质量等级评定为：_____。 （签字，加盖公章）　　　　年　月　日
监理单位复核意见	经复核，主控项目检验点全部合格，一般项目逐项检验点的合格率均不小于_____%，且不合格点不集中分布，各项报验资料_____ SL 632—2012 的要求。 工序质量等级评定为：_____。 （签字，加盖公章）　　　　年　月　日

表2.10.2 安全监测仪器安装埋设工序
施工质量验收评定表填表要求

填表时必须遵守"填表基本规定",并应符合下列要求:

1. 单位工程、分部工程、单元工程名称及部位填写应与表2.10相同。

2. 各检验项目的检验方法及检验数量按表B-48的要求执行。

表B-48　　　　　　　　　　安全监测仪器安装埋设

检验项目	检验方法	检验数量
外观	检查	逐个
规格、型号、数量		
埋设部位预留孔槽、导管及各种预埋件	检查测量放线资料	
观测用电缆连接与接线	对照设计图纸及厂家说明书检查	
屏蔽电缆连接	对照设计图纸及厂家说明书检查	
埋设仪器及附件预安装	按照相关规范要求检查	全面
仪器编号	全面检查	逐个
仪器安装埋设方向误差	对照相关规范要求检查	全面
基岩中仪器埋设	对照设计检查	
混凝土中仪器埋设	对照设计检查	
仪器保护检查调试	现场检查	
仪器埋设记录	位置准确、资料齐全、规格统一、记录真实可靠	逐个
观测时间及测次规定	检查观测温度、电阻读数记录资料	

3. 工序施工质量验收评定应提交下列资料:

(1) 施工单位各班(组)初检记录、施工队复检记录、施工单位专职质检员终检记录,工序中各施工质量检验项目的检验资料。

(2) 监理单位对工序中施工质量检验项目的平行检测资料。

4. 工序质量标准:

(1) 合格等级标准:

1) 主控项目,检验结果应全部符合SL 632—2012的要求。

2) 一般项目,逐项应有70%及以上的检验点合格,且不合格点不应集中分布。

3) 各项报验资料应符合SL 632—2012的要求。

(2) 优良等级标准:

1) 主控项目,检验结果应全部符合SL 632—2012的要求。

2) 一般项目,逐项应有90%及以上的检验点合格,且不合格点不应集中分布。

3) 各项报验资料应符合SL 632—2012的要求。

表 2.10.2 安全监测仪器安装埋设工序施工质量验收评定表

单位工程名称		工序编号				
分部工程名称		施工单位				
单元工程名称、部位		施工日期	年 月 日— 年 月 日			
项次		检验项目	质量要求	检查记录	合格数	合格率
主控项目	1	外观	表面无锈蚀、伤痕及裂痕，引出的电缆护套无损伤			
	2	规格、型号、数量	符合设计和规范要求			
	3	埋设部位预留孔槽、导管及各种预埋件	符合设计要求			
	4	观测用电缆连接与接线	符合规范要求			
	5	屏蔽电缆连接	各芯线应等长，电缆芯线和外套均可用热缩管热缩接头，也可采用专用电缆接头保护套			
一般项目	1	埋设仪器及附件预安装	埋设前应进行配套组装并检验合格			
	2	仪器编号	复查设计编号、出厂编号、自由状态测试			
	3	仪器安装埋设方向误差	应符合设计要求			
	4	基岩中仪器埋设	槽孔清洗干净，回填砂浆符合设计要求			
	5	混凝土中仪器埋设	符合设计要求			
	6	仪器保护检查调试	埋设过程中应经常监测仪器工作状态，发现异常及时采取补救或更换仪器。埋设应做好标记，派专人维护，以防损坏			
	7	仪器埋设记录	仪器埋设质量验收表、竣工图、考证表、测量资料、施工记录、安装照片和相关土建工作验收资料			
	8	观测时间及测次规定	仪器埋设后立即全面检测电阻比、温度电阻、总电阻、分线电阻和绝缘性能，判断仪器工作状态、采集初始读数			
施工单位自评意见			主控项目检验点全部合格，一般项目逐项检验点的合格率均不小于_____%，且不合格点不集中分布，各项报验资料_____ SL 632—2012 的要求。 工序质量等级评定为：_____。 （签字，加盖公章）　　　年 月 日			
监理单位复核意见			经复核，主控项目检验点全部合格，一般项目逐项检验点的合格率均不小于_____%，且不合格点不集中分布，各项报验资料_____ SL 632—2012 的要求。 工序质量等级评定为：_____。 （签字，加盖公章）　　　年 月 日			

表2.10.3 观测电缆敷设工序施工质量验收评定表填表要求

填表时必须遵守"填表基本规定",并应符合下列要求:

1. 单位工程、分部工程、单元工程名称及部位填写应与表2.10相同。

2. 各检验项目的检验方法及检验数量按表B-49的要求执行。

表B-49 观 测 电 缆 敷 设

检验项目	检验方法	检验数量
电缆编号	目测	逐根
电缆接头连接质量	按照规范和设计要求现场检查,必要时拍摄照片或录像	
水平敷设		
垂直牵引		
敷设路线	现场检查必要时拍摄照片或录像	
跨缝处理		
止水处理		
电缆布设保护	检查保护措施是否得当,有无损坏现象	
电缆连通性和绝缘性能检查	使用测读仪表现场检查记录	

3. 工序施工质量验收评定应提交下列资料:

(1) 施工单位各班(组)初检记录、施工队复检记录、施工单位专职质检员终检记录,工序中各施工质量检验项目的检验资料。

(2) 监理单位对工序中施工质量检验项目的平行检测资料。

4. 工序质量标准:

(1) 合格等级标准:

1) 主控项目,检验结果应全部符合SL 632—2012的要求。

2) 一般项目,逐项应有70%及以上的检验点合格,且不合格点不应集中分布。

3) 各项报验资料应符合SL 632—2012的要求。

(2) 优良等级标准:

1) 主控项目,检验结果应全部符合SL 632—2012的要求。

2) 一般项目,逐项应有90%及以上的检验点合格,且不合格点不应集中分布。

3) 各项报验资料应符合SL 632—2012的要求。

表 2.10.3　　观测电缆敷设工序施工质量验收评定表

单位工程名称			工序编号	
分部工程名称			施工单位	
单元工程名称、部位			施工日期	年　月　日— 年　月　日

项次		检验项目	质量要求	检查记录	合格数	合格率
主控项目	1	电缆编号	观测端应有 3 个编号；仪器端应有 1 个编号；每隔适当距离应有 1 个编号；编号材料应能防水、防污、防锈蚀			
	2	电缆接头连接质量	符合规范的要求；1.0MPa 压力水中接头绝缘电阻大于 50MΩ			
	3	水平敷设	符合规范和设计要求			
	4	垂直牵引	符合规范和设计要求			
一般项目	1	敷设路线	符合规范和设计要求			
	2	跨缝处理	符合规范和设计要求			
	3	止水处理	符合规范和设计要求			
	4	电缆布设保护	电缆的走向按设计要求，做好电缆临时测站保护箱及在牵引过程中保护等工作			
	5	电缆连通性和绝缘性能检查	按规定时段对电缆连通性和仪器状态及绝缘情况进行检查并填写检查记录和说明；在回填或埋入混凝土前后，立即检查			

施工单位自评意见	主控项目检验点全部合格，一般项目逐项检验点的合格率均不小于_____％，且不合格点不集中分布，各项报验资料_____ SL 632—2012 的要求。 工序质量等级评定为：_____。 （签字，加盖公章）　　　　年　月　日
监理单位复核意见	经复核，主控项目检验点全部合格，一般项目逐项检验点的合格率均不小于_____％，且不合格点不集中分布，各项报验资料_____ SL 632—2012 的要求。 工序质量等级评定为：_____。 （签字，加盖公章）　　　　年　月　日

表2.11 观测孔（井）
单元工程施工质量验收评定表填表要求

填表时必须遵守"填表基本规定"，并应符合下列要求：

1. 单元工程划分：宜以每一独立的观测孔（井）划分为一个单元工程。

2. 单元工程量填写本单元工程量（孔/井）。

3. 单元工程分为观测孔（井）造孔、测压管制作与安装、观测孔（井）率定3个工序，其中观测孔（井）率定工序为主要工序，用△标注。本表是在表2.11.1～表2.11.3工序质量评定后完成。

4. 单元工程施工质量验收评定应提交下列资料：

（1）施工单位应提交单元工程中所含工序（或检验项目）验收评定的检验资料，各项实体检验项目的检验记录资料。

（2）监理单位应提交对单元工程施工质量的平行检测资料。

5. 单元工程质量标准：

（1）合格等级标准：各工序施工质量验收评定应全部合格；各项报验资料应符合标准SL 632的要求。

（2）优良等级标准：各工序施工质量验收评定应全部合格，其中优良工序应达到50%及以上，且主要工序应达到优良等级；各项报验资料应符合SL 632—2012的要求。

_____工程

表 2.11　　观测孔（井）单元工程施工质量验收评定表

单位工程名称		单元工程量	
分部工程名称		施工单位	
单元工程名称、部位		施工日期	年　月　日—　年　月　日

项次	工序名称（或编号）	工序质量验收评定等级
1	观测孔（井）造孔	
2	测压管制作与安装	
3	△ 观测孔（井）率定	

施工单位自评意见	各工序施工质量全部合格，其中优良工序占_____%，且主要工序达到_____等级，各项报验资料_____ SL 632—2012 的要求。 单元工程质量等级评定为：_____。 （签字，加盖公章）　　　年　月　日
监理单位复核意见	经抽查并查验相关检验报告和检验资料，各工序施工质量全部合格，其中优良工序占_____%，且主要工序达到_____等级，各项报验资料_____ SL 632—2012 的要求。 单元工程质量等级评定为：_____。 （签字，加盖公章）　　　年　月　日

注：本表所填"单元工程量"不作为施工单位工程量结算计量的依据。

表2.11.1 观测孔（井）造孔工序
施工质量验收评定表填表要求

填表时必须遵守"填表基本规定"，并应符合下列要求：

1. 单位工程、分部工程、单元工程名称及部位填写应与表2.11相同。

2. 各检验项目的检验方法及检验数量按表B-50的要求执行。

表B-50　　　　　　　　　　观测孔（井）造孔

检验项目	检验方法	检验数量
造孔工艺	观察、查阅记录	逐孔
孔（井）尺寸	测量	
洗孔	现场检查、测量、查阅施工记录	逐个
造孔时间	观察、查阅记录	
钻孔柱状图绘制	查阅记录、钻孔柱状图	
施工记录	查阅	全数

3. 工序施工质量验收评定应提交下列资料：

（1）施工单位各班（组）初检记录、施工队复检记录、施工单位专职质检员终检记录，工序中各施工质量检验项目的检验资料。

（2）监理单位对工序中施工质量检验项目的平行检测资料。

4. 工序质量标准：

（1）合格等级标准：

1）主控项目，检验结果应全部符合 SL 632—2012 的要求。

2）一般项目，逐项应有70％及以上的检验点合格，且不合格点不应集中分布。

3）各项报验资料应符合 SL 632—2012 的要求。

（2）优良等级标准：

1）主控项目，检验结果应全部符合 SL 632—2012 的要求。

2）一般项目，逐项应有90％及以上的检验点合格，且不合格点不应集中分布。

3）各项报验资料应符合 SL 632—2012 的要求。

_____工程

表 2.11.1　观测孔（井）造孔工序施工质量验收评定表

单位工程名称				工序编号				
分部工程名称				施工单位				
单元工程名称、部位				施工日期	年　月　日—		年　月　日	

项次		检验项目	质量要求	检查记录	合格数	合格率
主控项目	1	造孔工艺	符合设计要求			
	2	孔（井）尺寸	孔位允许偏差±10cm；孔深允许偏差 0～20cm；钻孔倾斜度小于1‰；孔径（有效孔径）允许偏差 0～2cm			
	3	洗孔	孔口回水清洁，肉眼观察无岩粉出现，洗孔时间不应小于 15min；孔底沉积厚度小于 200mm			
一般项目	1	造孔时间	在设计规定的时间段内			
	2	钻孔柱状图绘制	造孔过程中连续取样，对地层结构进行描绘，记录初见水位、终孔水位等			
	3	施工记录	内容齐全，满足设计要求			

施工单位自评意见	主控项目检验点全部合格，一般项目逐项检验点的合格率均不小于_____%，且不合格点不集中分布，各项报验资料_____ SL 632—2012 的要求。 工序质量等级评定为：_____。 （签字，加盖公章）　　　年　月　日
监理单位复核意见	经复核，主控项目检验点全部合格，一般项目逐项检验点的合格率均不小于_____%，且不合格点不集中分布，各项报验资料_____ SL 632—2012 的要求。 工序质量等级评定为：_____。 （签字，加盖公章）　　　年　月　日

表2.11.2 测压管制作与安装工序
施工质量验收评定表填表要求

填表时必须遵守"填表基本规定",并应符合下列要求:

1. 单位工程、分部工程、单元工程名称及部位填写应与表2.11相同。

2. 各检验项目的检验方法及检验数量按表B-51的要求执行。

表B-51 测压管制作与安装

检验项目	检验方法	检验数量
材质规格	查阅合格证,材料试验或检验报告等	全部
滤管加工	观察、用手触摸,查阅记录	逐个
测压管安装	测量	逐孔
滤料填筑	观察,查阅记录	
封孔		
孔口保护		
施工记录	查阅	全数

3. 工序施工质量验收评定应提交下列资料:

(1) 施工单位各班(组)初检记录、施工队复检记录、施工单位专职质检员终检记录,工序中各施工质量检验项目的检验资料。

(2) 监理单位对工序中施工质量检验项目的平行检测资料。

4. 工序质量标准:

(1) 合格等级标准:

1) 主控项目,检验结果应全部符合SL 632—2012的要求。

2) 一般项目,逐项应有70%及以上的检验点合格,且不合格点不应集中分布。

3) 各项报验资料应符合SL 632—2012的要求。

(2) 优良等级标准:

1) 主控项目,检验结果应全部符合SL 632—2012的要求。

2) 一般项目,逐项应有90%及以上的检验点合格,且不合格点不应集中分布。

3) 各项报验资料应符合SL 632—2012的要求。

表 2.11.2　测压管制作与安装工序施工质量验收评定表

单位工程名称			工序编号					
分部工程名称			施工单位					
单元工程名称、部位			施工日期	年　月　日—		年　月　日		

项次		检验项目	质量要求	检查记录	合格数	合格率
主控项目	1	材质规格	材质规格符合设计要求；顺直而无凹弯现象，无压伤和裂纹，管内清洁、未受腐蚀			
	2	滤管加工	透水段开孔孔径、位置满足设计要求，开孔周围无毛刺，用手触摸时不感到刺手，外包裹层结构及其加工工艺符合设计要求；管段两端外丝扣、外箍接头、管底焊接封闭满足设计要求			
	3	测压管安装	安装埋设后，及时测量管底高程、孔口高程、初见水位等。孔位允许偏差±10cm；孔深允许偏差±10cm；倾斜度小于1％			
一般项目	1	滤料填筑	下管前孔（井）底滤料、下管后管外滤料规格，填入高度及其填入工艺满足设计要求；测压管埋设过程中，套管应随回填反滤料而逐段拔出			
	2	封孔	封孔材料，黏土球粒径、潮解后的渗透系数、填入高度及其填入工艺满足设计要求			
	3	孔口保护	孔口保护设施、结构型式及尺寸满足设计要求			
	4	施工记录	内容齐全，满足设计要求			

施工单位自评意见	主控项目检验点全部合格，一般项目逐项检验点的合格率均不小于＿＿＿＿＿％，且不合格点不集中分布，各项报验资料＿＿＿＿＿SL 632—2012的要求。 工序质量等级评定为：＿＿＿＿＿。 （签字，加盖公章）　　　　年　月　日
监理单位复核意见	经复核，主控项目检验点全部合格，一般项目逐项检验点的合格率均不小于＿＿＿＿＿％，且不合格点不集中分布，各项报验资料＿＿＿＿＿SL 632—2012的要求。 工序质量等级评定为：＿＿＿＿＿。 （签字，加盖公章）　　　　年　月　日

表2.11.3 观测孔（井）率定工序施工质量验收评定表填表要求

填表时必须遵守"填表基本规定"，并应符合下列要求：

1. 单位工程、分部工程、单元工程名称及部位填写应与表2.11相同。

2. 各检验项目的检验方法及检验数量按表B-52的要求执行。

表 B-52 观测孔（井）率定

检验项目	检验方法	检验数量
率定方法	查阅率定预案	全数
注水量	测量	逐孔
水位降值		
管内水位	测量，查阅记录	
观测孔（井）考证	查阅，对照记录检查	全数
施工期观测	查阅	
施工记录		

3. 工序施工质量验收评定应提交下列资料：

（1）施工单位各班（组）初检记录、施工队复检记录、施工单位专职质检员终检记录，工序中各施工质量检验项目的检验资料。

（2）监理单位对工序中施工质量检验项目的平行检测资料。

4. 工序质量标准：

（1）合格等级标准：

1）主控项目，检验结果应全部符合 SL 632—2012 的要求。

2）一般项目，逐项应有70％及以上的检验点合格，且不合格点不应集中分布。

3）各项报验资料应符合 SL 632—2012 的要求。

（2）优良等级标准：

1）主控项目，检验结果应全部符合 SL 632—2012 的要求。

2）一般项目，逐项应有90％及以上的检验点合格，且不合格点不应集中分布。

3）各项报验资料应符合 SL 632—2012 的要求。

表 2.11.3 观测孔（井）率定工序施工质量验收评定表

单位工程名称			工序编号		
分部工程名称			施工单位		
单元工程名称、部位			施工日期	年 月 日— 年 月 日	

项次		检验项目	质量要求	检查记录	合格数	合格率
主控项目	1	率定方法	符合设计要求			
	2	注水量	满足设计要求			
	3	水位降值	在规定的时间内，符合设计要求			
一般项目	1	管内水位	试验前、后分别测量管内水位，允许偏差±2cm			
	2	观测孔（井）考证	按设计要求的格式填制考证表			
	3	施工期观测	观测频次、成果记录、成果分析符合设计要求			
	4	施工记录	内容齐全，满足设计要求			

施工单位自评意见	主控项目检验点全部合格，一般项目逐项检验点的合格率均不小于_____％，且不合格点不集中分布，各项报验资料_____ SL 632—2012 的要求。 工序质量等级评定为：_____。 （签字，加盖公章）　　　年　月　日
监理单位复核意见	经复核主控项目检验点全部合格，一般项目逐项检验点的合格率均不小于_____％，且不合格点不集中分布，各项报验资料_____ SL 632—2012 的要求。 工序质量等级评定为：_____。 （签字，加盖公章）　　　年　月　日

表2.12　外部变形观测设施垂线安装单元工程施工质量验收评定表填表要求

填表时必须遵守"填表基本规定"，并应符合下列要求：

1. 单元工程划分：宜以每一单支仪器或按照建筑物结构、监测仪器分类划分为一个单元工程。

2. 单元工程量填写本单元工程量（套）。

3. 各检验项目的检验方法及检验数量按表 B‑53 的要求执行。

表 B‑53　　　　　　　　　外部变形观测设施垂线安装

检验项目		检验方法	检验数量
正垂线安装	垂线材质、规格、温度膨胀系数	观察、量测，查阅材料检测报告	全数
	支点、固定夹线和活动夹线装置安装位置	量测	
	重锤及其阻尼箱规格	观察、量测	全面
	预留孔或预埋件位置	量测	全数
	防风管		全面
倒垂线安装	倒垂线钻孔		逐孔
	垂线材质、规格	观察、量测	全数
	锚块	量测	
	浮体组安装	检查施工记录	
	防风管和防风管中心位置	量测	
	观测墩	对照图纸检查，量测	
	孔口保护装置		
	钻孔柱状图绘制	查阅施工记录、钻孔柱状图	逐孔

4. 单元工程施工质量验收评定应提交下列资料：

（1）施工单位应提交单元工程中所含工序（或检验项目）验收评定的检验资料，各项实体检验项目的检验记录资料。

（2）监理单位应提交对单元工程施工质量的平行检测资料。

5. 单元工程质量标准：

（1）合格等级标准：

1）主控项目，检验结果应全部符合 SL 632—2012 的要求。

2）一般项目，逐项应有70％及以上的检验点合格，且不合格点不应集中分布。

3）各项报验资料应符合 SL 632—2012 的要求。

（2）优良等级标准：

1）主控项目，检验结果应全部符合 SL 632—2012 的要求。

2）一般项目，逐项应有90％及以上的检验点合格，且不合格点不应集中分布。

3）各项报验资料应符合 SL 632—2012 的要求。

表 2.12 外部变形观测设施垂线安装单元工程施工质量验收评定表

单位工程名称				单元工程量				
分部工程名称				施工单位				
单元工程名称、部位				施工日期	年 月 日— 年 月 日			

项次			检验项目	质量要求	检查结果	合格数	合格率
正垂线安装	主控项目	1	垂线材质、规格、温度膨胀系数	符合设计要求；安装位置稳定，且调换方便			
		2	支点、固定夹线和活动夹线装置安装位置	符合设计要求			
		3	重锤及其阻尼箱规格	符合设计要求			
	一般项目	1	预留孔或预埋件位置	符合设计要求			
		2	防风管	安装牢固，中心位置和测线一致			
倒垂线安装	主控项目	1	倒垂线钻孔	孔位允许偏差±10cm；孔深允许偏差 0～20cm；钻孔倾斜度小于 0.1%；孔径（有效孔径）允许偏差 0～2cm			
		2	垂线材质、规格	符合设计要求			
		3	锚块	锚块高出水泥浆面约10cm；埋设位置使垂线处于保护管有效孔径中心，允许偏差±5mm			
		4	浮体组安装	浮子水平，连接杆垂直并在油桶中心，处于自由状态			
	一般项目	1	防风管和防风管中心位置	和测线一致，保证测线在管中有足够的位移范围			
		2	观测墩	与坝体牢固结合，基座面水平，其允许偏差不大于4'			
		3	孔口保护装置	符合设计要求			
		4	钻孔柱状图绘制	造孔过程中应连续取样，并对地层结构进行描述，并记录初见水位、终孔水位			

施工单位自评意见	主控项目检验点全部合格，一般项目逐项检验点的合格率均不小于_____%，且不合格点不集中分布，各项报验资料_____ SL 632—2012 的要求。 单元工程质量等级评定为：_____。 （签字，加盖公章）　　年 月 日
监理单位复核意见	经抽检并查验相关检验报告和检验资料，主控项目检验点全部合格，一般项目逐项检验点的合格率均不小于_____%，且不合格点不集中分布，各项报验资料_____ SL 632—2012 的要求。 单元工程质量等级评定为：_____。 （签字，加盖公章）　　年 月 日
注：本表所填"单元工程量"不作为施工单位工程量结算计量的依据。	

表2.13 外部变形观测设施引张线安装
单元工程施工质量验收评定表填表要求

填表时必须遵守"填表基本规定",并应符合下列要求:

1. 单元工程划分:宜以每一单支仪器或按照建筑物结构、监测仪器分类划分为一个单元工程。

2. 单元工程量填写本单元工程量(套)。

3. 各检验项目的检验方法及检验数量按表B-54的要求执行。

表B-54 外部变形观测设施引张线安装

检验项目	检验方法	检验数量
端点滑轮、线垂连接器、重锤、定位卡	对照图纸检查,现场调试	逐个
测点水箱、浮船(盒)、读数设备		
端点混凝土墩座	对照图纸检查,现场测量	
测点位置、保护箱	量测	
测线	查阅材料,检测报告	逐根
保护管	查阅施工记录,量测	全数

4. 单元工程施工质量验收评定应提交下列资料:

(1)施工单位应提交单元工程中所含工序(或检验项目)验收评定的检验资料,各项实体检验项目的检验记录资料。

(2)监理单位应提交对单元工程施工质量的平行检测资料。

5. 单元工程质量标准:

(1)合格等级标准:

1)主控项目,检验结果应全部符合SL 632—2012的要求。

2)一般项目,逐项应有70%及以上的检验点合格,且不合格点不应集中分布。

3)各项报验资料应符合SL 632—2012的要求。

(2)优良等级标准:

1)主控项目,检验结果应全部符合SL 632—2012的要求。

2)一般项目,逐项应有90%及以上的检验点合格,且不合格点不应集中分布。

3)各项报验资料应符合SL 632—2012的要求。

_____工程

表 2.13　外部变形观测设施引张线安装单元工程施工质量验收评定表

单位工程名称			单元工程量				
分部工程名称			施工单位				
单元工程名称、部位			施工日期	年　月　日— 　年　月　日			
项次		检验项目	质量要求	检查结果		合格数	合格率
主控项目	1	端点滑轮、线垂连接器、重锤、定位卡	符合设计要求；误差值不大于设计规定				
	2	测点水箱、浮船（盒）、读数设备	符合设计要求；误差值不大于设计规定				
一般项目	1	端点混凝土墩座	符合设计要求				
	2	测点位置、保护箱	符合设计要求				
	3	测线	规格符合设计要求，安装平顺				
	4	保护管	支架安装牢固，规格符合设计要求，测线位于保护管中心				
施工单位自评意见	主控项目检验点全部合格，一般项目逐项检验点的合格率均不小于_____％，且不合格点不集中分布，各项报验资料_____ SL 632—2012 的要求。 单元工程质量等级评定为：_____。 （签字，加盖公章）　　　年　月　日						
监理单位复核意见	经抽检并查验相关检验报告和检验资料，主控项目检验点全部合格，一般项目逐项检验点的合格率均不小于_____％，且不合格点不集中分布，各项报验资料_____ SL 632—2012 的要求。 单元工程质量等级评定为：_____。 （签字，加盖公章）　　　年　月　日						
注：本表所填"单元工程量"不作为施工单位工程量结算计量的依据。							

表2.14 外部变形观测设施视准线安装
单元工程施工质量验收评定表填表要求

填表时必须遵守"填表基本规定",并应符合下列要求:

1. 单元工程划分:宜以每一单支仪器或按照建筑物结构、监测仪器分类划分为一个单元工程。

2. 单元工程量填写本单元工程量(套)。

3. 各检验项目的检验方法及检验数量按表B-55的要求执行。

表B-55 外部变形观测设施视准线安装

检验项目	检验方法	检验数量
观测墩顶部强制对中底盘	量测	逐个
同段测点底盘中心		
视准线旁离障碍物		全数
观测墩	观测、测量、查看施工记录	逐个

4. 单元工程施工质量验收评定应提交下列资料:

(1) 施工单位应提交单元工程中所含工序(或检验项目)验收评定的检验资料,各项实体检验项目的检验记录资料。

(2) 监理单位应提交对单元工程施工质量的平行检测资料。

5. 单元工程质量标准:

(1) 合格等级标准:

1) 主控项目,检验结果应全部符合SL 632—2012的要求。

2) 一般项目,逐项应有70%及以上的检验点合格,且不合格点不应集中分布。

3) 各项报验资料应符合SL 632—2012的要求。

(2) 优良等级标准:

1) 主控项目,检验结果应全部符合SL 632—2012的要求。

2) 一般项目,逐项应有90%及以上的检验点合格,且不合格点不应集中分布。

3) 各项报验资料应符合SL 632—2012的要求。

表 2.14　外部变形观测设施视准线安装单元工程施工质量验收评定表

单位工程名称			单元工程量			
分部工程名称			施工单位			
单元工程名称、部位			施工日期	年　月　日—	年　月　日	

项次		检验项目	质量要求	检查结果	合格数	合格率
主控项目	1	观测墩顶部强制对中底盘	尺寸允许偏差 0.2mm。水平倾斜度允许偏差不大于 4′			
	2	同段测点底盘中心	在两端点底盘中心的连线上，允许偏差 20mm			
一般项目	1	视准线旁离障碍物	大于 1m			
	2	观测墩	埋设位置、外形尺寸以及钢筋混凝土标号等满足设计要求。观测墩在新鲜的岩石或稳定土层内			

施工单位自评意见	主控项目检验点全部合格，一般项目逐项检验点的合格率均不小于_____％，且不合格点不集中分布，各项报验资料_____ SL 632—2012 的要求。 单元工程质量等级评定为：_____。 （签字，加盖公章）　　　年　月　日
监理单位复核意见	经抽检并查验相关检验报告和检验资料，主控项目检验点全部合格，一般项目逐项检验点的合格率均不小于_____％，且不合格点不集中分布，各项报验资料_____ SL 632—2012 的要求。 单元工程质量等级评定为：_____。 （签字，加盖公章）　　　年　月　日

注：本表所填"单元工程量"不作为施工单位工程量结算计量的依据。

表2.15 外部变形观测设施激光准直安装
单元工程施工质量验收评定表填表要求

填表时必须遵守"填表基本规定",并应符合下列要求:

1. 单元工程划分:宜以每一单支仪器或按照建筑物结构、监测仪器分类划分为一个单元工程。

2. 单元工程量填写本单元工程量(套)。

3. 各检验项目的检验方法及检验数量按表B-56的要求执行。

表B-56   外部变形观测设施激光准直安装

检验项目			检验方法	检验数量
真空激光准直安装	真空管道内壁清理		观察	在安装前、后,以及正式投入运行前反复进行数次
	测点箱与法兰管的焊接	焊接质量	量测	每1测点箱和每段管道焊接处至少量测1次
		效果检查	检测,可采用充气、涂肥皂水观察法	每1测点箱和每段管道焊接完成后至少量测1次
	点光源的小孔光缆、激光探测仪和端点观测墩		检测	全数
	波带板与准直线		测量	全面
	观测墩的位置		观察	
	保护管的安装			
大气激光准直安装	点光源的小孔光缆、激光探测仪和端点观测墩		检测	全数
	波带板与准直线		量测	
	测点观测墩的位置		观察	全面
	保护管的安装			

4. 单元工程施工质量验收评定应提交下列资料:

(1)施工单位应提交单元工程中所含工序(或检验项目)验收评定的检验资料,各项实体检验项目的检验记录资料。

(2)监理单位应提交对单元工程施工质量的平行检测资料。

5. 单元工程质量标准:

(1)合格等级标准:

1)主控项目,检验结果应全部符合 SL 632—2012 的要求。

2)一般项目,逐项应有70%及以上的检验点合格,且不合格点不应集中分布。

3)各项报验资料应符合 SL 632—2012 的要求。

(2)优良等级标准:

1)主控项目,检验结果应全部符合 SL 632—2012 的要求。

2)一般项目,逐项应有90%及以上的检验点合格,且不合格点不应集中分布。

3)各项报验资料应符合 SL 632—2012 的要求。

表 2.15 **外部变形观测设施激光准直安装**
单元工程施工质量验收评定表

单位工程名称			单元工程量	
分部工程名称			施工单位	
单元工程名称、部位			施工日期	年 月 日— 年 月 日

项次		检验项目		质量要求	检查结果	合格数	合格率
真空激光准直安装	主控项目	1	真空管道内壁清理		清洁，无锈皮、杂物和灰尘			
		2	测点箱与法兰管的焊接	焊接质量	焊接质量短管内外两面焊。长管道的焊接，在两端打出高5mm的30°坡口，采用两层焊			
				效果检查	无漏孔			
		3	点光源的小孔光缆、激光探测仪和端点观测墩		结合牢固，两者位置稳定不变			
		4	波带板与准直线		波带板中心在准直线上，偏离值小于10mm，距点光源最近的几个测点偏离值小于3mm，波带板的板面垂直于基准线			
	一般项目	1	观测墩的位置		便于测点固定			
		2	保护管的安装		符合设计要求			
大气激光准直安装	主控项目	1	点光源的小孔光缆、激光探测仪和端点观测墩		结合牢固，两者位置稳定不变			
		2	波带板与准直线		波带板中心在准直线上，偏离值小于10mm，距点光源最近的几个测点偏离值小于3mm，波带板的板面垂直于基准线			
	一般项目	1	测点观测墩的位置		便于测点固定			
		2	保护管的安装		符合设计要求			

施工单位自评意见	主控项目检验点全部合格，一般项目逐项检验点的合格率均不小于_____%，且不合格点不集中分布，各项报验资料_____ SL 632—2012 的要求。 单元质量等级评定为：_____。 （签字，加盖公章）　　年 月 日
监理单位复核意见	经抽检并查验相关检验报告和检验资料，主控项目检验点全部合格，一般项目逐项检验点的合格率均不小于_____%，且不合格点不集中分布，各项报验资料_____ SL 632—2012 的要求。 单元质量等级评定为：_____。 （签字，加盖公章）　　年 月 日

注：本表所填"单元工程量"不作为施工单位工程量结算计量的依据。

3 地基处理与基础工程

地基处理与基础工程填表说明

1. 本章表格适用于大中型水利水电工程地基处理与基础工程的单元工程施工质量验收评定，小型水利水电工程可参照执行。

2. 单元工程以及单元工程中的孔（桩、槽），根据施工过程质量控制需要分为划分工序和不划分工序两种，其施工质量评定按照《水利水电工程单元工程施工质量验收评定标准——地基处理与基础工程》（SL 633—2012）相关章节规定执行。

3. 工序施工质量具备下列条件后进行验收评定：①工序中所有施工项目（或施工内容）已完成，现场具备验收条件；②工序中所包含的施工质量检验项目经施工单位自检全部合格。

4. 工序施工质量按下列程序进行验收评定：①施工单位首先对已经完成的工序施工质量按SL 633—2012进行自检，并做好检验记录；②自检合格后，填写工序施工质量验收评定表，质量责任人履行相应签认手续后，向监理单位申请复核；③监理单位收到申请后，应在4h内进行复核。

5. 监理复核工序施工质包括下列内容：①核查施工单位报验资料是否真实、齐全；②结合平行检测和跟踪检测结果等，复核工序施工质量检验项目是否符合SL 633—2012的要求；③在工序施工质量验收评定表中填写复核记录，并签署工序施工质量评定意见，核定工序施工质量等级，相关责任人履行相应签认手续。

6. 单元工程施工质量具备下列条件后验收评定：①单元工程所含工序（或所有施工项目）已完成，施工现场具备验收条件；②已完工序施工质量经验收评定全部合格，有关质量缺陷已处理完毕或有监理单位批准的处理意见。

7. 单元工程施工质量按下列程序进行验收评定：①施工单位首先对已经完成的单元工程施工质量进行自检，并填写检验记录；②自检合格后，填写单元工程施工质量验收评定表，向监理单位申请复核；③监理单位收到申报后，应在一个工作日内进行复核。

8. 监理复核单元工程施工质量包括下列内容：①核查施工单位报验资料是否真实、齐全；②对照施工图纸及施工技术要求，结合平行检测和跟踪检测结果等，复核单元工程质量是否达到SL 633—2012的要求；③检查已完单元工程遗留问题的处理情况，在单元工程施工质量验收评定表中填写复核记录，并签署单元工程施工质量评定意见，核定单元工程施工质量等级，相关责任人履行相应签认手续；④对验收中发现的问题提出处理意见。

9. 对进场使用的水泥、掺合料、外加剂等原材料质量应按有关规范要求进行全面检验，检验结果应满足相关产品标准。不同批次原材料在工程中的使用部位应有记录。

10. 单元工程效果（或实体质量）检查，应根据工程实际情况，由建设、监理、设计、施工单位共同研究检查方法，并提出具体指标要求。

11. 若单元孔数较多，超出表中预留孔数序号时，可附下列续表。

单孔及单元工程施工质量验收评定表（续表）

孔号	孔数序号	11	12	13	14	15	16	17	18	19	⋯
	钻孔编号										
工序质量评定结果	1										
	2										
	⋮										

孔号	孔数序号	11	12	13	14	15	16	17	18	19	…
	钻孔编号										
单孔质量验收评定	施工单位自评意见										
	监理单位评定意见										

12. 对重要隐蔽单元工程和关键部位单元工程的施工质量验收评定应有设计、建设等单位的代表签字，具体要求应满足《水利水电工程施工质量检验与评定规程》（SL 176）的规定。

表3.1　岩石地基帷幕灌浆单孔及单元工程
施工质量验收评定表填表要求

填表时必须遵守"填表基本规定",并应符合下列要求:

1. 本表适用于自上而下循环式灌浆和孔口封闭灌浆法,其他灌浆方法可参照执行。

2. 单元工程划分:宜以一个坝段(块)或相邻的 10～20 个孔划分为一个单元工程;对于 3 排以上帷幕,宜沿轴线相邻不超过 30 个孔划分为一个单元工程。

3. 单元工程量填写灌浆孔总长度(m)。

4. 灌浆工程的各类钻孔应分类统一编号(即钻孔编号),并编排本单元孔数的序号(即孔数序号)。灌浆工程且宜使用测记灌浆压力、注入率等施工参数的自动记录仪。

5. 灌浆单元工程施工质量验收评定,应在单孔施工质量验收评定合格的基础上进行,单孔施工质量验收评定应在工序施工质量验收评定合格的基础上进行。

6. 凡单孔分段灌浆,应分段进行检验,将整孔各段检验点累加,统一计算合格率,一次验收评定。凡检验数量为"逐段"的,合格率按段数计算。

7. 帷幕灌浆工程质量最终应以灌浆效果来衡量,灌浆效果检查主要采用检查孔压水试验和钻孔取岩芯的方法进行。检查孔的数量宜为灌浆总孔数的 10%,一个单元工程内至少布置 1 个检查孔。压水试验在该部位灌浆结束 14d 后进行。检查孔应采取岩芯,计算获得率并加以描述。

8. 单元工程单孔施工工序分为钻孔(包括冲洗和压水试验)和灌浆(包括封孔)2 个工序,其中灌浆工序为主要工序,用△标注。

9. 单元工程施工质量验收评定应提交下列资料:

(1)施工单位应提交单元工程中所含工序(或检验项目)验收评定的检验资料,各项实体检验项目的检验记录资料,施工中的见证取样检验及记录结果资料。

(2)监理单位应提交对单元工程施工质量的平行检测资料。

10. 岩石地基帷幕灌浆单孔施工质量验收评定标准:

(1)合格等级标准:工序施工质量验收评定全部合格。

(2)优良等级标准:工序施工质量验收评定全部合格,其中灌浆工序达到优良。

11. 岩石地基帷幕灌浆单元工程施工质量验收评定标准:

(1)合格等级标准:在单元工程帷幕灌浆效果检查符合设计和规范要求的前提下,灌浆孔 100%合格,优良率小于 70%;各项报验资料应符合 SL 633—2012 的要求。

(2)优良等级标准:在单元工程帷幕灌浆效果检查符合设计和规范要求的前提下,灌浆孔 100%合格,优良率不小于 70%;各项报验资料应符合 SL 633—2012 的要求。

表 3.1 **岩石地基帷幕灌浆单孔及单元工程**
施工质量验收评定表

单位工程名称						单元工程量					
分部工程名称						施工单位					
单元工程名称、部位						施工日期	年 月 日— 年 月 日				
孔号	孔数序号	1	2	3	4	5	6	7	8	9	10
	钻孔编号										
工序质量评定结果	1 钻孔（包括冲洗和压水试验）										
	2 △灌浆（包括封孔）										
单孔质量验收评定	施工单位自评意见										
	监理单位评定意见										

本单元工程内共有_____孔，其中优良_____孔，优良率_____%	
单元工程效果（或实体质量）检查	1
	2
	⋮

施工单位自评意见	单元工程效果（或实体质量）检查符合_____要求，_____孔 100％合格，其中优良孔占_____%，各项报验资料_____ SL 633—2012 的要求。 单元工程质量等级评定为：_____。 （签字，加盖公章）　　年　月　日
监理单位复核意见	经进行单元工程效果（或实体质量）检查符合_____要求，_____孔 100％合格，其中优良孔占_____%，各项报验资料_____ SL 633—2012 的要求。 单元工程质量等级评定为：_____。 （签字，加盖公章）　　年　月　日

注：本表所填"单元工程量"不作为施工单位工程量结算计量的依据。

表3.1.1　岩石地基帷幕灌浆单孔钻孔工序施工质量验收评定表填表要求

填表时必须遵守"填表基本规定"，并应符合下列要求：

1. 单位工程、分部工程、单元工程名称及部位填写应与表3.1相同。

2. 各检验项目的检验方法及检验数量按表C-1的要求执行。

表C-1　　　　　　　　　岩石地基帷幕灌浆单孔钻孔

检验项目	检验方法	检验数量
孔深	测绳或钢尺测钻杆、钻具	逐孔
孔底偏差	测斜仪量测	
孔序	现场查看	逐段
施工记录	查看	抽查
孔位偏差	钢尺量测	逐孔
终孔孔径	测量钻头直径	
冲洗	测绳量测孔深	逐段
裂隙冲洗和压水试验	目测和检查记录	

3. 工序施工质量验收评定应提交下列资料：

（1）施工单位各班（组）初检记录、施工队复检记录、施工单位专职质检员终检记录，工序中各施工质量检验项目的检验资料，施工中的见证取样检验及记录结果资料。

（2）监理单位对工序中施工质量检验项目的平行检测资料。

4. 工序质量标准：

（1）合格等级标准：

1）主控项目，检验结果应全部符合SL 633—2012的要求。

2）一般项目，应逐项有70%及以上的检验点合格，且不合格点不应集中分布，不合格点的质量不应超出有关规范或设计要求的限值。

3）各项报验资料应符合SL 633—2012的要求。

（2）优良等级标准：

1）主控项目，检验结果应全部符合SL 633—2012的要求。

2）一般项目，应逐项有90%及以上的检验点合格，且不合格点不应集中分布，不合格点的质量不应超出有关规范或设计要求的限值。

3）各项报验资料应符合SL 633—2012的要求。

表 3.1.1　岩石地基帷幕灌浆单孔钻孔工序施工质量验收评定表

单位工程名称				孔号及工序名称			
分部工程名称				施工单位			
单元工程名称、部位				施工日期	年 月 日— 年 月 日		
项次		检验项目	质量要求	检查记录		合格数	合格率
主控项目	1	孔深	不小于设计孔深				
	2	孔底偏差	符合设计要求				
	3	孔序	符合设计要求				
	4	施工记录	齐全、准确、清晰				
一般项目	1	孔位偏差	≤100mm				
	2	终孔孔径	≥ϕ46mm				
	3	冲洗	沉积厚度小于 200mm				
	4	裂隙冲洗和压水试验	符合设计要求				
施工单位自评意见	主控项目检验点全部合格，一般项目逐项检验点的合格率均不小于_____%，且不合格点不集中分布，不合格点的质量有关规范或设计要求的限值。各项报验资料_____ SL 633—2012 的要求。 　　工序质量等级评定为：_____。 （签字，加盖公章）　　　年　月　日						
监理单位复核意见	经复核，主控项目检验点全部合格，一般项目逐项检验点的合格率均不小于_____%，且不合格点不集中分布，不合格点的质量有关规范或设计要求的限值。各项报验资料_____ SL 633—2012 的要求。 　　工序质量等级评定为：_____。 （签字，加盖公章）　　　年　月　日						

表3.1.2 岩石地基帷幕灌浆单孔灌浆工序
施工质量验收评定表填表要求

填表时必须遵守"填表基本规定"，并应符合下列要求：

1. 单位工程、分部工程、单元工程名称及部位填写应与表3.1相同。

2. 各检验项目的检验方法及检验数量按表C-2的要求执行：

表C-2   岩石地基帷幕灌浆单孔灌浆

检验项目	检验方法	检验数量
压力	压力表或记录仪检测	逐段
浆液及变换	比重秤、记录仪等检测	
结束标准	体积法或记录仪检测	
施工记录	查看	抽查
灌浆段位置及段长	测绳或钢尺测钻杆、钻具	抽检
灌浆管口距灌浆段底距离（仅用于循环式灌浆）	钻杆、钻具、灌浆管量测或钢尺、测绳量测	逐段
特殊情况处理	现场查看、记录检查	逐项
抬动观测值	千分表等量测	逐段
封孔	现场查看或探测	逐孔

3. 工序施工质量验收评定应提交下列资料：

（1）施工单位各班（组）初检记录、施工队复检记录、施工单位专职质检员终检记录，工序中各施工质量检验项目的检验资料，施工中的见证取样检验及记录结果资料。

（2）监理单位对工序中施工质量检验项目的平行检测资料。

4. 工序质量标准：

（1）合格等级标准：

1）主控项目，检验结果应全部符合SL 633—2012的要求。

2）一般项目，应逐项有70%及以上的检验点合格，且不合格点不应集中分布，不合格点的质量不应超出有关规范或设计要求的限值。

3）各项报验资料应符合SL 633—2012的要求。

（2）优良等级标准：

1）主控项目，检验结果应全部符合SL 633—2012的要求。

2）一般项目，应逐项有90%及以上的检验点合格，且不合格点不应集中分布，不合格点的质量不应超出有关规范或设计要求的限值。

3）各项报验资料应符合SL 633—2012的要求。

表 3.1.2　岩石地基帷幕灌浆单孔灌浆工序施工质量验收评定表

单位工程名称			孔号及工序名称		
分部工程名称			施工单位		
单元工程名称、部位			施工日期	年　月　日—	年　月　日

项次		检验项目	质量要求	检查记录	合格数	合格率
主控项目	1	压力	符合设计要求			
	2	浆液及变换	符合设计要求			
	3	结束标准	符合设计要求			
	4	施工记录	齐全、准确、清晰			
一般项目	1	灌浆段位置及段长	符合设计要求			
	2	灌浆管口距灌浆段底距离（仅用于循环式灌浆）	≤0.5m			
	3	特殊情况处理	处理后不影响质量			
	4	抬动观测值	符合设计要求			
	5	封孔	符合设计要求			

施工单位自评意见	主控项目检验点全部合格，一般项目逐项检验点的合格率均不小于_____%，且不合格点不集中分布，不合格点的质量_____有关规范或设计要求的限值，各项报验资料_____ SL 633—2012 的要求。 工序质量等级评定为：_____。 （签字，加盖公章）　　　　年　月　日
监理单位复核意见	经复核，主控项目检验点全部合格，一般项目逐项检验点的合格率均不小于_____%，且不合格点不集中分布，不合格点的质量_____有关规范或设计要求的限值，各项报验资料_____ SL 633—2012 的要求。 工序质量等级评定为：_____。 （签字，加盖公章）　　　　年　月　日

表3.2 岩石地基固结灌浆单孔及单元工程
施工质量验收评定表填表要求

填表时必须遵守"填表基本规定",并应符合下列要求:

1. 本表适用于全孔一次灌浆,分段灌浆可按表3.1执行。

2. 单元工程划分:宜以混凝土浇筑块(段)划分,或以施工分区划分为一个单元工程。

3. 单元工程量填写灌浆孔总长度(m)。

4. 灌浆工程的各类钻孔应分类统一编号(即钻孔编号),并编排本单元孔数的序号(即孔数序号)。灌浆工程且宜使用测记灌浆压力、注入率等施工参数的自动记录仪。

5. 灌浆工程单元工程施工质量验收评定,应在单孔施工质量验收评定合格的基础上进行,单孔施工质量验收评定应在工序施工质量验收评定合格的基础上进行,工序质量验收评定结果以监理工程师复核的工序质量评定结果为准。

6. 固结灌浆工程质量最终应以灌浆效果来衡量,灌浆效果检查主要采用波速测试或检查孔压水试验等方法进行。测量岩体波速或静弹性模量,分别在灌浆结束14d、28d后进行,岩体波速或静弹性模量应符合设计要求。压水试验:检查孔数量不少于灌浆总孔数5%,压水试验在灌浆结束3~7d后进行,检查孔合格率不小于80%,不合格孔段透水率值不大于$1.5q_设$为合格。

7. 单元工程单孔施工工序分为钻孔(包括冲洗)和灌浆(包括封孔)2个工序,其中灌浆(包括封孔)工序为主要工序,用△标注。

8. 单元工程施工质量验收评定应提交下列资料:

(1) 施工单位应提交单元工程中所含工序(或检验项目)验收评定的检验资料,各项实体检验项目的检验记录资料,施工中的见证取样检验及记录结果资料。

(2) 监理单位应提交对单元工程施工质量的平行检测资料。

9. 岩石地基固结灌浆单孔施工质量验收评定标准:

(1) 合格等级标准:工序施工质量验收评定全部合格。

(2) 优良等级标准:工序施工质量验收评定全部合格,其中灌浆工序达到优良。

10. 岩石地基帷幕灌浆单元工程施工质量验收评定标准:

(1) 合格等级标准:在单元工程固结灌浆效果检查符合设计和规范要求的前提下,灌浆孔100%合格,优良率小于70%;各项报验资料应符合SL 633—2012的要求。

(2) 优良等级标准:在单元工程固结灌浆效果检查符合设计和规范要求的前提下,灌浆孔100%合格,优良率不小于70%;各项报验资料应符合SL 633—2012的要求。

_____工程

表 3.2　　　　　**岩石地基固结灌浆单孔及单元工程**
施工质量验收评定表

单位工程名称							单元工程量			
分部工程名称							施工单位			
单元工程名称、部位							施工日期	年 月 日— 年 月 日		

孔号		孔数序号	1	2	3	4	5	6	7	8	9	10
		钻孔编号										
工序评定结果	1	钻孔（包括冲洗）										
	2	△灌浆（包括封孔）										
单孔质量验收评定	施工单位自评意见											
	监理单位评定意见											

本单元工程内共有_____孔，其中优良_____孔，优良率_____%

单元工程效果（或实体质量）检查	1	
	2	
	⋮	

施工单位自评意见	单元工程效果（或实体质量）检查符合_____要求，_____孔 100％合格，其中优良孔占_____%，各项报验资料_____ SL 633—2012 的要求。 单元工程质量等级评定为：_____。 　　　　　　　　　　　　　　　　　　（签字，加盖公章）　　　　年　月　日
监理单位复核意见	经进行单元工程效果（或实体质量）检查符合_____要求，_____孔 100％合格，其中优良孔占_____%，各项报验资料_____ SL 633—2012 的要求。 单元工程质量等级评定为：_____。 　　　　　　　　　　　　　　　　　　（签字，加盖公章）　　　　年　月　日

注：本表所填"单元工程量"不作为施工单位工程量结算计量的依据。

286

表3.2.1 岩石地基固结灌浆单孔钻孔工序施工质量验收评定表填表要求

填表时必须遵守"填表基本规定",并应符合下列要求:

1. 单位工程、分部工程、单元工程名称及部位填写应与表3.2相同。

2. 各检验项目的检验方法及检验数量按表C-3的要求执行。

表C-3　　　　　　　　　　　岩石地基固结灌浆单孔钻孔

检验项目	检验方法	检验数量
孔深	测绳或钢尺测钻杆、钻具	逐孔
孔序	现场查看	
施工记录	查看	抽查
终孔孔径	卡尺或钢尺测量钻头	逐孔
孔位偏差	现场钢尺量测	
钻孔冲洗	测绳量测	
裂隙冲洗和压水试验	目测或计时	

3. 工序施工质量验收评定应提交下列资料:

(1) 施工单位各班(组)初检记录、施工队复检记录、施工单位专职质检员终检记录,工序中各施工质量检验项目的检验资料,施工中的见证取样检验及记录结果资料。

(2) 监理单位对工序中施工质量检验项目的平行检测资料。

4. 工序质量标准:

(1) 合格等级标准:

1) 主控项目,检验结果应全部符合 SL 633—2012 的要求。

2) 一般项目,应逐项有70%及以上的检验点合格,且不合格点不应集中分布,不合格点的质量不应超出有关规范或设计要求的限值。

3) 各项报验资料应符合 SL 633—2012 的要求。

(2) 优良等级标准:

1) 主控项目,检验结果应全部符合 SL 633—2012 的要求。

2) 一般项目,应逐项有90%及以上的检验点合格,且不合格点不应集中分布,不合格点的质量不应超出有关规范或设计要求的限值。

3) 各项报验资料应符合 SL 633—2012 的要求。

表 3.2.1　岩石地基固结灌浆单孔钻孔工序施工质量验收评定表

单位工程名称			孔号及工序名称				
分部工程名称			施工单位				
单元工程名称、部位			施工日期	年　月　日—		年　月　日	
项次		检验项目	质量要求	检查记录		合格数	合格率
主控项目	1	孔深	不小于设计孔深				
	2	孔序	符合设计要求				
	3	施工记录	齐全、准确、清晰				
一般项目	1	终孔孔径	符合设计要求				
	2	孔位偏差	符合设计要求				
	3	钻孔冲洗	沉积厚度小于 200mm				
	4	裂隙冲洗和压水试验	回水变清或符合设计要求				
施工单位自评意见	主控项目检验点全部合格，一般项目逐项检验点的合格率均不小于_____%，且不合格点不集中分布，不合格点的质量_____有关规范或设计要求的限值，各项报验资料_____ SL 633—2012 的要求。 工序质量等级评定为：_____。 （签字，加盖公章）　　　年　月　日						
监理单位复核意见	经复核，主控项目检验点全部合格，一般项目逐项检验点的合格率均不小于_____%，且不合格点不集中分布，不合格点的质量_____有关规范或设计要求的限值，各项报验资料_____ SL 633—2012 的要求。 工序质量等级评定为：_____。 （签字，加盖公章）　　　年　月　日						

表3.2.2 岩石地基固结灌浆单孔灌浆工序 施工质量验收评定表填表要求

填表时必须遵守"填表基本规定",并应符合下列要求:

1. 单位工程、分部工程、单元工程名称及部位填写应与表3.2相同。

2. 各检验项目的检验方法及检验数量按表 C-4 的要求执行。

表 C-4 岩石地基固结灌浆单孔灌浆

检验项目	检验方法	检验数量
压力	记录仪或压力表检测	逐孔
浆液及变换	比重秤或重量配比等检测	
结束标准	体积法或记录仪检测	
抬动观测值	千分表等量测	
施工记录	查看	抽查
特殊情况处理	现场查看、记录检查分析	逐项
封孔	现场查看	逐孔

3. 工序施工质量验收评定应提交下列资料:

(1)施工单位各班(组)初检记录、施工队复检记录、施工单位专职质检员终检记录,工序中各施工质量检验项目的检验资料,施工中的见证取样检验及记录结果资料。

(2)监理单位对工序中施工质量检验项目的平行检测资料。

4. 工序质量标准:

(1)合格等级标准:

1)主控项目,检验结果应全部符合 SL 633—2012 的要求。

2)一般项目,应逐项有 70% 及以上的检验点合格,且不合格点不应集中分布,不合格点的质量不应超出有关规范或设计要求的限值。

3)各项报验资料应符合 SL 633—2012 的要求。

(2)优良等级标准:

1)主控项目,检验结果应全部符合 SL 633—2012 的要求。

2)一般项目,应逐项有 90% 及以上的检验点合格,且不合格点不应集中分布,不合格点的质量不应超出有关规范或设计要求的限值。

3)各项报验资料应符合 SL 633—2012 的要求。

表 3.2.2 岩石地基固结灌浆单孔灌浆工序施工质量验收评定表

单位工程名称			孔号及工序名称		
分部工程名称			施工单位		
单元工程名称、部位			施工日期	年 月 日— 年 月 日	

项次		检验项目	质量要求	检查记录	合格数	合格率
主控项目	1	压力	符合设计要求			
	2	浆液及变换	符合设计要求			
	3	结束标准	符合设计要求			
	4	抬动观测值	符合设计要求			
	5	施工记录	齐全、准确、清晰			
一般项目	1	特殊情况处理	处理后符合设计要求			
	2	封孔	符合设计要求			

施工单位自评意见	主控项目检验点全部合格,一般项目逐项检验点的合格率均不小于_____%,且不合格点不集中分布,不合格点的质量_____有关规范或设计要求的限值,各项报验资料_____ SL 633—2012 的要求。 工序质量等级评定为:_____。 (签字,加盖公章) 年 月 日
监理单位复核意见	经复核,主控项目检验点全部合格,一般项目逐项检验点的合格率均不小于_____%,且不合格点不集中分布,不合格点的质量_____有关规范或设计要求的限值,各项报验资料_____ SL 633—2012 的要求。 工序质量等级评定为:_____。 (签字,加盖公章) 年 月 日

注:本质量标准适用于全孔一次灌浆,分段灌浆可按表 3.1.2 执行。

表3.3　覆盖层循环钻灌法地基灌浆单孔及单元工程施工质量验收评定表填表要求

填表时必须遵守"填表基本规定"，并应符合下列要求：

1. 本表适用于采用循环钻灌法在砂、砾（卵）石等覆盖层地基中的灌浆工程。

2. 单元工程划分：宜以一个坝段（块）或相邻的20～30个灌浆孔划分为一个单元工程。

3. 单元工程量填写灌浆孔总长度（m）。

4. 灌浆工程的各类钻孔应分类统一编号（即钻孔编号），并编排本单元孔数的序号（即孔数序号）。灌浆工程且宜使用测记灌浆压力、注入率等施工参数的自动记录仪。

5. 灌浆工程单元工程施工质量验收评定，应在单孔施工质量验收评定合格的基础上进行，单孔施工质量验收评定应在工序施工质量验收评定合格的基础上进行，工序质量验收评定结果以监理工程师复核的工序质量评定结果为准。

6. 凡单孔分段灌浆，应分段进行检验，将整孔各段检验点累加，统一计算合格率，一次验收评定。凡检验数量为"逐段"的，合格率按段数计算。

7. 灌浆工程质量最终应以灌浆效果来衡量，灌浆效果检查主要采用检查孔压（注）水试验等方法进行。

8. 单元工程单孔施工工序分为钻孔（包括冲洗）和灌浆（包括灌浆准备、封孔）2个工序，其中灌浆（包括灌浆准备、封孔）工序为主要工序，用△标注。

9. 单元工程施工质量验收评定应提交下列资料：

（1）施工单位应提交单元工程中所含工序（或检验项目）验收评定的检验资料，各项实体检验项目的检验记录资料，施工中的见证取样检验及记录结果资料。

（2）监理单位应提交对单元工程施工质量的平行检测资料。

10. 覆盖层地基灌浆单孔施工质量验收评定标准：

（1）合格等级标准：工序施工质量验收评定全部合格。

（2）优良等级标准：工序施工质量验收评定全部合格，其中灌浆工序达到优良。

11. 覆盖层地基灌浆单元工程施工质量验收评定标准：

（1）合格等级标准：在单元工程灌浆效果检查符合设计要求的前提下，灌浆孔100%合格，优良率小于70%；各项报验资料应符合SL 633—2012的要求。

（2）优良等级标准：在单元工程灌浆效果检查符合设计要求的前提下，灌浆孔100%合格，优良率不小于70%；各项报验资料应符合SL 633—2012的要求。

表 3.3 覆盖层循环钻灌法地基灌浆单孔及单元工程
施工质量验收评定表

单位工程名称						单元工程量				
分部工程名称						施工单位				
单元工程名称、部位						施工日期	年 月 日— 年 月 日			

孔号	孔数序号		1	2	3	4	5	6	7	8	9	10
	钻孔编号											
工序评定结果	1	钻孔（包括冲洗）										
	2	△灌浆（包括灌浆准备、封孔）										
单孔质量验收评定	施工单位自评意见											
	监理单位评定意见											

本单元工程内共有_____孔，其中优良_____孔，优良率_____%

单元工程效果（或实体质量）检查	1	
	2	
	⋮	

施工单位自评意见	单元工程效果（或实体质量）检查符合_____要求，_____孔100%合格，其中优良孔占_____%，各项报验资料_____ SL 633—2012 的要求。 单元工程质量等级评定为：_____。 （签字，加盖公章）　　年　月　日
监理单位复核意见	经进行单元工程效果（或实体质量）检查符合_____要求，_____孔100%合格，其中优良孔占_____%，各项报验资料_____ SL 633—2012 的要求。 单元工程质量等级评定为：_____。 （签字，加盖公章）　　年　月　日

注：本表所填"单元工程量"不作为施工单位工程量结算计量的依据。

292

表3.3.1 覆盖层循环钻灌法地基灌浆单孔钻孔工序施工质量验收评定表填表要求

填表时必须遵守"填表基本规定",并应符合下列要求:

1. 单位工程、分部工程、单元工程名称及部位填写应与表 3.3 相同。

2. 各检验项目的检验方法及检验数量按表 C-5 的要求执行。

表 C-5　　　　　　　　覆盖层循环钻灌法地基灌浆单孔钻孔

检验项目	检验方法	检验数量
孔序	现场查看	逐孔
孔底偏差	测斜仪量测	
孔深	测绳或钢尺测钻杆、钻具	
施工记录	查看	抽查
孔位偏差	钢尺量测	逐孔
终孔孔径	测量钻头直径	
护壁泥浆密度、黏度、含砂量、失水量	比重秤、漏斗、含砂量测量仪、失水量仪量测	逐段或定时

3. 护壁泥浆的质量检验数量,可根据工程地质条件及施工过程中泥浆质量变化规律,确定是否可以采用定时检验。

4. 工序施工质量验收评定应提交下列资料:

(1) 施工单位各班(组)初检记录、施工队复检记录、施工单位专职质检员终检记录,工序中各施工质量检验项目的检验资料,施工中的见证取样检验及记录结果资料。

(2) 监理单位对工序中施工质量检验项目的平行检测资料。

5. 工序质量标准:

(1) 合格等级标准:

1) 主控项目,检验结果应全部符合 SL 633—2012 的要求。

2) 一般项目,应逐项有 70% 及以上的检验点合格,且不合格点不应集中分布,不合格点的质量不应超出有关规范或设计要求的限值。

3) 各项报验资料应符合 SL 633—2012 的要求。

(2) 优良等级标准:

1) 主控项目,检验结果应全部符合 SL 633—2012 的要求。

2) 一般项目,应逐项有 90% 及以上的检验点合格,且不合格点不应集中分布,不合格点的质量不应超出有关规范或设计要求的限值。

3) 各项报验资料应符合 SL 633—2012 的要求。

表 3.3.1　覆盖层循环钻灌法地基灌浆单孔钻孔工序
施工质量验收评定表

单位工程名称				孔号及工序名称			
分部工程名称				施工单位			
单元工程名称、部位				施工日期	年　月　日— 年　月　日		

项次		检验项目	质量要求	检查记录	合格数	合格率
主控项目	1	孔序	符合设计要求			
	2	孔底偏差	符合设计要求			
	3	孔深	不小于设计孔深			
	4	施工记录	齐全、准确、清晰			
一般项目	1	孔位偏差	≤100mm			
	2	终孔孔径	符合设计要求			
	3	护壁泥浆密度、黏度、含砂量、失水量	符合设计要求			

施工单位自评意见	主控项目检验点全部合格，一般项目逐项检验点的合格率均不小于＿＿＿＿％，且不合格点不集中分布，不合格点的质量＿＿＿＿有关规范或设计要求的限值，各项报验资料＿＿＿＿ SL 633—2012 的要求。 　　工序质量等级评定为：＿＿＿＿。 　　　　　　　　　　　　　　　　　　（签字，加盖公章）　　年　月　日
监理单位复核意见	经复核，主控项目检验点全部合格，一般项目逐项检验点的合格率均不小于＿＿＿＿％，且不合格点不集中分布，不合格点的质量＿＿＿＿有关规范或设计要求的限值，各项报验资料＿＿＿＿ SL 633—2012 的要求。 　　工序质量等级评定为：＿＿＿＿。 　　　　　　　　　　　　　　　　　　（签字，加盖公章）　　年　月　日

表3.3.2 覆盖层循环钻灌法地基灌浆单孔灌浆工序施工质量验收评定表填表要求

填表时必须遵守"填表基本规定",并应符合下列要求:

1. 单位工程、分部工程、单元工程名称及部位填写应与表3.3相同。

2. 各检验项目的检验方法及检验数量按表C-6的要求执行。

表C-6   覆盖层循环钻灌法地基灌浆单孔灌浆

检验项目	检验方法	检验数量
灌浆压力	压力表、记录仪检测	逐段
灌浆结束标准	体积法或记录仪检测	
施工记录	查看	抽查
灌浆段位置及段长	测绳或钻杆、钻具量测	逐段
灌浆管口距灌浆段底距离	钻杆、钻具量测	
灌浆浆液及变换	比重秤或记录仪检测	
灌浆特殊情况处理	现场查看、记录检查	逐项
灌浆封孔	现场查看或探测	逐孔

3. 工序施工质量验收评定应提交下列资料:

(1) 施工单位各班(组)初检记录、施工队复检记录、施工单位专职质检员终检记录,工序中各施工质量检验项目的检验资料,施工中的见证取样检验及记录结果资料。

(2) 监理单位对工序中施工质量检验项目的平行检测资料。

4. 工序质量标准:

(1) 合格等级标准:

1) 主控项目,检验结果应全部符合 SL 633—2012 的要求。

2) 一般项目,应逐项有70%及以上的检验点合格,且不合格点不应集中分布,不合格点的质量不应超出有关规范或设计要求的限值。

3) 各项报验资料应符合 SL 633—2012 的要求。

(2) 优良等级标准:

1) 主控项目,检验结果应全部符合 SL 633—2012 的要求。

2) 一般项目,应逐项有90%及以上的检验点合格,且不合格点不应集中分布,不合格点的质量不应超出有关规范或设计要求的限值。

3) 各项报验资料应符合 SL 633—2012 的要求。

表 3.3.2   覆盖层循环钻灌法地基灌浆单孔灌浆工序施工质量验收评定表

单位工程名称				孔号及工序名称			
分部工程名称				施工单位			
单元工程名称、部位				施工日期	年 月 日— 年 月 日		

项次		检验项目	质量要求	检查记录	合格数	合格率
主控项目	1	灌浆压力	符合设计要求			
	2	灌浆结束标准	符合设计要求			
	3	施工记录	齐全、准确、清晰			
一般项目	1	灌浆段位置及段长	符合设计要求			
	2	灌浆管口距灌浆段底距离	符合设计要求			
	3	灌浆浆液及变换	符合设计要求			
	4	灌浆特殊情况处理	处理后符合设计要求			
	5	灌浆封孔	符合设计要求			

施工单位自评意见	主控项目检验点全部合格，一般项目逐项检验点的合格率均不小于_____％，且不合格点不集中分布，不合格点的质量_____有关规范或设计要求的限值，各项报验资料_____ SL 633—2012 的要求。 工序质量等级评定为：_____。 （签字，加盖公章）　　　年　月　日
监理单位复核意见	经复核，主控项目检验点全部合格，一般项目逐项检验点的合格率均不小于_____％，且不合格点不集中分布，不合格点的质量_____有关规范或设计要求的限值，各项报验资料_____ SL 633—2012 的要求。 工序质量等级评定为：_____。 （签字，加盖公章）　　　年　月　日

表3.4 覆盖层预埋花管法地基灌浆单孔及单元工程施工质量验收评定表填表要求

填表时必须遵守"填表基本规定",并应符合下列要求:

1. 本表适用于采用预埋花管法在砂、砾(卵)石等覆盖层地基中的灌浆工程。

2. 单元工程划分:宜以一个坝段(块)或相邻的20~30个灌浆孔划分为一个单元工程。

3. 单元工程量填写灌浆孔总长度(m)。

4. 灌浆工程的各类钻孔应分类统一编号(即钻孔编号),并编排本单元孔数的序号(即孔数序号)。灌浆工程且宜使用测记灌浆压力、注入率等施工参数的自动记录仪。

5. 灌浆工程单元工程施工质量验收评定,应在单孔施工质量验收评定合格的基础上进行,单孔施工质量验收评定应在工序施工质量验收评定合格的基础上进行,工序质量验收评定结果以监理工程师复核的工序质量评定结果为准。

6. 凡单孔分段灌浆,应分段进行检验,将整孔各段检验点累加,统一计算合格率,一次验收评定。凡检验数量为"逐段"的,合格率按段数计算。

7. 灌浆工程质量最终应以灌浆效果来衡量,灌浆效果检查主要采用检查孔压(注)水试验等方法进行。

8. 单元工程单孔施工工序分为钻孔(包括清孔)、花管下设(包括花管加工、花管下设及填料)和灌浆(包括注入填料、冲洗钻孔、封孔)3个工序,其中灌浆(包括注入填料、冲洗钻孔、封孔)工序为主要工序,用△标注。

9. 单元工程施工质量验收评定应提交下列资料:

(1)施工单位应提交单元工程中所含工序(或检验项目)验收评定的检验资料,各项实体检验项目的检验记录资料,施工中的见证取样检验及记录结果资料。

(2)监理单位应提交对单元工程施工质量的平行检测资料。

10. 覆盖层地基灌浆单孔施工质量验收评定标准:

(1)合格等级标准:工序施工质量验收评定全部合格。

(2)优良等级标准:工序施工质量验收评定全部合格,其中灌浆工序达到优良。

11. 覆盖层地基灌浆单元工程施工质量验收评定标准:

(1)合格等级标准:在单元工程灌浆效果检查符合设计要求的前提下,灌浆孔100%合格,优良率小于70%;各项报验资料应符合 SL 633—2012 的要求。

(2)优良等级标准:在单元工程灌浆效果检查符合设计要求的前提下,灌浆孔100%合格,优良率不小于70%;各项报验资料应符合 SL 633—2012 的要求。

_____工程

表 3.4 覆盖层预埋花管法地基灌浆单孔及
单元工程施工质量验收评定表

单位工程名称							单元工程量				
分部工程名称							施工单位				
单元工程名称、部位							施工日期	年 月 日— 年 月 日			
孔号	孔数序号	1	2	3	4	5	6	7	8	9	10
	钻孔编号										
工序评定结果	1 钻孔（包括清孔）										
	2 花管下设（包括花管加工、花管下设及填料）										
	3 △灌浆（包括注入填料、冲洗钻孔、封孔）										
单孔质量验收评定	施工单位自评意见										
	监理单位评定意见										

本单元工程内共有_____孔，其中优良_____孔，优良率_____%

单元工程效果（或实体质量）检查	1	
	2	
	⋮	

施工单位自评意见

单元工程效果（或实体质量）检查符合_____要求，_____孔 100%合格，其中优良孔占_____%，各项报验资料_____SL 633—2012 的要求。

单元工程质量等级评定为：_____。

（签字，加盖公章）　　　年　月　日

监理单位复核意见

经进行单元工程效果（或实体质量）检查，符合_____要求，_____孔 100%合格，其中优良孔占_____%，各项报验资料_____SL 633—2012 的要求。

单元工程质量等级评定为：_____。

（签字，加盖公章）　　　年　月　日

注：本表所填"单元工程量"不作为施工单位工程量结算计量的依据。

298

表3.4.1 覆盖层预埋花管法地基灌浆单孔钻孔工序施工质量验收评定表填表要求

填表时必须遵守"填表基本规定",并应符合下列要求:

1. 单位工程、分部工程、单元工程名称及部位填写应与表3.4相同。

2. 各检验项目的检验方法及检验数量按表C-7的要求执行。

表C-7　　　　　　　　覆盖层预埋花管法地基灌浆单孔钻孔

检验项目	检验方法	检验数量
孔序	现场查看	逐孔
孔深	测绳或钢尺测钻杆、钻具	
孔底偏差	测斜仪量测	
施工记录	查看	抽查
孔位偏差	钢尺量测	逐孔
终孔孔径	测量钻头直径	
护壁泥浆密度	比重秤检测	逐段或定时
洗孔	量测孔内泥浆黏度和孔深	逐孔

3. 护壁泥浆的质量检验数量,可根据工程地质条件及施工过程中泥浆质量变化规律,确定是否可以采用定时检验。

4. 工序施工质量验收评定应提交下列资料:

(1) 施工单位各班(组)初检记录、施工队复检记录、施工单位专职质检员终检记录,工序中各施工质量检验项目的检验资料,施工中的见证取样检验及记录结果资料。

(2) 监理单位对工序中施工质量检验项目的平行检测资料。

5. 工序质量标准:

(1) 合格等级标准:

1) 主控项目,检验结果应全部符合 SL 633—2012 的要求。

2) 一般项目,应逐项有70%及以上的检验点合格,且不合格点不应集中分布,不合格点的质量不应超出有关规范或设计要求的限值。

3) 各项报验资料应符合 SL 633—2012 的要求。

(2) 优良等级标准:

1) 主控项目,检验结果应全部符合 SL 633—2012 的要求。

2) 一般项目,应逐项有90%及以上的检验点合格,且不合格点不应集中分布,不合格点的质量不应超出有关规范或设计要求的限值。

3) 各项报验资料应符合 SL 633—2012 的要求。

表 3.4.1 覆盖层预埋花管法地基灌浆单孔钻孔工序
施工质量验收评定表

单位工程名称		孔号及工序名称	
分部工程名称		施工单位	
单元工程名称、部位		施工日期	年 月 日— 年 月 日

项次		检验项目	质量要求	检查记录	合格数	合格率
主控项目	1	孔序	符合设计要求			
	2	孔深	不小于设计孔深			
	3	孔底偏差	符合设计要求			
	4	施工记录	齐全、准确、清晰			
一般项目	1	孔位偏差	不大于孔排距的 3%～5%			
	2	终孔孔径	≥110mm			
	3	护壁泥浆密度	符合设计要求			
	4	洗孔	孔内泥浆黏度 20～22s，沉积厚度小于 200mm			

施工单位自评意见	主控项目检验点全部合格，一般项目逐项检验点的合格率均不小于_____%，且不合格点不集中分布，不合格点的质量_____有关规范或设计要求的限值，各项报验资料_____ SL 633—2012 的要求。 工序质量等级评定为：_____。 （签字，加盖公章）　　　年 月 日
监理单位复核意见	经复核，主控项目检验点全部合格，一般项目逐项检验点的合格率均不小于_____%，且不合格点不集中分布，不合格点的质量_____有关规范或设计要求的限值，各项报验资料_____ SL 633—2012 的要求。 工序质量等级评定为：_____。 （签字，加盖公章）　　　年 月 日

表3.4.2 覆盖层预埋花管法地基灌浆单孔花管下设工序施工质量验收评定表填表要求

填表时必须遵守"填表基本规定",并应符合下列要求:

1. 单位工程、分部工程、单元工程名称及部位填写应与表3.4相同。

2. 各检验项目的检验方法及检验数量按表C-8的要求执行。

表C-8 覆盖层预埋花管法地基灌浆单孔花管下设

检验项目	检验方法	检验数量
花管下设	钢尺量测、现场查看	逐孔
施工记录	查看	抽查
花管加工	钢尺量测、现场查看	逐孔
周边填料	检查配合比	

3. 工序施工质量验收评定应提交下列资料:

(1) 施工单位各班(组)初检记录、施工队复检记录、施工单位专职质检员终检记录,工序中各施工质量检验项目的检验资料,施工中的见证取样检验及记录结果资料。

(2) 监理单位对工序中施工质量检验项目的平行检测资料。

4. 工序质量标准:

(1) 合格等级标准:

1) 主控项目,检验结果应全部符合SL 633—2012的要求。

2) 一般项目,应逐项有70%及以上的检验点合格,且不合格点不应集中分布,不合格点的质量不应超出有关规范或设计要求的限值。

3) 各项报验资料应符合SL 633—2012的要求。

(2) 优良等级标准:

1) 主控项目,检验结果应全部符合SL 633—2012的要求。

2) 一般项目,应逐项有90%及以上的检验点合格,且不合格点不应集中分布,不合格点的质量不应超出有关规范或设计要求的限值。

3) 各项报验资料应符合SL 633—2012的要求。

表 3.4.2　覆盖层预埋花管法地基灌浆单孔花管下设工序
施工质量验收评定表

单位工程名称			孔号及工序名称			
分部工程名称			施工单位			
单元工程名称、部位			施工日期	年　月　日— 年　月　日		

项次		检验项目	质量要求	检查记录	合格数	合格率
主控项目	1	花管下设	符合设计要求			
	2	施工记录	齐全、准确、清晰			
一般项目	1	花管加工	符合设计要求			
	2	周边填料	符合设计要求			
施工单位自评意见	主控项目检验点全部合格，一般项目逐项检验点的合格率均不小于_____%，且不合格点不集中分布，不合格点的质量_____有关规范或设计要求的限值，各项报验资料_____ SL 633—2012 的要求。 　　工序质量等级评定为：_____。 （签字，加盖公章）　　　年　月　日					
监理单位复核意见	经复核，主控项目检验点全部合格，一般项目逐项检验点的合格率均不小于_____%，且不合格点不集中分布，不合格点的质量_____有关规范或设计要求的限值，各项报验资料_____ SL 633—2012 的要求。 　　工序质量等级评定为：_____。 （签字，加盖公章）　　　年　月　日					

表3.4.3 覆盖层预埋花管法地基灌浆单孔灌浆工序施工质量验收评定表填表要求

填表时必须遵守"填表基本规定"，并应符合下列要求：

1. 单位工程、分部工程、单元工程名称及部位填写应与表3.4相同。

2. 各检验项目的检验方法及检验数量按表C-9的要求执行。

表C-9 覆盖层预埋花管法地基灌浆单孔灌浆

检验项目	检验方法	检验数量
开环	压力表、比重秤、计时表或记录仪检测	逐段
灌浆压力	记录仪、压力表检测	
灌浆结束标准	体积法或记录仪检测	
施工记录	查看	抽查
灌浆塞位置及灌浆段长	量测钻杆、钻具和灌浆塞	逐段
灌浆浆液及变换	比重秤或记录仪检测	
灌浆特殊情况处理	现场查看、记录检查	逐项
灌浆封孔	现场查看或探测	逐孔

3. 工序施工质量验收评定应提交下列资料：

（1）施工单位各班（组）初检记录、施工队复检记录、施工单位专职质检员终检记录，工序中各施工质量检验项目的检验资料，施工中的见证取样检验及记录结果资料。

（2）监理单位对工序中施工质量检验项目的平行检测资料。

4. 工序质量标准：

（1）合格等级标准：

1）主控项目，检验结果应全部符合SL 633—2012的要求。

2）一般项目，应逐项有70%及以上的检验点合格，且不合格点不应集中分布，不合格点的质量不应超出有关规范或设计要求的限值。

3）各项报验资料应符合SL 633—2012的要求。

（2）优良等级标准：

1）主控项目，检验结果应全部符合SL 633—2012的要求。

2）一般项目，应逐项有90%及以上的检验点合格，且不合格点不应集中分布，不合格点的质量不应超出有关规范或设计要求的限值。

3）各项报验资料应符合SL 633—2012的要求。

表 3.4.3　覆盖层预埋花管法地基灌浆单孔灌浆工序
施工质量验收评定表

单位工程名称				孔号及工序名称				
分部工程名称				施工单位				
单元工程名称、部位				施工日期	年 月 日— 年 月 日			

项次		检验项目	质量要求	检查记录	合格数	合格率
主控项目	1	开环				
	2	灌浆压力	符合设计要求			
	3	灌浆结束标准				
	4	施工记录	齐全、准确、清晰			
一般项目	1	灌浆塞位置及灌浆段长	符合设计要求			
	2	灌浆浆液及变换				
	3	灌浆特殊情况处理	处理后符合设计要求			
	4	灌浆封孔	符合设计要求			

施工单位自评意见	主控项目检验点全部合格，一般项目逐项检验点的合格率均不小于_____%，且不合格点不集中分布，不合格点的质量_____有关规范或设计要求的限值，各项报验资料_____ SL 633—2012 的要求。 　　工序质量等级评定为：_____。 （签字，加盖公章）　　　年　月　日
监理单位复核意见	经复核，主控项目检验点全部合格，一般项目逐项检验点的合格率均不小于_____%，且不合格点不集中分布，不合格点的质量_____有关规范或设计要求的限值，各项报验资料_____ SL 633—2012 的要求。 　　工序质量等级评定为：_____。 （签字，加盖公章）　　　年　月　日

表3.5 隧洞回填灌浆单孔及单元工程
施工质量验收评定表填表要求

填表时必须遵守"填表基本规定",并应符合下列要求:

1. 本表适用于隧洞顶拱空腔的钻孔回填灌浆施工法,预埋管路灌浆施工法可参照执行。

2. 单元工程划分:以施工形成的区段划分,宜以50m一个区段划分为一个单元工程。

3. 单元工程量填写灌浆孔总长度(m)。

4. 灌浆工程的各类钻孔应分类统一编号(即钻孔编号),并编排本单元孔数的序号(即孔数序号)。灌浆工程且宜使用测记灌浆压力、注入率等施工参数的自动记录仪。

5. 灌浆工程单元工程施工质量验收评定,应在单孔施工质量验收评定合格的基础上进行,单孔施工质量验收评定应在工序施工质量验收评定合格的基础上进行,工序质量验收评定结果以监理工程师复核的工序质量评定结果为准。

6. 灌浆工程质量最终应以灌浆效果来衡量,灌浆效果检查主要采用钻孔注浆试验等方法进行。

7. 单元工程单孔施工工序分为灌浆区(段)封堵与钻孔(或对预埋管进行扫孔)、灌浆(包括封孔)2个工序,其中灌浆(包括封孔)工序为主要工序,用△标注。

8. 单元工程施工质量验收评定应提交下列资料:

(1) 施工单位应提交单元工程中所含工序(或检验项目)验收评定的检验资料,各项实体检验项目的检验记录资料,施工中的见证取样检验及记录结果资料。

(2) 监理单位应提交对单元工程施工质量的平行检测资料。

9. 隧洞回填灌浆单孔施工质量验收评定标准:

(1) 合格等级标准:工序施工质量验收评定全部合格。

(2) 优良等级标准:工序施工质量验收评定全部合格,其中灌浆工序达到优良。

10. 隧洞回填灌浆单元工程施工质量验收评定标准:

(1) 合格等级标准:在单元工程回填灌浆效果检查符合设计和规范要求,灌浆封堵密实不漏浆的前提下,灌浆孔100%合格,优良率小于70%;各项报验资料应符合SL 633—2012的要求。

(2) 优良等级标准:在单元工程回填灌浆效果检查符合设计和规范要求,灌浆封堵密实不漏浆的前提下,灌浆孔100%合格,优良率不小于70%;各项报验资料应符合SL 633—2012的要求。

表 3.5　　隧洞回填灌浆单孔及单元工程施工质量验收评定表

单位工程名称						单元工程量				
分部工程名称						施工单位				
单元工程名称、部位						施工日期	年　月　日—		年　月　日	

孔号	孔数序号	1	2	3	4	5	6	7	8	9	10
	钻孔编号										
工序评定结果	1 灌浆区（段）封堵与钻孔（或对预埋管进行扫孔）										
	2 △灌浆（包括封孔）										
单孔质量验收评定	施工单位自评意见										
	监理单位评定意见										

本单元工程内共有_____孔，其中优良_____孔，优良率_____%

单元工程效果（或实体质量）检查	1	
	2	
	⋮	

施工单位自评意见	单元工程效果（或实体质量）检查符合_____要求，_____孔 100%合格，其中优良孔占_____%，各项报验资料_____ SL 633—2012 的要求。 单元工程质量等级评定为：_____。 （签字，加盖公章）　　　年　月　日
监理单位复核意见	经进行单元工程效果（或实体质量）检查，符合_____要求，_____孔 100%合格，其中优良孔占_____%，各项报验资料_____ SL 633—2012 的要求。 单元工程质量等级评定为：_____。 （签字，加盖公章）　　　年　月　日

注：本表所填"单元工程量"不作为施工单位工程量结算计量的依据。

表3.5.1 隧洞回填灌浆单孔封堵与钻孔工序
施工质量验收评定表填表要求

填表时必须遵守"填表基本规定",并应符合下列要求:

1. 单位工程、分部工程、单元工程名称及部位填写应与表3.5相同。

2. 各检验项目的检验方法及检验数量按表C-10的要求执行。

表C-10　　　　　　　　　隧洞回填灌浆单孔封堵与钻孔

检验项目	检验方法	检验数量
灌区封堵	通气检查、观测	分区
钻孔或扫孔深度	观察岩屑	逐孔
孔序	现场查看	
孔径	量测钻头直径	
孔位偏差	钢尺	

3. 隧洞回填灌浆分区段进行,按照施工规范要求,区段端部必须封堵严密。灌区封堵应在隧洞混凝土浇筑时进行,单元工程质量评定及施工记录应在封堵时开始。

4. 工序施工质量验收评定应提交下列资料:

(1) 施工单位各班(组)初检记录、施工队复检记录、施工单位专职质检员终检记录,工序中各施工质量检验项目的检验资料,施工中的见证取样检验及记录结果资料。

(2) 监理单位对工序中施工质量检验项目的平行检测资料。

5. 工序质量标准:

(1) 合格等级标准:

1) 主控项目,检验结果应全部符合 SL 633—2012 的要求。

2) 一般项目,应逐项有70%及以上的检验点合格,且不合格点不应集中分布,不合格点的质量不应超出有关规范或设计要求的限值。

3) 各项报验资料应符合 SL 633—2012 的要求。

(2) 优良等级标准:

1) 主控项目,检验结果应全部符合 SL 633—2012 的要求。

2) 一般项目,应逐项有90%及以上的检验点合格,且不合格点不应集中分布,不合格点的质量不应超出有关规范或设计要求的限值。

3) 各项报验资料应符合 SL 633—2012 的要求。

表 3.5.1　　隧洞回填灌浆单孔封堵与钻孔工序
施工质量验收评定表

单位工程名称			孔号及工序名称			
分部工程名称			施工单位			
单元工程名称、部位			施工日期	年 月 日— 年 月 日		
项次		检验项目	质量要求	检查记录	合格数	合格率
主控项目	1	灌区封堵	密实不漏浆			
	2	钻孔或扫孔深度	进入基岩不小于100mm			
	3	孔序	符合设计要求			
一般项目	1	孔径	符合设计要求			
	2	孔位偏差	≤100mm			
施工单位自评意见	主控项目检验点全部合格，一般项目逐项检验点的合格率均不小于_____％，且不合格点不集中分布，不合格点的质量_____有关规范或设计要求的限值，各项报验资料_____ SL 633—2012 的要求。 　　工序质量等级评定为：_____。 　　　　　　　　　　　　　　　　　　　　　　（签字，加盖公章）　　 年　月　日					
监理单位复核意见	经复核，主控项目检验点全部合格，一般项目逐项检验点的合格率均不小于_____％，且不合格点不集中分布，不合格点的质量_____有关规范或设计要求的限值，各项报验资料_____ SL 633—2012 的要求。 　　工序质量等级评定为：_____。 　　　　　　　　　　　　　　　　　　　　　　（签字，加盖公章）　　 年　月　日					

表3.5.2 隧洞回填灌浆单孔灌浆工序 施工质量验收评定表填表要求

填表时必须遵守"填表基本规定",并应符合下列要求:

1. 单位工程、分部工程、单元工程名称及部位填写应与表3.5相同。

2. 各检验项目的检验方法及检验数量按表C-11的要求执行。

表C-11　　　　　　　　　　隧洞回填灌浆单孔灌浆

检验项目	检验方法	检验数量
灌浆压力	现场查看压力记录仪记录	逐孔
浆液水灰比	比重秤检测	抽查
结束标准	现场查看、查看记录仪记录	逐孔
施工记录	查看	抽查
特殊情况处理	现场查看、记录检查	逐项
变形观测	千分表等量测	逐孔
封孔	目测或探测	

3. 工序施工质量验收评定应提交下列资料:

(1) 施工单位各班(组)初检记录、施工队复检记录、施工单位专职质检员终检记录,工序中各施工质量检验项目的检验资料,施工中的见证取样检验及记录结果资料。

(2) 监理单位对工序中施工质量检验项目的平行检测资料。

4. 工序质量标准:

(1) 合格等级标准:

1) 主控项目,检验结果应全部符合SL 633—2012的要求。

2) 一般项目,应逐项有70%及以上的检验点合格,且不合格点不应集中分布,不合格点的质量不应超出有关规范或设计要求的限值。

3) 各项报验资料应符合SL 633—2012的要求。

(2) 优良等级标准:

1) 主控项目,检验结果应全部符合SL 633—2012的要求。

2) 一般项目,应逐项有90%及以上的检验点合格,且不合格点不应集中分布,不合格点的质量不应超出有关规范或设计要求的限值。

3) 各项报验资料应符合SL 633—2012的要求。

表 3.5.2　　隧洞回填灌浆单孔灌浆工序施工质量验收评定表

单位工程名称			孔号及工序名称				
分部工程名称			施工单位				
单元工程名称、部位			施工日期	年　月　日—		年　月　日	

项次		检验项目	质量要求	检查记录	合格数	合格率
主控项目	1	灌浆压力	符合设计要求			
	2	浆液水灰比	符合设计要求			
	3	结束标准	符合规范要求			
	4	施工记录	齐全、准确、清晰			
一般项目	1	特殊情况处理	处理后不影响质量			
	2	变形观测	符合设计要求			
	3	封孔	符合设计要求			

施工单位自评意见	主控项目检验点全部合格，一般项目逐项检验点的合格率均不小于_____%，且不合格点不集中分布，不合格点的质量_____有关规范或设计要求的限值，各项报验资料_____ SL 633—2012 的要求。 　　工序质量等级评定为：_____。 　　　　　　　　　　　　　　　　　　　　　（签字，加盖公章）　　　年　月　日
监理单位复核意见	经复核，主控项目检验点全部合格，一般项目逐项检验点的合格率均不小于_____%，且不合格点不集中分布，不合格点的质量_____有关规范或设计要求的限值，各项报验资料_____ SL 633—2012 的要求。 　　工序质量等级评定为：_____。 　　　　　　　　　　　　　　　　　　　　　（签字，加盖公章）　　　年　月　日

表3.6 钢衬接触灌浆单孔及单元工程
施工质量验收评定表填表要求

填表时必须遵守"填表基本规定",并应符合下列要求:

1. 单元工程划分:宜按50m一段钢管划分为一个单元工程。可根据实际脱空区情况适当增减,各单元工程长度不要求相同。

2. 单元工程量填写灌浆孔总长度(m)。

3. 灌浆工程的各类钻孔应分类统一编号(即钻孔编号),并编排本单元孔数的序号(即孔数序号)。灌浆工程且宜使用测记灌浆压力、注入率等施工参数的自动记录仪。

4. 单元工程施工质量验收评定,应在单孔施工质量验收评定合格的基础上进行,单孔施工质量验收评定应在工序施工质量验收评定合格的基础上进行,工序质量验收评定结果以监理工程师复核的工序质量评定结果为准。

5. 单元工程灌浆效果主要检查灌浆后钢衬脱空范围和脱空程度。

6. 单元工程单孔施工工序分为钻(扫)孔(包括清洗)和灌浆2个工序,其中灌浆工序为主要工序,用△标注。

7. 单元工程施工质量验收评定应提交下列资料:

(1)施工单位应提交单元工程中所含工序(或检验项目)验收评定的检验资料,各项实体检验项目的检验记录资料,施工中的见证取样检验及记录结果资料。

(2)监理单位应提交对单元工程施工质量的平行检测资料。

8. 钢衬接触灌浆单孔施工质量验收评定标准:

(1)合格等级标准:工序施工质量验收评定全部合格。

(2)优良等级标准:工序施工质量验收评定全部合格,其中灌浆工序达到优良。

9. 钢衬接触灌浆单元工程施工质量验收评定标准:

(1)合格等级标准:在单元工程接触灌浆效果检查符合设计和规范要求的前提下,灌浆孔100%合格,优良率小于70%;各项报验资料应符合SL 633—2012的要求。

(2)优良等级标准:在单元工程接触灌浆效果检查符合设计和规范要求的前提下,灌浆孔100%合格,优良率不小于70%;各项报验资料应符合SL 633—2012的要求。

表 3.6　钢衬接触灌浆单孔及单元工程施工质量验收评定表

单位工程名称					单元工程量						
分部工程名称					施工单位						
单元工程名称、部位					施工日期	年 月 日— 年 月 日					

孔号	孔数序号	1	2	3	4	5	6	7	8	9	10
	钻孔编号										
工序评定结果	1　钻（扫）孔（包括清洗）										
	2　△灌浆										
单孔质量验收评定	施工单位自评意见										
	监理单位评定意见										

本单元工程内共有_____孔，其中优良_____孔，优良率_____％。

单元工程效果（或实体质量）检查	1	
	2	
	⋮	

施工单位自评意见	单元工程效果（或实体质量）检查符合_____要求，_____孔100％合格，其中优良孔占_____％，各项报验资料_____SL 633—2012的要求。 单元工程质量等级评定为：_____。 （签字，加盖公章）　　　年　月　日
监理单位复核意见	经进行单元工程效果（或实体质量）检查符合_____要求，_____孔100％合格，其中优良孔占_____％，各项报验资料_____SL 633—2012的要求。 单元工程质量等级评定为：_____。 （签字，加盖公章）　　　年　月　日

注：本表所填"单元工程量"不作为施工单位工程量结算计量的依据。

表3.6.1 钢衬接触灌浆单孔钻孔工序
施工质量验收评定表填表要求

填表时必须遵守"填表基本规定",并应符合下列要求:

1. 单位工程、分部工程、单元工程名称及部位填写应与表 3.6 相同。

2. 各检验项目的检验方法及检验数量按表 C-12 的要求执行。

表 C-12 钢衬接触灌浆单孔钻孔

检验项目	检验方法	检验数量
孔深	用卡尺测量脱空间隙	逐孔
施工记录	查看	抽查
孔径	卡尺量测钻头	逐孔
清洗	压力表检测风压、现场查看	

3. 工序施工质量验收评定应提交下列资料:

(1) 施工单位各班(组)初检记录、施工队复检记录、施工单位专职质检员终检记录,工序中各施工质量检验项目的检验资料,施工中的见证取样检验及记录结果资料。

(2) 监理单位对工序中施工质量检验项目的平行检测资料。

4. 工序质量标准:

(1) 合格等级标准:

1) 主控项目,检验结果应全部符合 SL 633—2012 的要求。

2) 一般项目,应逐项有 70% 及以上的检验点合格,且不合格点不应集中分布,不合格点的质量不应超出有关规范或设计要求的限值。

3) 各项报验资料应符合 SL 633—2012 的要求。

(2) 优良等级标准:

1) 主控项目,检验结果应全部符合 SL 633—2012 的要求。

2) 一般项目,应逐项有 90% 及以上的检验点合格,且不合格点不应集中分布,不合格点的质量不应超出有关规范或设计要求的限值。

3) 各项报验资料应符合 SL 633—2012 的要求。

表 3.6.1　　钢衬接触灌浆单孔钻孔工序施工质量验收评定表

单位工程名称				孔号及工序名称			
分部工程名称				施工单位			
单元工程名称、部位				施工日期	年　月　日—	年　月　日	

项次		检验项目	质量要求	检查记录	合格数	合格率
主控项目	1	孔深	穿过钢衬进入脱空区			
	2	施工记录	齐全、准确、清晰			
一般项目	1	孔径	≥12mm			
	2	清洗	使用清洁压缩空气检查缝隙串通情况，吹除空隙内的污物和积水			

施工单位自评意见	主控项目检验点全部合格，一般项目逐项检验点的合格率均不小于_____%，且不合格点不集中分布，不合格点的质量_____有关规范或设计要求的限值，各项报验资料_____ SL 633—2012 的要求。 　　工序质量等级评定为：_____。 （签字，加盖公章）　　　年　月　日
监理单位复核意见	经复核，主控项目检验点全部合格，一般项目逐项检验点的合格率均不小于_____%，且不合格点不集中分布，不合格点的质量_____有关规范或设计要求的限值，各项报验资料_____ SL 633—2012 的要求。 　　工序质量等级评定为：_____。 （签字，加盖公章）　　　年　月　日

表3.6.2 钢衬接触灌浆单孔灌浆工序 施工质量验收评定表填表要求

填表时必须遵守"填表基本规定",并应符合下列要求:

1. 单位工程、分部工程、单元工程名称及部位填写应与表3.6相同。

2. 各检验项目的检验方法及检验数量按表C-13的要求执行。

表C-13 钢衬接触灌浆单孔灌浆

检验项目	检验方法	检验数量
灌浆顺序	现场查看	
钢衬变形	千分表等量测	逐孔
灌注和排出的浆液浓度	比重秤或记录仪检测	
施工记录	查看	抽查
灌浆压力	压力表或记录仪检测	
结束标准	体积法或记录仪检测	逐孔
封孔	现场查看	

3. 工序施工质量验收评定应提交下列资料:

(1) 施工单位各班(组)初检记录、施工队复检记录、施工单位专职质检员终检记录,工序中各施工质量检验项目的检验资料,施工中的见证取样检验及记录结果资料。

(2) 监理单位对工序中施工质量检验项目的平行检测资料。

4. 工序质量标准:

(1) 合格等级标准:

1) 主控项目,检验结果应全部符合SL 633—2012的要求。

2) 一般项目,应逐项有70%及以上的检验点合格,且不合格点不应集中分布,不合格点的质量不应超出有关规范或设计要求的限值。

3) 各项报验资料应符合SL 633—2012的要求。

(2) 优良等级标准:

1) 主控项目,检验结果应全部符合SL 633—2012的要求。

2) 一般项目,应逐项有90%及以上的检验点合格,且不合格点不应集中分布,不合格点的质量不应超出有关规范或设计要求的限值。

3) 各项报验资料应符合SL 633—2012的要求。

_____工程

表 3.6.2 钢衬接触灌浆单孔灌浆工序施工质量验收评定表

单位工程名称				孔号及工序名称			
分部工程名称				施工单位			
单元工程名称、部位				施工日期	年 月 日— 年 月 日		

项次		检验项目	质量要求	检查记录	合格数	合格率
主控项目	1	灌浆顺序	自低处孔开始			
	2	钢衬变形	符合设计要求			
	3	灌注和排出的浆液浓度	符合设计要求			
	4	施工记录	齐全、准确、清晰			
一般项目	1	灌浆压力	≤0.1MPa,或符合设计要求			
	2	结束标准	在设计灌浆压力下停止吸浆,并延续灌注 5min			
	3	封孔	丝堵加焊或焊补法,焊后磨平			

施工单位自评意见	主控项目检验点全部合格,一般项目逐项检验点的合格率均不小于_____%,且不合格点不集中分布,不合格点的质量_____有关规范或设计要求的限值,各项报验资料_____ SL 633—2012 的要求。 工序质量等级评定为:_____。 (签字,加盖公章)　　　年　月　日
监理单位复核意见	经复核,主控项目检验点全部合格,一般项目逐项检验点的合格率均不小于_____%,且不合格点不集中分布,不合格点的质量_____有关规范或设计要求的限值,各项报验资料_____ SL 633—2012 的要求。 工序质量等级评定为:_____。 (签字,加盖公章)　　　年　月　日

表3.7　劈裂灌浆单孔及单元工程
施工质量验收评定表填表要求

填表时必须遵守"填表基本规定"，并应符合下列要求：

1. 劈裂灌浆主要用于土坝与土堤的灌浆。

2. 单元工程划分：宜按沿坝（堤）轴线相邻的10～20个灌浆孔划分为一个单元工程。

3. 单元工程量填写灌浆孔总长度（m）。

4. 灌浆工程的各类钻孔应分类统一编号（即钻孔编号），并编排本单元孔数的序号（即孔数序号）。灌浆工程且宜使用测记灌浆压力、注入率等施工参数的自动记录仪。

5. 单元工程施工质量验收评定，应在单孔施工质量验收评定合格的基础上进行，单孔施工质量验收评定应在工序施工质量验收评定合格的基础上进行，工序质量验收评定结果以监理工程师复核的工序质量评定结果为准。

6. 单元工程施工质量效果检查主要采用检查孔注（压）水试验、检查孔（探井）取样检查。

7. 单元工程单孔施工工序宜分为：钻孔、灌浆（包括多次复灌、封孔）2个工序，其中灌浆（包括多次复灌、封孔）工序为主要工序，用△标注。

8. 单元工程施工质量验收评定应提交下列资料：

（1）施工单位应提交单元工程中所含工序（或检验项目）验收评定的检验资料，各项实体检验项目的检验记录资料，施工中的见证取样检验及记录结果资料。

（2）监理单位应提交对单元工程施工质量的平行检测资料。

9. 劈裂灌浆单孔施工质量验收评定标准：

（1）合格等级标准：工序施工质量验收评定全部合格。

（2）优良等级标准：工序施工质量验收评定全部合格，其中灌浆工序达到优良。

10. 单元工程施工质量验收评定标准：

（1）合格等级标准：在单元工程劈裂灌浆效果检查符合设计要求的前提下，灌浆孔100%合格，优良率小于70%；各项报验资料应符合SL 633—2012的要求。

（2）优良等级标准：在单元工程劈裂灌浆效果检查符合设计要求的前提下，灌浆孔100%合格，优良率不小于70%；各项报验资料应符合SL 633—2012的要求。

_____工程

表 3.7　　劈裂灌浆单孔及单元工程施工质量验收评定表

单位工程名称						单元工程量				
分部工程名称						施工单位				
单元工程名称、部位						施工日期	年　月　日—		年　月　日	

孔号		孔数序号	1	2	3	4	5	6	7	8	9	10
		钻孔编号										
工序评定结果	1	钻孔										
	2	△灌浆（包括多次复灌、封孔）										
单孔质量验收评定	施工单位自评意见											
	监理单位评定意见											

本单元工程内共有_____孔，其中优良_____孔，优良率_____%

单元工程效果（或实体质量）检查	1	
	2	
	⋮	

施工单位自评意见	单元工程效果（或实体质量）检查符合_____要求，_____孔100%合格，其中优良孔占_____%，各项报验资料_____SL 633—2012的要求。 单元工程质量等级评定为：_____。 （签字，加盖公章）　　　年　月　日
监理单位复核意见	经进行单元工程效果（或实体质量）检查，符合_____要求，_____孔100%合格，其中优良孔占_____%，各项报验资料_____SL 633—2012的要求。 单元工程质量等级评定为：_____。 （签字，加盖公章）　　　年　月　日

注：本表所填"单元工程量"不作为施工单位工程量结算计量的依据。

318

表3.7.1 劈裂灌浆单孔钻孔工序
施工质量验收评定表填表要求

填表时必须遵守"填表基本规定",并应符合下列要求:

1. 单位工程、分部工程、单元工程名称及部位填写应与表3.7相同。

2. 各检验项目的检验方法及检验数量按表C-14的要求执行。

表C-14 劈裂灌浆单孔钻孔

检验项目	检验方法	检验数量
孔序	现场查看	逐孔
孔深	钢尺量测钻杆或测绳量测	
施工记录	查看	抽查
孔位偏差	钢尺量测	逐孔
孔底偏差	测斜仪量测	

3. 工序施工质量验收评定应提交下列资料:

(1) 施工单位各班(组)初检记录、施工队复检记录、施工单位专职质检员终检记录,工序中各施工质量检验项目的检验资料,施工中的见证取样检验及记录结果资料。

(2) 监理单位对工序中施工质量检验项目的平行检测资料。

4. 工序质量标准:

(1) 合格等级标准:

1) 主控项目,检验结果应全部符合 SL 633—2012 的要求。

2) 一般项目,应逐项有70%及以上的检验点合格,且不合格点不应集中分布,不合格点的质量不应超出有关规范或设计要求的限值。

3) 各项报验资料应符合 SL 633—2012 的要求。

(2) 优良等级标准:

1) 主控项目,检验结果应全部符合 SL 633—2012 的要求。

2) 一般项目,应逐项有90%及以上的检验点合格,且不合格点不应集中分布,不合格点的质量不应超出有关规范或设计要求的限值。

3) 各项报验资料应符合 SL 633—2012 的要求。

表 3.7.1 劈裂灌浆单孔钻孔工序施工质量验收评定表

单位工程名称				孔号及工序名称			
分部工程名称				施工单位			
单元工程名称、部位				施工日期	年 月 日— 年 月 日		
项次	检验项目		质量要求	检查记录		合格数	合格率
主控项目	1	孔序	按先后排序和孔序施工				
	2	孔深	符合设计要求				
	3	施工记录	齐全、准确、清晰				
一般项目	1	孔位偏差	≤100mm				
	2	孔底偏差	不大于孔深的2%				
施工单位自评意见	主控项目检验点全部合格,一般项目逐项检验点的合格率均不小于_____%,且不合格点不集中分布,不合格点的质量_____有关规范或设计要求的限值,各项报验资料_____ SL 633—2012的要求。 工序质量等级评定为:_____。 (签字,加盖公章)　　　年　月　日						
监理单位复核意见	经复核,主控项目检验点全部合格,一般项目逐项检验点的合格率均不小于_____%,且不合格点不集中分布,不合格点的质量_____有关规范或设计要求的限值,各项报验资料_____ SL 633—2012的要求。 工序质量等级评定为:_____。 (签字,加盖公章)　　　年　月　日						

表3.7.2 劈裂灌浆单孔灌浆工序
施工质量验收评定表填表要求

填表时必须遵守"填表基本规定"，并应符合下列要求：

1. 单位工程、分部工程、单元工程名称及部位填写应与表3.7相同。

2. 各检验项目的检验方法及检验数量按表C-15的要求执行。

表C-15 劈裂灌浆单孔灌浆

检验项目	检验方法	检验数量
灌浆压力	压力表或记录仪检测	逐孔
浆液浓度	比重秤或记录仪检测	
灌浆量	体积法或记录仪检测	每孔每次
灌浆间隔时间	现场查看时间	
施工记录	查看	抽查
结束标准	压力表、钢尺或记录仪检测	逐孔
横向水平位移与裂缝开展宽度	钢尺量测	每天
泥墙厚度	钢尺量测或体积计算	抽查
泥墙干密度	取样检验	
封孔	现场查看、比重秤	逐孔

3. 工序施工质量验收评定应提交下列资料：

（1）施工单位各班（组）初检记录、施工队复检记录、施工单位专职质检员终检记录，工序中各施工质量检验项目的检验资料，施工中的见证取样检验及记录结果资料。

（2）监理单位对工序中施工质量检验项目的平行检测资料。

4. 工序质量标准：

（1）合格等级标准：

1）主控项目，检验结果应全部符合SL 633—2012的要求。

2）一般项目，应逐项有70%及以上的检验点合格，且不合格点不应集中分布，不合格点的质量不应超出有关规范或设计要求的限值。

3）各项报验资料应符合SL 633—2012的要求。

（2）优良等级标准：

1）主控项目，检验结果应全部符合SL 633—2012的要求。

2）一般项目，应逐项有90%及以上的检验点合格，且不合格点不应集中分布，不合格点的质量不应超出有关规范或设计要求的限值。

3）各项报验资料应符合SL 633—2012的要求。

表 3.7.2　劈裂灌浆单孔灌浆工序施工质量验收评定表

		单位工程名称		孔号及工序名称			
		分部工程名称		施工单位			
		单元工程名称、部位		施工日期	年　月　日—	年　月　日	
项次		检验项目	质量要求	检查记录		合格数	合格率
主控项目	1	灌浆压力	符合设计要求				
	2	浆液浓度	符合设计要求				
	3	灌浆量	符合设计要求				
	4	灌浆间隔时间	≥5d				
	5	施工记录	齐全、准确、清晰				
一般项目	1	结束标准	符合设计要求				
	2	横向水平位移与裂缝开展宽度	允许量均小于 30mm，且停灌后能基本复原				
	3	泥墙厚度	符合设计要求				
	4	泥墙干密度	$1.4\sim1.6g/cm^3$				
	5	封孔	符合设计要求				
施工单位自评意见		主控项目检验点全部合格，一般项目逐项检验点的合格率均不小于_____%，且不合格点不集中分布，不合格点的质量_____有关规范或设计要求的限值，各项报验资料_____ SL 633—2012 的要求。 　　工序质量等级评定为：_____。 　　　　　　　　　　　　　　　　　　　（签字，加盖公章）　　年　月　日					
监理单位复核意见		经复核，主控项目检验点全部合格，一般项目逐项检验点的合格率均不小于_____%，且不合格点不集中分布，不合格点的质量_____有关规范或设计要求的限值，各项报验资料_____ SL 633—2012 的要求。 　　工序质量等级评定为：_____。 　　　　　　　　　　　　　　　　　　　（签字，加盖公章）　　年　月　日					

表3.8 混凝土防渗墙单元工程
施工质量验收评定表填表要求

填表时必须遵守"填表基本规定"，并应符合下列要求：

1. 本表适用于松散透水地基或土石坝坝体内以泥浆护壁连续造孔成槽和浇筑混凝土形成的混凝土地下连续墙，其他成槽方法形成的混凝土防渗墙可参照执行。

2. 单元工程划分：宜以每一个槽孔划分为一个单元工程。

3. 单元工程量填写混凝土浇筑量（m³）。

4. 单元工程施工工序宜分为造孔、清孔（包括接头处理）、混凝土浇筑（包括钢筋笼、预埋件、观测仪器安装埋设）3个工序，其中混凝土浇筑（包括钢筋笼、预埋件、观测仪器安装埋设）工序为主要工序，用△标注。

5. 单元工程施工质量验收评定应提交下列资料：

（1）施工单位应提交单元工程中所含工序（或检验项目）验收评定的检验资料，各项实体检验项目的检验记录资料，施工中的见证取样检验及记录结果资料。

（2）监理单位应提交对单元工程施工质量的平行检测资料。

6. 单元工程施工质量验收评定标准：

（1）合格等级标准：如果进行了墙体钻孔取芯和其他无损检测等方式检查，则在其检查结果符合设计要求的前提下，工序施工质量验收评定全部合格；各项报验资料应符合 SL 633—2012 的要求。

（2）优良等级标准：如果进行了墙体钻孔取芯和其他无损检测等方式检查，则在其检查结果符合设计要求的前提下，工序施工质量验收评定全部合格，其中 2 个及以上工序达到优良，并且混凝土浇筑工序达到优良；各项报验资料应符合 SL 633—2012 的要求。

表 3.8　　混凝土防渗墙单元工程施工质量验收评定表

单位工程名称			孔号及工序名称	
分部工程名称			施工单位	
单元工程名称、部位			施工日期	年　月　日—　年　月　日

项次	工序名称	工序质量验收评定等级
1	造孔	
2	清孔（包括接头处理）	
3	△混凝土浇筑（包括钢筋笼、预埋件、观测仪器安装埋设）	

单元工程（或实体质量）效果检查	1	
	2	
	⋮	

施工单位自评意见	单元工程效果（或实体质量）检查符合_____要求，工序100％合格，其中优良占_____％，_____工序达到优良，各项报验资料_____ SL 633—2012 的要求。 单元工程质量等级评定为：_____。 （签字，加盖公章）　　　年　月　日
监理单位复核意见	经进行单元工程效果（或实体质量）检查符合_____要求，工序100％合格，其中优良孔占_____％，_____工序达到优良，各项报验资料_____ SL 633—2012 的要求。 单元工程质量等级评定为：_____。 （签字，加盖公章）　　　年　月　日

注：本表所填"单元工程量"不作为施工单位工程量结算计量的依据。

表3.8.1 混凝土防渗墙造孔工序 施工质量验收评定表填表要求

填表时必须遵守"填表基本规定",并应符合下列要求:

1. 单位工程、分部工程、单元工程名称及部位填写应与表3.8相同。

2. 各检验项目的检验方法及检验数量按表C-16的要求执行。

表C-16 混凝土防渗墙造孔

检验项目	检验方法	检验数量
槽孔孔深	钢尺或测绳量测	逐槽
孔斜率	重锤法或测井法量测	逐孔
施工记录	查看	抽查
槽孔中心偏差	钢尺量测	逐孔
槽孔宽度	测井仪或量测钻头	逐槽

3. 工序施工质量验收评定应提交下列资料:

(1) 施工单位各班(组)初检记录、施工队复检记录、施工单位专职质检员终检记录,工序中各施工质量检验项目的检验资料,施工中的见证取样检验及记录结果资料。

(2) 监理单位对工序中施工质量检验项目的平行检测资料。

4. 工序质量标准:

(1) 合格等级标准:

1) 主控项目,检验结果应全部符合SL 633—2012的要求。

2) 一般项目,应逐项有70%及以上的检验点合格,且不合格点不应集中分布,不合格点的质量不应超出有关规范或设计要求的限值。

3) 各项报验资料应符合SL 633—2012的要求。

(2) 优良等级标准:

1) 主控项目,检验结果应全部符合SL 633—2012的要求。

2) 一般项目,应逐项有90%及以上的检验点合格,且不合格点不应集中分布,不合格点的质量不应超出有关规范或设计要求的限值。

3) 各项报验资料应符合SL 633—2012的要求。

表 3.8.1 混凝土防渗墙造孔工序施工质量验收评定表

单位工程名称				槽段（孔）号			
分部工程名称				施工单位			
单元工程名称、部位				施工日期	年 月 日— 年 月 日		

项次		检验项目	质量要求	检查记录	合格数	合格率
主控项目	1	槽孔孔深	不小于设计孔深			
	2	孔斜率	符合设计要求			
	3	施工记录	齐全、准确、清晰			
一般项目	1	槽孔中心偏差	≤30mm			
	2	槽孔宽度	符合设计要求（包括接头搭接厚度）			

施工单位自评意见	主控项目检验点全部合格，一般项目逐项检验点的合格率均不小于_____%，且不合格点不集中分布，不合格点的质量_____有关规范或设计要求的限值，各项报验资料_____ SL 633—2012 的要求。 工序质量等级评定为：_____。 <div align="right">（签字，加盖公章）　　　年　月　日</div>
监理单位复核意见	经复核，主控项目检验点全部合格，一般项目逐项检验点的合格率均不小于_____%，且不合格点不集中分布，不合格点的质量_____有关规范或设计要求的限值，各项报验资料_____ SL 633—2012 的要求。 工序质量等级评定为：_____。 <div align="right">（签字，加盖公章）　　　年　月　日</div>

表3.8.2 混凝土防渗墙清孔工序
施工质量验收评定表填表要求

填表时必须遵守"填表基本规定",并应符合下列要求:

1. 单位工程、分部工程、单元工程名称及部位填写应与表3.8相同。

2. 各检验项目的检验方法及检验数量按表C-17的要求执行。

表C-17 混凝土防渗墙清孔

检验项目		检验方法	检验数量
接头刷洗		查看、测绳量测	
孔底淤积		测绳量测	
施工记录		查看	
孔内泥浆密度	黏土	比重秤量测	逐槽
	膨润土		
孔内泥浆黏度	黏土	500mL/700mL漏斗量测	
	膨润土	马氏漏斗量测	
孔内泥浆含砂量	黏土	含砂量测量仪量测	
	膨润土		

3. 工序施工质量验收评定应提交下列资料:

(1) 施工单位各班(组)初检记录、施工队复检记录、施工单位专职质检员终检记录,工序中各施工质量检验项目的检验资料,施工中的见证取样检验及记录结果资料。

(2) 监理单位对工序中施工质量检验项目的平行检测资料。

4. 工序质量标准:

(1) 合格等级标准:

1) 主控项目,检验结果应全部符合SL 633—2012的要求。

2) 一般项目,应逐项有70%及以上的检验点合格,且不合格点不应集中分布,不合格点的质量不应超出有关规范或设计要求的限值。

3) 各项报验资料应符合SL 633—2012的要求。

(2) 优良等级标准:

1) 主控项目,检验结果应全部符合SL 633—2012的要求。

2) 一般项目,应逐项有90%及以上的检验点合格,且不合格点不应集中分布,不合格点的质量不应超出有关规范或设计要求的限值。

3) 各项报验资料应符合SL 633—2012的要求。

表 3.8.2　混凝土防渗墙清孔工序施工质量验收评定表

单位工程名称				槽段（孔）号			
分部工程名称				施工单位			
单元工程名称、部位				施工日期	年　月　日—	年　月　日	
项次		检验项目	质量要求	检查记录		合格数	合格率
主控项目	1	接头刷洗	符合设计要求，孔底淤积不再增加				
	2	孔底淤积	≤100mm				
	3	施工记录	齐全、准确、清晰				
一般项目	1	孔内泥浆密度	黏土　≤1.30g/cm³				
			膨润土　根据地层情况或现场试验确定				
	2	孔内泥浆黏度	黏土　≤30s				
			膨润土　根据地层情况或现场试验确定				
	3	孔内泥浆含砂量	黏土　≤10%				
			膨润土　根据地层情况或现场试验确定				
施工单位自评意见	主控项目检验点全部合格，一般项目逐项检验点的合格率均不小于_____%，且不合格点不集中分布，不合格点的质量_____有关规范或设计要求的限值，各项报验资料_____ SL 633—2012 的要求。 　　工序质量等级评定为：_____。 　　　　　　　　　　　　　　　　　　　　　　　（签字，加盖公章）　　　年　月　日						
监理单位复核意见	经复核，主控项目检验点全部合格，一般项目逐项检验点的合格率均不小于_____%，且不合格点不集中分布，不合格点的质量_____有关规范或设计要求的限值，各项报验资料_____ SL 633—2012 的要求。 　　工序质量等级评定为：_____。 　　　　　　　　　　　　　　　　　　　　　　　（签字，加盖公章）　　　年　月　日						

表3.8.3 混凝土防渗墙混凝土浇筑工序
施工质量验收评定表填表要求

填表时必须遵守"填表基本规定",并应符合下列要求:

1. 单位工程、分部工程、单元工程名称及部位填写应与表3.8相同。

2. 各检验项目的检验方法及检验数量按表C-18的要求执行。

表C-18　　　　　　　　　　混凝土防渗墙混凝土浇筑

检验项目	检验方法	检验数量
导管埋深	测绳量测	逐槽
混凝土上升速度		
施工记录	查看	
钢筋笼、预埋件、仪器安装埋设	钢尺量测	逐项
导管布置	钢尺或测绳量测	逐槽
混凝土面高差	测绳量测	
混凝土最终高度		
混凝土配合比	现场检验	逐批
混凝土扩散度		逐槽或逐批
混凝土坍落度		
混凝土抗压强度、抗渗等级、弹性模量等	室内试验	
特殊情况处理	现场查看、记录检查	逐项

3. 工序施工质量验收评定应提交下列资料:

(1) 施工单位各班(组)初检记录、施工队复检记录、施工单位专职质检员终检记录,工序中各施工质量检验项目的检验资料,施工中的见证取样检验及记录结果资料。

(2) 监理单位对工序中施工质量检验项目的平行检测资料。

4. 工序质量标准:

(1) 合格等级标准:

1) 主控项目,检验结果应全部符合 SL 633—2012 的要求。

2) 一般项目,应逐项有70%及以上的检验点合格,且不合格点不应集中分布,不合格点的质量不应超出有关规范或设计要求的限值。

3) 各项报验资料应符合 SL 633—2012 的要求。

(2) 优良等级标准:

1) 主控项目,检验结果应全部符合 SL 633—2012 的要求。

2) 一般项目,应逐项有90%及以上的检验点合格,且不合格点不应集中分布,不合格点的质量不应超出有关规范或设计要求的限值。

3) 各项报验资料应符合 SL 633—2012 的要求。

5. 本工序验收评定时,应要求预埋件、仪器安装埋设单位或安全监测单位参加。

表 3.8.3 混凝土防渗墙混凝土浇筑工序施工质量验收评定表

单位工程名称			槽段（孔）号				
分部工程名称			施工单位				
单元工程名称、部位			施工日期	年 月 日— 年 月 日			

项次		检验项目	质量要求	检查记录	合格数	合格率
主控项目	1	导管埋深	≥1m，不宜大于6m			
	2	混凝土上升速度	≥2m/h			
	3	施工记录	齐全、准确、清晰			
一般项目	1	钢筋笼、预埋件、仪器安装埋设	符合设计要求			
	2	导管布置	符合规范或设计要求			
	3	混凝土面高差	≤0.5m			
	4	混凝土最终高度	不小于设计高程0.50m			
	5	混凝土配合比	符合设计要求			
	6	混凝土扩散度	34～40cm			
	7	混凝土坍落度	18～22cm，或符合设计要求			
	8	混凝土抗压强度、抗渗等级、弹性模量等	符合抗压、抗渗、弹模等设计指标			
	9	特殊情况处理	处理后符合设计要求			

施工单位自评意见	主控项目检验点全部合格，一般项目逐项检验点的合格率均不小于_____%，且不合格点不集中分布，不合格点的质量_____有关规范或设计要求的限值，各项报验资料_____ SL 633—2012的要求。 工序质量等级评定为：_____。 （签字，加盖公章）　　　年　月　日
监理单位复核意见	经复核，主控项目检验点全部合格，一般项目逐项检验点的合格率均不小于_____%，且不合格点不集中分布，不合格点的质量_____有关规范或设计要求的限值，各项报验资料_____ SL 633—2012的要求。 工序质量等级评定为：_____。 （签字，加盖公章）　　　年　月　日

表3.9 高压喷射灌浆防渗墙单元工程
施工质量验收评定表填表要求

填表时必须遵守"填表基本规定",并应符合下列要求:

1. 本表适用于摆喷施工法,其他施工法可调整检验项目。

2. 单元工程划分:对于孔深小于20m的防渗墙宜以相邻的30~50个高喷孔划分为一个单元工程,对于孔深大于20m的防渗墙宜按成墙面积600~1000m² 的防渗墙体划分为一个单元工程。

3. 单元工程量:填写灌浆开线的防渗墙垂直投影面积(m²)。

4. 防渗效果检查,目前常用的有效方法有开挖、钻孔和围井检查。

5. 单元工程为单孔不分工序,本表是在单孔质量验收评定合格的基础上进行。

6. 单元工程施工质量验收评定应包括下列资料:

(1) 施工单位应提交单元工程中所含单孔(或检验项目)验收评定的检验资料,各项实体检验项目的检验记录资料,施工中的见证取样检验及记录结果资料。

(2) 监理单位应提交对单元工程施工质量的平行检测资料。

7. 单元工程施工质量验收评定标准:

(1) 合格等级标准:在单元工程效果检查符合设计要求的前提下,高喷孔100%合格,优良率小于70%;各项报验资料应符合 SL 633—2012 的要求。

(2) 优良等级标准:在单元工程效果检查符合设计要求的前提下,高喷孔100%合格,优良率不小于70%;各项报验资料应符合 SL 633—2012 的要求。

表 3.9　高压喷射灌浆防渗墙单元工程施工质量验收评定表

单位工程名称						单元工程量				
分部工程名称						施工单位				
单元工程名称、部位						施工日期	年　月　日—		年　月　日	

孔号	孔数序号	1	2	3	4	5	6	7	8	9	10
	钻孔编号										
	单孔质量验收评定等级										

本单元工程内共有_____孔，其中优良_____孔，优良率_____%

单元工程效果（或实体质量）检查	1	
	2	
	⋮	

施工单位自评意见

单元工程效果（或实体质量）检查符合_____要求，_____孔 100%合格，其中优良孔占_____%，各项报验资料_____ SL 633—2012 的要求。

单元工程质量等级评定为：_____。

（签字，加盖公章）　　　年　月　日

监理单位复核意见

经进行单元工程效果（或实体质量）检查符合_____要求，_____孔（桩、槽）100%合格，其中优良孔占_____%，各项报验资料_____ SL 633—2012 的要求。

单元工程质量等级评定为：_____。

（签字，加盖公章）　　　年　月　日

注：本表所填"单元工程量"不作为施工单位工程量结算计量的依据。

表3.9.1 高压喷射灌浆防渗墙单孔施工质量验收评定表填表要求

填表时必须遵守"填表基本规定",并应符合下列要求:

1. 单位工程、分部工程、单元工程名称及部位填写应与表3.9相同。

2. 各检验项目的检验方法及检验数量按表C-19的要求执行。

表C-19 高压喷射灌浆防渗墙单孔施工

检验项目	检验方法	检验数量	检验项目	检验方法	检验数量
孔位偏差	钢尺量测	逐孔	孔序	现场查看	逐孔
钻孔深度	测绳或钻杆、钻具量测		孔斜率	测斜仪、吊线等量测	
喷射管下入深度	钢尺或测绳量测喷管		摆动速度	秒表量测	
喷射方向	罗盘量测		气压力	压力表量测	
提升速度	钢尺、秒表量测		气流量	流量计量测	
浆液压力	压力表量测		水压力	压力表量测	
浆液流量	体积法		水流量	流量表量测	
进浆密度	比重秤量测		回浆密度	比重秤量测	
摆动角度	角度尺或罗盘量测		特殊情况处理	根据实际情况定	
施工记录	查看	抽查	浆液压力(低压浆液时)		

注:本质量标准适用于摆喷施工法,其他施工法可调整检验项目。

3. 单孔施工质量验收评定应提交下列资料:

(1) 施工单位各班(组)初检记录、施工队复检记录、施工单位专职质检员终检记录,各施工质量检验项目的检验资料,施工中的见证取样检验及记录结果资料。

(2) 监理单位对各施工质量检验项目的平行检测资料。

4. 单孔施工质量标准:

(1) 合格等级标准:

1) 主控项目,检验结果应全部符合SL 633—2012的要求。

2) 一般项目,应逐项有70%及以上的检验点合格,且不合格点不应集中分布,不合格点的质量不应超出有关规范或设计要求的限值。

3) 各项报验资料应符合SL 633—2012的要求。

(2) 优良等级标准:

1) 主控项目,检验结果应全部符合SL 633—2012的要求。

2) 一般项目,应逐项有90%及以上的检验点合格,且不合格点不应集中分布,不合格点的质量不应超出有关规范或设计要求的限值。

3) 各项报验资料应符合SL 633—2012的要求。

表 3.9.1 高压喷射灌浆防渗墙单孔施工质量验收评定表

单位工程名称				孔号		
分部工程名称				施工单位		
单元工程名称、部位				施工日期	年 月 日— 年 月 日	

项次		检验项目	质量要求	检查记录	合格数	合格率
主控项目	1	孔位偏差	≤50mm			
	2	钻孔深度	大于设计墙体深度			
	3	喷射管下入深度	符合设计要求			
	4	喷射方向	符合设计要求			
	5	提升速度	符合设计要求			
	6	浆液压力	符合设计要求			
	7	浆液流量	符合设计要求			
	8	进浆密度	符合设计要求			
	9	摆动角度	符合设计要求			
	10	施工记录	齐全、准确、清晰			
一般项目	1	孔序	按设计要求			
	2	孔斜率	≤1%，或符合设计要求			
	3	摆动速度	符合设计要求			
	4	气压力	符合设计要求			
	5	气流量	符合设计要求			
	6	水压力	符合设计要求			
	7	水流量	符合设计要求			
	8	回浆密度	符合规范要求			
	9	特殊情况处理	符合设计要求			
	10	浆液压力(低压浆液时)	符合设计要求			

施工单位自评意见	主控项目检验点全部合格，一般项目逐项检验点的合格率均不小于_____%，且不合格点不集中分布，不合格点的质量_____有关规范或设计要求的限值，各项报验资料_____ SL 633—2012 的要求。 单孔质量等级评定为：_____。 （签字，加盖公章）　　年　月　日
监理单位复核意见	经复核，主控项目检验点全部合格，一般项目逐项检验点的合格率均不小于_____%，且不合格点不集中分布，不合格点的质量_____有关规范或设计要求的限值，各项报验资料_____ SL 633—2012 的要求。 单孔质量等级评定为：_____。 （签字，加盖公章）　　年　月　日

表3.10　水泥土搅拌防渗墙单元工程
施工质量验收评定表填表要求

　　填表时必须遵守"填表基本规定"，并应符合下列要求：

　　1. 本表适用于单头搅拌机施工法，多头搅拌机施工法可参照执行。且适用于湿法施工工艺，干法施工工艺的检验项目可适当调整。

　　2. 单元工程划分：宜按沿轴线每20m划分为一个单元工程。

　　3. 单元工程量填写水泥土形成的体积（m^3）或成墙垂直投影面积（m^2）。

　　4. 防渗效果检查目前常用的有效方法是开挖、钻孔和围井检查。

　　5. 单元工程为单桩不分工序，单元工程施工质量验收评定，应在单桩施工质量验收评定合格的基础上进行。

　　6. 单元工程施工质量验收评定应提交下列资料：

　　（1）施工单位应提交单元工程中所含单桩（或检验项目）验收评定的检验资料，各项实体检验项目的检验记录资料，施工中的见证取样检验及记录结果资料。

　　（2）监理单位应提交对单元工程施工质量的平行检测资料。

　　7. 水泥土搅拌防渗墙单元工程施工质量验收评定标准：

　　（1）合格等级标准：在单元工程效果检查符合设计要求的前提下，水泥搅拌桩100%合格，优良率小于70%；各项报验资料应符合SL 633—2012的要求。

　　（2）优良等级标准：在单元工程效果检查符合设计要求的前提下，水泥搅拌桩100%合格，优良率不小于70%；各项报验资料应符合SL 633—2012的要求。

表 3.10 水泥土搅拌防渗墙单元工程施工质量验收评定表

单位工程名称							单元工程量			
分部工程名称							施工单位			
单元工程名称、部位							施工日期	年　月　日—		年　月　日

桩号	序号	1	2	3	4	5	6	7	8	9	10
	编号										
单孔质量验收评定等级											

本单元工程内共有_____桩，其中优良_____桩，优良率_____％

单元工程效果（或实体质量）检查	1	
	2	
	⋮	

施工单位自评意见	单元工程效果（或实体质量）检查符合_____要求，_____桩 100％合格，其中优良桩占_____％，各项报验资料_____ SL 633—2012 的要求。 单元工程质量等级评定为：_____。 （签字，加盖公章）　　　年　月　日
监理单位复核意见	经进行单元工程效果（或实体质量）检查符合_____要求，_____桩 100％合格，其中优良孔占_____％，各项报验资料_____ SL 633—2012 的要求。 单元工程质量等级评定为：_____。 （签字，加盖公章）　　　年　月　日

注：本表所填"单元工程量"不作为施工单位工程量结算计量的依据。

表3.10.1 水泥土搅拌防渗墙单桩
施工质量验收评定表填表要求

填表时必须遵守"填表基本规定",并应符合下列要求:

1. 单位工程、分部工程、单元工程名称及部位填写应与表3.10相同。

2. 各检验项目的检验方法及检验数量按表C-20的要求执行。

表C-20　　　　　　　　　　水泥土搅拌防渗墙单桩

检验项目	检验方法	检验数量
孔位偏差	钢尺量测	逐桩
孔深	量测钻杆	
孔斜率	钢尺或测绳量测	
输浆量	体积法	
桩径	钢尺量测搅拌头	
施工记录	查看	抽查
水灰比	比重秤量测或体积法	逐桩
搅拌速度	秒表量测	
提升速度	秒表、钢尺等	
重复搅拌次数和深度	查看	
桩顶标高	钢尺量测	
特殊情况处理	现场查看	

3. 单桩施工质量验收评定应提交下列资料:

(1) 施工单位各班(组)初检记录、施工队复检记录、施工单位专职质检员终检记录,单桩中各施工质量检验项目的检验资料,施工中的见证取样检验及记录结果资料。

(2) 监理单位对单桩中施工质量检验项目的平行检测资料。

4. 单桩施工质量标准:

(1) 合格等级标准:

1) 主控项目,检验结果应全部符合SL 633—2012的要求。

2) 一般项目,应逐项有70%及以上的检验点合格,且不合格点不应集中分布,不合格点的质量不应超出有关规范或设计要求的限值。

3) 各项报验资料应符合SL 633—2012的要求。

(2) 优良等级标准:

1) 主控项目,检验结果应全部符合SL 633—2012的要求。

2) 一般项目,应逐项有90%及以上的检验点合格,且不合格点不应集中分布,不合格点的质量不应超出有关规范或设计要求的限值。

3) 各项报验资料应符合SL 633—2012的要求。

_____工程

表 3.10.1 水泥土搅拌防渗墙单桩施工质量验收评定表

单位工程名称				桩号			
分部工程名称				施工单位			
单元工程名称、部位				施工日期	年 月 日— 年 月 日		

项次		检验项目	质量要求	检查记录	合格数	合格率
主控项目	1	孔位偏差	≤20mm			
	2	孔深	符合设计要求			
	3	孔斜率	符合设计要求			
	4	输浆量	符合设计要求			
	5	桩径	符合设计要求			
	6	施工记录	齐全、准确、清晰			
一般项目	1	水灰比	符合设计要求			
	2	搅拌速度	符合设计要求			
	3	提升速度	符合设计要求			
	4	重复搅拌次数和深度	符合设计要求			
	5	桩顶标高	超出设计桩顶 0.3～0.5m			
	6	特殊情况处理	不影响质量			

施工单位自评意见	主控项目检验点全部合格，一般项目逐项检验点的合格率均不小于_____%，且不合格点不集中分布，不合格点的质量_____有关规范或设计要求的限值，各项报验资料_____ SL 633—2012 的要求。 单桩质量等级评定为：_____。 （签字，加盖公章）　　　年　月　日
监理单位复核意见	经复核，主控项目检验点全部合格，一般项目逐项检验点的合格率均不小于_____%，且不合格点不集中分布，不合格点的质量_____有关规范或设计要求的限值，各项报验资料_____ SL 633—2012 的要求。 单桩质量等级评定为：_____。 （签字，加盖公章）　　　年　月　日

338

表3.11　地基排水孔排水单孔及单元工程施工质量验收评定表填表要求

填表时必须遵守"填表基本规定",并应符合下列要求:

1. 本表适用于坝肩、坝基、隧洞及需要降低渗透水压力工程部位的岩体排水工程的施工质量验收评定。

2. 单元工程划分:宜按排水工程的施工区(段)划分,每一区(段)或20个孔左右划分为一个单元工程。

3. 单元工程量填写排水孔总长度(m)。

4. 单元工程单孔施工工序宜分为钻孔(包括清洗)、孔内及孔口装置安装(需设置孔内、孔口保护和需孔口测试时)、孔口测试(需孔口测试时)3个工序,其中钻孔(包括清洗)工序为主要工序,用△标注。

5. 单元工程施工质量验收评定应提交下列资料:

(1) 施工单位应提交单元工程中所含工序(或检验项目)验收评定的检验资料,各项实体检验项目的检验记录资料,施工中的见证取样检验及记录结果资料。

(2) 监理单位应提交对单元工程施工质量的平行检测资料。

6. 排水孔单孔施工质量验收评定标准:

(1) 合格等级标准:工序施工质量验收评定全部合格。

(2) 优良等级标准:工序施工质量验收评定全部合格,其中2个及以上工序达到优良,并且钻孔工序施工质量达到优良。

7. 排水孔排水单元工程施工质量验收评定标准:

(1) 合格等级标准:排水孔100%合格,优良率小于70%;各项报验资料应符合SL 633—2012的要求。

(2) 优良等级标准:排水孔100%合格,优良率不小于70%;各项报验资料应符合SL 633—2012的要求。

表 3.11 地基排水孔排水单孔及单元工程施工质量验收评定表

单位工程名称							单元工程量				
分部工程名称							施工单位				
单元工程名称、部位							施工日期	年 月 日— 年 月 日			

孔号	孔数序号	1	2	3	4	5	6	7	8	9	10
	钻孔编号										

工序质量评定结果	1	△钻孔（包括清洗）										
	2	孔内及孔口装置安装（需设置孔内、孔口保护和需孔口测试时）										
	3	孔口测试（需孔口测试时）										

单孔质量验收评定	施工单位自评意见										
	监理单位评定意见										

本单元工程内共有_____孔，其中优良_____孔，优良率_____%

施工单位自评意见	单元工程效果（或实体质量）检查符合_____要求，_____孔100％合格，其中优良孔占_____%，各项报验资料_____SL 633—2012的要求。 单元工程质量等级评定为：_____。 （签字，加盖公章）　　　年　月　日
监理单位复核意见	经进行单元工程效果（或实体质量）检查符合_____要求，_____孔100％合格，其中优良孔占_____%，各项报验资料_____SL 633—2012的要求。 单元工程质量等级评定为：_____。 （签字，加盖公章）　　　年　月　日

注：本表所填"单元工程量"不作为施工单位工程量结算计量的依据。

表3.11.1　地基排水孔排水工程单孔钻孔工序 施工质量验收评定表填表要求

填表时必须遵守"填表基本规定"，并应符合下列要求：

1. 单位工程、分部工程、单元工程名称及部位填写应与表 3.11 相同。
2. 各检验项目的检验方法及检验数量按表 C-21 的要求执行。

表 C-21　　　　　　　　地基排水孔排水工程单孔钻孔

检验项目	检验方法	检验数量
孔径	钢尺量测	逐孔
孔深	测绳量测或量测钻杆	
孔位偏差	钢尺量测	
施工记录	查看	抽查
钻孔孔斜	测斜仪量测	逐孔
钻孔清洗	测绳量测，查看施工记录	
地质编录	查看资料、图纸	

3. 工序施工质量验收评定应提交下列资料：

（1）施工单位各班（组）初检记录、施工队复检记录、施工单位专职质检员终检记录，工序中各施工质量检验项目的检验资料，施工中的见证取样检验及记录结果资料。

（2）监理单位对工序中施工质量检验项目的平行检测资料。

4. 工序质量标准：

（1）合格等级标准：

1）主控项目，检验结果应全部符合 SL 633—2012 的要求。

2）一般项目，应逐项有 70％及以上的检验点合格，且不合格点不应集中分布，不合格点的质量不应超出有关规范或设计要求的限值。

3）各项报验资料应符合 SL 633—2012 的要求。

（2）优良等级标准：

1）主控项目，检验结果应全部符合 SL 633—2012 的要求。

2）一般项目，应逐项有 90％及以上的检验点合格，且不合格点不应集中分布，不合格点的质量不应超出有关规范或设计要求的限值。

3）各项报验资料应符合 SL 633—2012 的要求。

表 3.11.1　地基排水孔排水工程单孔钻孔工序施工质量验收评定表

单位工程名称				孔号及工序名称			
分部工程名称				施工单位			
单元工程名称、部位				施工日期	年　月　日—	年　月　日	
项次		检验项目	质量要求	检查记录		合格数	合格率
主控项目	1	孔径	符合设计要求				
	2	孔深	符合设计要求				
	3	孔位偏差	≤100mm				
	4	施工记录	齐全、准确、清晰				
一般项目	1	钻孔孔斜	符合设计要求				
	2	钻孔清洗	回水清净，孔底沉淀小于200mm				
	3	地质编录	符合设计要求				
施工单位自评意见	主控项目检验点全部合格，一般项目逐项检验点的合格率均不小于_____%，且不合格点不集中分布，不合格点的质量_____有关规范或设计要求的限值，各项报验资料_____ SL 633—2012 的要求。 工序质量等级评定为：_____。 （签字，加盖公章）　　　年　月　日						
监理单位复核意见	经复核，主控项目检验点全部合格，一般项目逐项检验点的合格率均不小于_____%，且不合格点不集中分布，不合格点的质量_____有关规范或设计要求的限值，各项报验资料_____ SL 633—2012 的要求。 工序质量等级评定为：_____。 （签字，加盖公章）　　　年　月　日						

表3.11.2 地基排水孔排水工程单孔孔内 及孔口装置安装工序施工质量验收评定表 填表要求

填表时必须遵守"填表基本规定",并应符合下列要求:

1. 单位工程、分部工程、单元工程名称及部位填写应与表3.11相同。

2. 各检验项目的检验方法及检验数量按表C-22的要求执行。

表C-22 地基排水孔排水工程单孔孔内及孔口装置安装

检验项目	检验方法	检验数量
孔内保护结构材质、规格	查对设计图纸,对照地质编录图,查看施工记录	逐孔
孔内保护结构		
孔内保护结构安放位置		
孔口保护结构		
施工记录	查看	抽查
测渗系统设备安装位置	现场检测	指定孔

3. 工序施工质量验收评定应提交下列资料:

(1) 施工单位各班(组)初检记录、施工队复检记录、施工单位专职质检员终检记录,工序中各施工质量检验项目的检验资料,施工中的见证取样检验及记录结果资料。

(2) 监理单位对工序中施工质量检验项目的平行检测资料。

4. 工序质量标准:

(1) 合格等级标准:

1) 主控项目,检验结果应全部符合 SL 633—2012 的要求。

2) 一般项目,应逐项有 70% 及以上的检验点合格,且不合格点不应集中分布,不合格点的质量不应超出有关规范或设计要求的限值。

3) 各项报验资料应符合 SL 633—2012 的要求。

(2) 优良等级标准:

1) 主控项目,检验结果应全部符合 SL 633—2012 的要求。

2) 一般项目,应逐项有 90% 及以上的检验点合格,且不合格点不应集中分布,不合格点的质量不应超出有关规范或设计要求的限值。

3) 各项报验资料应符合 SL 633—2012 的要求。

表 3.11.2　地基排水孔排水工程单孔孔内及孔口装置
安装工序施工质量验收评定表

单位工程名称			孔号及工序名称		
分部工程名称			施工单位		
单元工程名称、部位			施工日期	年　月　日－　年　月　日	

项次		检验项目	质量要求	检查记录	合格数	合格率
主控项目	1	孔内保护结构材质、规格	符合设计要求			
	2	孔内保护结构	符合设计要求			
	3	孔内保护结构安放位置	符合设计要求			
	4	孔口保护结构	符合设计要求			
	5	施工记录	齐全、准确、清晰			
一般项目	1	测渗系统设备安装位置	符合设计要求			

施工单位自评意见	主控项目检验点全部合格，一般项目逐项检验点的合格率均不小于＿＿＿＿＿％，且不合格点不集中分布，不合格点的质量＿＿＿＿＿＿有关规范或设计要求的限值，各项报验资料＿＿＿＿＿＿ SL 633—2012 的要求。 　　工序质量等级评定为：＿＿＿＿＿＿。 　　　　　　　　　　　　　　　　　　　　（签字，加盖公章）　　　年　月　日
监理单位复核意见	经复核，主控项目检验点全部合格，一般项目逐项检验点的合格率均不小于＿＿＿＿＿％，且不合格点不集中分布，不合格点的质量＿＿＿＿＿＿有关规范或设计要求的限值，各项报验资料＿＿＿＿＿＿ SL 633—2012 的要求。 　　工序质量等级评定为：＿＿＿＿＿＿。 　　　　　　　　　　　　　　　　　　　　（签字，加盖公章）　　　年　月　日

表3.11.3 地基排水孔排水工程单孔孔口测试工序施工质量验收评定表填表要求

填表时必须遵守"填表基本规定",并应符合下列要求:

1. 单位工程、分部工程、单元工程名称及部位填写应与表3.11相同。

2. 各检验项目的检验方法及检验数量按表C-23的要求执行。

表C-23 地基排水孔排水工程单孔孔口测试

检验项目	检验方法	检验数量
排水孔渗压、渗流量观测	现场检查、检查观测记录	逐孔或指定孔

3. 工序施工质量验收评定应提交下列资料:

(1) 施工单位各班(组)初检记录、施工队复检记录、施工单位专职质检员终检记录,工序中各施工质量检验项目的检验资料,施工中的见证取样检验及记录结果资料。

(2) 监理单位对工序中施工质量检验项目的平行检测资料。

4. 工序质量标准:

(1) 合格等级标准:

1) 主控项目,检验结果应全部符合SL 633—2012的要求。

2) 一般项目,应逐项有70%及以上的检验点合格,且不合格点不应集中分布,不合格点的质量不应超出有关规范或设计要求的限值。

3) 各项报验资料应符合SL 633—2012的要求。

(2) 优良等级标准:

1) 主控项目,检验结果应全部符合SL 633—2012的要求。

2) 一般项目,应逐项有90%及以上的检验点合格,且不合格点不应集中分布,不合格点的质量不应超出有关规范或设计要求的限值。

3) 各项报验资料应符合SL 633—2012的要求。

表 3.11.3　　地基排水孔排水工程单孔孔口测试工序
施工质量验收评定表

单位工程名称				孔号及工序名称			
分部工程名称				施工单位			
单元工程名称、部位				施工日期	年 月 日— 年 月 日		

项次	检验项目	质量要求	检查记录	合格数	合格率
主控项目 1	排水孔渗压、渗流量观测	具有渗压、渗流量初始值，验收移交前的观测资料准确、齐全			

施工单位自评意见

主控项目检验点全部合格，一般项目逐项检验点的合格率均不小于_____%，且不合格点不集中分布，不合格点的质量_____有关规范或设计要求的限值，各项报验资料_____ SL 633—2012 的要求。

工序质量等级评定为：_____。

（签字，加盖公章）　　年 月 日

监理单位复核意见

经复核，主控项目检验点全部合格，一般项目逐项检验点的合格率均不小于_____%，且不合格点不集中分布，不合格点的质量_____有关规范或设计要求的限值，各项报验资料_____ SL 633—2012 的要求。

工序质量等级评定为：_____。

（签字，加盖公章）　　年 月 日

表3.12 地基管（槽）网排水单元工程
施工质量验收评定表填表要求

填表时必须遵守"填表基本规定"，并应符合下列要求：

1. 本表主要用于透水性较好的覆盖层地基、岩石地基的排水工程。

2. 单元工程划分：宜按每一施工区（段）划分为一个单元工程。

3. 单元工程量填写排水管（槽）总长度（m）。

4. 单元工程效果检查主要方法是系统通水检验，通水应通畅。

5. 单元工程单孔施工工序分为铺设基面处理、管（槽）网铺设及保护2个工序，其中管（槽）网铺设及保护工序为主要工序，用△标注。

6. 单元工程施工质量验收评定应提交下列资料：

（1）施工单位应提交单元工程中所含工序（或检验项目）验收评定的检验资料，各项实体检验项目的检验记录资料，施工中的见证取样检验及记录结果资料。

（2）监理单位应提交对单元工程施工质量的平行检测资料。

7. 地基管（槽）网排水单元工程施工质量验收评定标准：

（1）合格等级标准：在地基管（槽）网排水系统通水检验合格的前提下，工序施工质量验收评定全部合格；各项报验资料应符合 SL 633—2012 的要求。

（2）优良等级标准：在地基管（槽）网排水系统通水检验合格的前提下，工序施工质量验收评定全部合格，其中管（槽）网铺设及保护工序达到优良；各项报验资料应符合 SL 633—2012 的要求。

表 3.12 地基管（槽）网排水单元工程施工质量验收评定表

单位工程名称			单元工程量		
分部工程名称			施工单位		
单元工程名称、部位			施工日期	年 月 日— 年 月 日	
项次	工序名称	工序质量验收评定等级			
1	铺设基面处理				
2	△管（槽）网铺设及保护				
单元工程（或实体质量）效果检查	1				
	2				
	⋮				
施工单位自评意见	单元工程效果（或实体质量）检查符合_____要求，工序100％合格，其中优良占_____％，_____工序达到优良，各项报验资料_____ SL 633—2012 的要求。 单元工程质量等级评定为：_____。 （签字，加盖公章） 年 月 日				
监理单位复核意见	经进行单元工程效果（或实体质量）检查，符合_____要求，工序100％合格，其中优良孔占_____％，_____工序达到优良，各项报验资料_____ SL 633—2012 的要求。 单元工程质量等级评定为：_____。 （签字，加盖公章） 年 月 日				
注：本表所填"单元工程量"不作为施工单位工程量结算计量的依据。					

表3.12.1 地基管（槽）网排水工程铺设基面处理工序施工质量验收评定表填表要求

填表时必须遵守"填表基本规定"，并应符合下列要求：

1. 单位工程、分部工程、单元工程名称及部位填写要与表3.12相同。

2. 各检验项目的检验方法及检验数量按表C-24的要求执行。

表C-24 地基管（槽）网排水工程铺设基面处理

检验项目	检验方法	检验数量
铺设基础面平面布置	对照图纸、测量	全面检查
铺设基础面高程		
铺设基面平整度、压实度	现场检测	抽查
施工记录	查看	

3. 工序施工质量验收评定应提交下列资料：

（1）施工单位各班（组）初检记录、施工队复检记录、施工单位专职质检员终检记录，工序中各施工质量检验项目的检验资料，施工中的见证取样检验及记录结果资料。

（2）监理单位对工序中施工质量检验项目的平行检测资料。

4. 工序质量标准：

（1）合格等级标准：

1）主控项目，检验结果应全部符合SL 633—2012的要求。

2）一般项目，应逐项有70％及以上的检验点合格，且不合格点不应集中分布，不合格点的质量不应超出有关规范或设计要求的限值。

3）各项报验资料应符合SL 633—2012的要求。

（2）优良等级标准：

1）主控项目，检验结果应全部符合SL 633—2012的要求。

2）一般项目，应逐项有90％及以上的检验点合格，且不合格点不应集中分布，不合格点的质量不应超出有关规范或设计要求的限值。

3）各项报验资料应符合SL 633—2012的要求。

**表 3.12.1　地基管（槽）网排水工程铺设基面处理工序
施工质量验收评定表**

单位工程名称				工序名称			
分部工程名称				施工单位			
单元工程名称、部位				施工日期	年　月　日—	年　月　日	
项次	检验项目		质量要求	检查记录		合格数	合格率
主控项目	1	铺设基础面平面布置	符合设计要求				
	2	铺设基础面高程	符合设计要求				
一般项目	1	铺设基面平整度、压实度	符合设计要求				
	2	施工记录	齐全、准确、清晰				

施工单位自评意见	主控项目检验点全部合格，一般项目逐项检验点的合格率均不小于_____%，且不合格点不集中分布，不合格点的质量_____有关规范或设计要求的限值，各项报验资料_____ SL 633—2012 的要求。 　　工序质量等级评定为：_____。 （签字，加盖公章）　　　年　月　日
监理单位复核意见	经复核，主控项目检验点全部合格，一般项目逐项检验点的合格率均不小于_____%，且不合格点不集中分布，不合格点的质量_____有关规范或设计要求的限值，各项报验资料_____ SL 633—2012 的要求。 　　工序质量等级评定为：_____。 （签字，加盖公章）　　　年　月　日

表3.12.2 地基管(槽)网排水工程管(槽)网铺设及保护工序施工质量验收评定表

填表要求

填表时必须遵守"填表基本规定",并应符合下列要求:

1. 单位工程、分部工程、单元工程名称及部位填写要与表3.12相同。

2. 各检验项目检验方法及检验数量按表C-25的要求执行。

表C-25 地基管(槽)网排水工程管(槽)网铺设及保护

检验项目	检验方法	检验数量
排水管(槽)网材质、规格	检查合格证、现场测试	抽查
排水管(槽)网接头连接	现场通水检查	逐个检查
保护排水管(槽)网的材料材质	检查合格证、现场测试	抽查
管(槽)与基岩接触	现场检查	全面检查
施工记录	查看	抽查
排水管网的固定	现场检查	全面检查
排水系统引出		

3. 工序施工质量验收评定应提交下列资料:

(1)施工单位各班(组)初检记录、施工队复检记录、施工单位专职质检员终检记录,工序中各施工质量检验项目的检验资料,施工中的见证取样检验及记录结果资料。

(2)监理单位对工序中施工质量检验项目的平行检测资料。

4. 工序质量标准:

(1)合格等级标准:

1)主控项目,检验结果应全部符合SL 633—2012的要求。

2)一般项目,应逐项有70%及以上的检验点合格,且不合格点不应集中分布,不合格点的质量不应超出有关规范或设计要求的限值。

3)各项报验资料应符合SL 633—2012的要求。

(2)优良等级标准:

1)主控项目,检验结果应全部符合SL 633—2012的要求。

2)一般项目,应逐项有90%及以上的检验点合格,且不合格点不应集中分布,不合格点的质量不应超出有关规范或设计要求的限值。

3)各项报验资料应符合SL 633—2012的要求。

表 3.12.2 地基管（槽）网排水工程管（槽）网铺设及
保护工序施工质量验收评定表

单位工程名称				工序名称			
分部工程名称				施工单位			
单元工程名称、部位				施工日期	年 月 日— 年 月 日		

项次		检验项目	质量要求	检查记录	合格数	合格率
主控项目	1	排水管（槽）网材质、规格	符合设计要求			
	2	排水管（槽）网接头连接	严密、不漏水			
	3	保护排水管（槽）网的材料材质	耐久性、透水性、防淤堵性能满足设计要求			
	4	管（槽）与基岩接触	严密、不漏水，管（槽）内干净			
	5	施工记录	齐全、准确、清晰			
一般项目	1	排水管网的固定	符合设计要求			
	2	排水系统引出	符合设计要求			

施工单位自评意见	主控项目检验点全部合格，一般项目逐项检验点的合格率均不小于_____％，且不合格点不集中分布，不合格点的质量_____有关规范或设计要求的限值，各项报验资料_____ SL 633—2012 的要求。 工序质量等级评定为：_____。 （签字，加盖公章）　　年　月　日
监理单位复核意见	经复核，主控项目检验点全部合格，一般项目逐项检验点的合格率均不小于_____％，且不合格点不集中分布，不合格点的质量_____有关规范或设计要求的限值，各项报验资料_____ SL 633—2012 的要求。 工序质量等级评定为：_____。 （签字，加盖公章）　　年　月　日

表3.13 锚喷支护单元工程
施工质量验收评定表填表要求

填表时必须遵守"填表基本规定",并应符合下列要求:

1. 本表适用于锚杆、喷射混凝土以及锚杆与喷射混凝土组合的支护工程。

2. 单元工程划分:宜以每一施工区(段)划分为一个单元工程。

3. 注浆锚杆安装后72h内,不应敲击、碰撞或悬挂重物,使用速凝材料而有特殊说明的除外。

4. 单元工程量填写锚喷支护的面积(m^2)、喷射混凝土的体积(m^3)、锚杆的长度(m)。

5. 本单元工程施工工序宜分为锚杆(包括钻孔)、喷混凝土(包括钢筋网制作及安装)2个工序,其中锚杆(包括钻孔)工序为主要工序,用△标注。锚喷支护单元工程施工质量验收评定,应在工序质量验收评定合格的基础上进行。当只有一个工序时,工序施工质量即为单元工程质量。

6. 单元工程施工质量验收评定应提交下列资料:

(1) 施工单位应提交单元工程中所含工序(或检验项目)验收评定的检验资料,各项实体检验项目的检验记录资料,施工中的见证取样检验及记录结果资料。

(2) 监理单位应提交对单元工程施工质量的平行检测资料。

7. 锚喷支护单元工程施工质量验收评定标准:

(1) 合格等级标准:工序施工质量验收评定全部合格,各项报验资料应符合 SL 633—2012 的要求。

(2) 优良等级标准:工序施工质量验收评定全部合格,其中锚杆工序施工质量达到优良;各项报验资料应符合 SL 633—2012 的要求。

表 3.13　　**锚喷支护单元工程施工质量验收评定表**

单位工程名称		单元工程量	
分部工程名称		施工单位	
单元工程名称、部位		施工日期	年　月　日—　　年　月　日

项次	工序名称	工序质量验收评定等级
1	△锚杆（包括钻孔）	
2	喷混凝土（包括钢筋网制作及安装）	

施工单位自评意见	单元工程质量检查符合_____要求，工序全部合格，其中优良占_____%，_____工序达到优良，各项报验资料_____SL 633—2012 的要求。 单元工程质量等级评定为：_____。 （签字，加盖公章）　　　年　月　日
监理单位复核意见	经进行单元工程质量检查，符合_____要求，工序全部合格，其中优良孔占_____%，_____工序达到优良，各项报验资料_____SL 633—2012 的要求。 单元工程质量等级评定为：_____。 （签字，加盖公章）　　　年　月　日

注：本表所填"单元工程量"不作为施工单位工程量结算计量的依据。

表3.13.1 锚喷支护锚杆工序
施工质量验收评定表填表要求

填表时必须遵守"填表基本规定",并应符合下列要求:

1. 单位工程、分部工程、单元工程名称及部位填写应与表3.13相同。

2. 各检验项目的检验方法及检验数量按表C-26的要求执行。

表C-26　　　　　　　　　　锚 喷 支 护 锚 杆

检验项目	检验方法	检验数量
锚杆材质和胶结材料性能	抽检,查看试验资料	按批抽查
孔深偏差	钢尺、测杆量测	抽查10%~15%
锚孔清理	观察检查	
锚杆抗拔力(或无损检测)	查看试验记录	每300根抽查3根
预应力锚杆张拉力		
锚杆孔位偏差	钢尺、仪器量测	抽查10%~15%
锚杆钻孔方向偏差	罗盘仪、仪器量测	
锚杆钻孔孔径	钢尺量测	
锚杆长度偏差		
锚杆孔注浆	现场检查	
施工记录	查看	抽查

3. 工序施工质量验收评定应提交下列资料:

(1) 施工单位各班(组)初检记录、施工队复检记录、施工单位专职质检员终检记录,工序中各施工质量检验项目的检验资料,施工中的见证取样检验及记录结果资料。

(2) 监理单位对工序中施工质量检验项目的平行检测资料。

4. 工序质量标准:

(1) 合格等级标准:

1) 主控项目,检验结果应全部符合SL 633—2012的要求。

2) 一般项目,应逐项有70%及以上的检验点合格,且不合格点不应集中分布,不合格点的质量不应超出有关规范或设计要求的限值。

3) 各项报验资料应符合SL 633—2012的要求。

(2) 优良等级标准:

1) 主控项目,检验结果应全部符合SL 633—2012的要求。

2) 一般项目,应逐项有90%及以上的检验点合格,且不合格点不应集中分布,不合格点的质量不应超出有关规范或设计要求的限值。

3) 各项报验资料应符合SL 633—2012的要求。

表 3.13.1　锚喷支护锚杆工序施工质量验收评定表

单位工程名称				工序名称		
分部工程名称				施工单位		
单元工程名称、部位				施工日期	年　月　日—	年　月　日

项次		检验项目	质量要求	检查记录	合格数	合格率
主控项目	1	锚杆材质和胶结材料性能	符合设计要求			
	2	孔深偏差	≤50mm			
	3	锚孔清理	孔内无岩粉、无积水			
	4	锚杆抗拔力（或无损检测）	符合设计和规范要求			
	5	预应力锚杆张拉力	符合设计和规范要求			
一般项目	1	锚杆孔位偏差	≤150mm（预应力锚杆：≤200mm）			
	2	锚杆钻孔方向偏差	符合设计要求（预应力锚杆：≤3%）			
	3	锚杆钻孔孔径	符合设计要求			
	4	锚杆长度偏差	≤5mm			
	5	锚杆孔注浆	符合设计和规范要求			
	6	施工记录	齐全、准确、清晰			

施工单位自评意见	主控项目检验点全部合格，一般项目逐项检验点的合格率均不小于_____%，且不合格点不集中分布，不合格点的质量_____有关规范或设计要求的限值，各项报验资料_____ SL 633—2012 的要求。 　　工序质量等级评定为：_____。 　　　　　　　　　　　　　　　　　　　　（签字，加盖公章）　　　年　月　日
监理单位复核意见	经复核，主控项目检验点全部合格，一般项目逐项检验点的合格率均不小于_____%，且不合格点不集中分布，不合格点的质量_____有关规范或设计要求的限值，各项报验资料_____ SL 633—2012 的要求。 　　工序质量等级评定为：_____。 　　　　　　　　　　　　　　　　　　　　（签字，加盖公章）　　　年　月　日

表3.13.2 锚喷支护喷混凝土工序
施工质量验收评定表填表要求

填表时必须遵守"填表基本规定",并应符合下列要求:

1. 单位工程、分部工程、单元工程名称及部位填写要与表3.13相同。

2. 各检验项目的检验方法及检验数量按表C-27的要求执行。

表C-27   锚喷支护喷混凝土

检验项目	检验方法	检验数量
喷混凝土性能	抽检,查看试验资料	每100m³不小于2组
喷层均匀性	现场取样	按规范要求抽查
喷层密实性	现场观察	全面检查
喷层厚度	针探、钻孔	按规范要求抽查
喷混凝土配合比	查看试验资料	每个作业班检查2次
受喷面清理	现场观察	全面检查
喷层表面整体性	观察检查	
喷层养护	观察,查施工记录	
钢筋(丝)网格间距偏差	钢尺量测	按批抽查
钢筋(丝)网安装	现场检查,钢尺量测	全面检查
施工记录	查看	

3. 工序施工质量验收评定应提交下列资料:

(1) 施工单位各班(组)初检记录、施工队复检记录、施工单位专职质检员终检记录,工序中各施工质量检验项目的检验资料,施工中的见证取样检验及记录结果资料。

(2) 监理单位对工序中施工质量检验项目的平行检测资料。

4. 工序质量标准:

(1) 合格等级标准:

1) 主控项目,检验结果应全部符合SL 633—2012的要求。

2) 一般项目,应逐项有70%及以上的检验点合格,且不合格点不应集中分布,不合格点的质量不应超出有关规范或设计要求的限值。

3) 各项报验资料应符合SL 633—2012的要求。

(2) 优良等级标准:

1) 主控项目,检验结果应全部符合SL 633—2012的要求。

2) 一般项目,应逐项有90%及以上的检验点合格,且不合格点不应集中分布,不合格点的质量不应超出有关规范或设计要求的限值。

3) 各项报验资料应符合SL 633—2012的要求。

_____工程

表 3.13.2 锚喷支护喷混凝土工序施工质量验收评定表

单位工程名称				工序名称				
分部工程名称				施工单位				
单元工程名称、部位				施工日期	年 月 日— 年 月 日			

项次		检验项目	质量要求	检查记录	合格数	合格率
主控项目	1	喷混凝土性能	符合设计要求			
	2	喷层均匀性	个别处有夹层、包沙			
	3	喷层密实性	无滴水、个别点渗水			
	4	喷层厚度	符合设计和规范要求			
一般项目	1	喷混凝土配合比	满足规范要求			
	2	受喷面清理	符合设计及规范要求			
	3	喷层表面整体性	个别处有微细裂缝			
	4	喷层养护	符合设计及规范要求			
	5	钢筋（丝）网格间距偏差	≤20mm			
	6	钢筋（丝）网安装	符合设计和规范要求			
	7	施工记录	齐全、准确、清晰			

施工单位自评意见	主控项目检验点全部合格，一般项目逐项检验点的合格率均不小于_____%，且不合格点不集中分布，不合格点的质量_____有关规范或设计要求的限值，各项报验资料_____ SL 633—2012 的要求。 工序质量等级评定为：_____。 （签字，加盖公章）　　年　月　日
监理单位复核意见	经复核，主控项目检验点全部合格，一般项目逐项检验点的合格率均不小于_____%，且不合格点不集中分布，不合格点的质量_____有关规范或设计要求的限值，各项报验资料_____ SL 633—2012 的要求。 工序质量等级评定为：_____。 （签字，加盖公章）　　年　月　日

表3.14 预应力锚索加固单根及单元工程施工质量验收评定表填表要求

填表时必须遵守"填表基本规定",并应符合下列要求:

1. 本表适用于预应力锚索加固岩土边坡或洞室围岩的施工质量验收评定,加固混凝土结构物工程可参照使用。

2. 预应力锚束制作完成应进行外观检验,验收合格且签发合格证、编号挂牌后,方可使用。预应力锚杆施加预应力设备、锚索张拉设备应由有资质的检定机构按期检定,并应经过监理和建设单位的认可。上述工作要形成文字材料,作为单元工程或分部工程验收的备查资料。

3. 单元工程划分:单根预应力锚索设计张拉力不小于500kN的,应每根锚索划分为一个单元工程;单根预应力锚索设计张拉力小于500kN的,宜以3~5根锚索划分为一个单元工程。

4. 预应力锚索加固单元工程施工质量验收评定,应在单根锚索施工质量验收评定合格的基础上进行,单根锚索施工质量验收评定应在工序验收合格的基础上进行。

5. 单元工程量为锚索的根数和长度(m)。

6. 单元工程单孔施工工序应分为钻孔、锚束制作及安装、外锚头制作和锚索张拉锁定(包括防护)4个工序,其中锚索张拉锁定(包括防护)工序为主要工序,用△标注。

7. 单元工程施工质量验收评定应提交下列资料:

(1)施工单位应提交单元工程中所含工序(或检验项目)验收评定的检验资料,各项实体检验项目的检验记录资料,施工中的见证取样检验及记录结果资料。

(2)监理单位应提交对单元工程施工质量的平行检测资料。

8. 预应力锚索加固单根施工质量验收评定标准:

(1)合格等级标准:工序施工质量验收评定全部合格。

(2)优良等级标准:工序施工质量验收评定全部合格,其中3个及以上工序施工质量达到优良,并且锚索张拉锁定工序施工质量达到优良。

9. 预应力锚索加固单元工程施工质量验收评定标准:

(1)对于单根锚索为一个单元工程的,按单根锚索施工质量验收评定结果作为单元工程验收评定结果;各项报验资料应符合SL 633—2012标准的要求。

(2)对多根锚索划分为一个单元工程的,应按以下标准进行验收评定:

1)锚索全部合格,优良率小于70%,各项报验资料应符合SL 633—2012的要求,单元工程评定合格。

2)全部合格,优良率不小于70%,各项报验资料应符合SL 633—2012的要求,单元工程评定优良。

表 3.14 预应力锚索加固单根及单元工程施工质量验收评定表

单位工程名称						单元工程量				
分部工程名称						施工单位				
单元工程名称、部位						施工日期	年 月 日— 年 月 日			

孔号		孔数序号	1	2	3	4	5	6	7	8	9	10
		钻孔编号										
工序质量评定结果	1	钻孔										
	2	锚束制作安装										
	3	外锚头制作										
	4	△锚索张拉锁定（包括防护）										
单根锚索质量验收评定		施工单位自评意见										
		监理单位评定意见										

本单元工程内共有_____根，其中优良_____根，优良率_____%	
施工单位自评意见	单元工程质量检查符合_____要求，_____根100%合格，其中优良根占_____%，各项报验资料_____SL 633—2012 的要求。 单元工程质量等级评定为：_____。 （签字，加盖公章）　　年　月　日
监理单位复核意见	经进行单元工程质量检查，符合_____要求，_____根100%合格，其中优良根占_____%，各项报验资料_____SL 633—2012 的要求。 单元工程质量等级评定为：_____。 （签字，加盖公章）　　年　月　日

注：本表所填"单元工程量"不作为施工单位工程量结算计量的依据。

表3.14.1 预应力锚索加固单根钻孔工序 施工质量验收评定表填表要求

填表时必须遵守"填表基本规定",并应符合下列要求:

1. 单位工程、分部工程、单元工程名称及部位填写应与表3.14相同。

2. 各检验项目的检验方法及检验数量按表C-28的要求执行。

表C-28 预应力锚索加固单根钻孔

检验项目	检验方法	检验数量
孔径	钢尺量测	
孔深	钢尺配合钻杆量测	
机械式锚固段超径	钢尺配合钻杆量测	
孔斜率	测斜仪	
钻孔围岩灌浆	压水试验等	逐孔
孔轴方向	罗盘仪、测量仪器检测	
内锚头扩孔	查看施工记录	
孔位偏差	钢尺量测	
钻孔清洗	观察	
施工记录	查看	

3. 工序施工质量验收评定应提交下列资料:

(1) 施工单位各班(组)初检记录、施工队复检记录、施工单位专职质检员终检记录,工序中各施工质量检验项目的检验资料,施工中的见证取样检验及记录结果资料。

(2) 监理单位对工序中施工质量检验项目的平行检测资料。

4. 工序质量标准:

(1) 合格等级标准:

1) 主控项目,检验结果应全部符合SL 633—2012的要求。

2) 一般项目,应逐项有70%及以上的检验点合格,且不合格点不应集中分布,不合格点的质量不应超出有关规范或设计要求的限值。

3) 各项报验资料应符合SL 633—2012的要求。

(2) 优良等级标准:

1) 主控项目,检验结果应全部符合SL 633—2012的要求。

2) 一般项目,应逐项有90%及以上的检验点合格,且不合格点不应集中分布,不合格点的质量不应超出有关规范或设计要求的限值。

3) 各项报验资料应符合SL 633—2012的要求。

表 3.14.1 预应力锚索加固单根钻孔工序施工质量验收评定表

单位工程名称				孔号及工序名称		
分部工程名称				施工单位		
单元工程名称、部位				施工日期	年 月 日— 年 月 日	

项次		检验项目	质量要求	检查记录	合格数	合格率
主控项目	1	孔径	不小于设计值			
	2	孔深	不小于设计值，有效孔深的超深不大于200mm			
	3	机械式锚固段超径	不大于孔径的3%，且不大于5mm			
	4	孔斜率	不大于3%，有特殊要求的不大于0.8%			
	5	钻孔围岩灌浆	符合设计和规范要求			
	6	孔轴方向	符合设计要求			
	7	内锚头扩孔	符合设计及规范要求			
一般项目	1	孔位偏差	≤100mm			
	2	钻孔清洗	孔内不应残留废渣、岩芯			
	3	施工记录	齐全、准确、清晰			

施工单位自评意见	主控项目检验点全部合格，一般项目逐项检验点的合格率均不小于_____%，且不合格点不集中分布，不合格点的质量_____有关规范或设计要求的限值，各项报验资料_____SL 633—2012的要求。 工序质量等级评定为：_____。 （签字，加盖公章）　　年　月　日
监理单位复核意见	经复核，主控项目检验点全部合格，一般项目逐项检验点的合格率均不小于_____%，且不合格点不集中分布，不合格点的质量_____有关规范或设计要求的限值，各项报验资料_____SL 633—2012的要求。 工序质量等级评定为：_____。 （签字，加盖公章）　　年　月　日

表3.14.2　预应力锚索加固单根锚束制作安装工序施工质量验收评定表填表要求

填表时必须遵守"填表基本规定"，并应符合下列要求：

1. 单位工程、分部工程、单元工程名称及部位填写应与表3.14相同。

2. 各检验项目的检验方法及检验数量按表C-29的要求执行。

表C-29　　　　　　　　　预应力锚索加固单根锚束制作安装

检验项目	检验方法	检验数量
锚束材质、规格	室内试验、现场查看	抽样
注浆浆液性能	现场检查、室内试验	
编束	钢尺量测	逐根
锚束进浆管、排气管		逐项
锚束安放		
锚固端注浆	现场观察、检查	逐根
锚束外观		
锚束堆放		
锚束运输		
施工记录	查看	

3. 工序施工质量验收评定应提交下列资料：

（1）施工单位各班（组）初检记录、施工队复检记录、施工单位专职质检员终检记录，工序中各施工质量检验项目的检验资料，施工中的见证取样检验及记录结果资料。

（2）监理单位对工序中施工质量检验项目的平行检测资料。

4. 工序质量标准：

（1）合格等级标准：

1）主控项目，检验结果应全部符合SL 633—2012的要求。

2）一般项目，应逐项有70%及以上的检验点合格，且不合格点不应集中分布，不合格点的质量不应超出有关规范或设计要求的限值。

3）各项报验资料应符合SL 633—2012的要求。

（2）优良等级标准：

1）主控项目，检验结果应全部符合SL 633—2012的要求。

2）一般项目，应逐项有90%及以上的检验点合格，且不合格点不应集中分布，不合格点的质量不应超出有关规范或设计要求的限值。

3）各项报验资料应符合SL 633—2012的要求。

表 3.14.2 预应力锚索加固单根锚束制作安装工序

施工质量验收评定表

单位工程名称				孔号及工序名称			
分部工程名称				施工单位			
单元工程名称、部位				施工日期	年 月 日— 年 月 日		

项次		检验项目	质量要求	检查记录	合格数	合格率
主控项目	1	锚束材质、规格	符合设计和规范要求			
	2	注浆浆液性能	符合设计和规范要求			
	3	编束	符合设计和工艺操作要求			
	4	锚束进浆管、排气管	通畅，阻塞器完好			
	5	锚束安放	锚束应顺直，无弯曲、扭转现象			
	6	锚固端注浆	符合设计要求			
一般项目	1	锚束外观	无锈、无油污、无残缺、防护涂层无损伤			
	2	锚束堆放	符合设计要求			
	3	锚束运输	符合设计要求			
	4	施工记录	齐全、准确、清晰			

施工单位自评意见	主控项目检验点全部合格，一般项目逐项检验点的合格率均不小于_____%，且不合格点不集中分布，不合格点的质量_____有关规范或设计要求的限值，各项报验资料_____ SL 633—2012 的要求。 工序质量等级评定为：_____。 （签字，加盖公章） 年 月 日
监理单位复核意见	经复核，主控项目检验点全部合格，一般项目逐项检验点的合格率均不小于_____%，且不合格点不集中分布，不合格点的质量_____有关规范或设计要求的限值，各项报验资料_____ SL 633—2012 的要求。 工序质量等级评定为：_____。 （签字，加盖公章） 年 月 日

表3.14.3　预应力锚索加固单根外锚头制作工序施工质量验收评定表填表要求

填表时必须遵守"填表基本规定",并应符合下列要求:

1. 单位工程、分部工程、单元工程名称及部位填写应与表3.14相同。

2. 各检验项目的检验方法及检验数量按表C-30的要求执行。

表C-30　　　　　　　预应力锚索加固单根外锚头制作

检验项目	检验方法	检验数量
垫板承压面与锚孔轴线夹角	测量仪器量测	逐孔
混凝土性能	现场取样试验	逐根
基面清理	现场检查	
结构与体形	现场检查,查看资料	

3. 工序施工质量验收评定应提交下列资料:

(1) 施工单位各班(组)初检记录、施工队复检记录、施工单位专职质检员终检记录,工序中各施工质量检验项目的检验资料,施工中的见证取样检验及记录结果资料。

(2) 监理单位对工序中施工质量检验项目的平行检测资料。

4. 工序质量标准:

(1) 合格等级标准:

1) 主控项目,检验结果应全部符合SL 633—2012的要求。

2) 一般项目,应逐项有70%及以上的检验点合格,且不合格点不应集中分布,不合格点的质量不应超出有关规范或设计要求的限值。

3) 各项报验资料应符合SL 633—2012的要求。

(2) 优良等级标准:

1) 主控项目,检验结果应全部符合SL 633—2012的要求。

2) 一般项目,应逐项有90%及以上的检验点合格,且不合格点不应集中分布,不合格点的质量不应超出有关规范或设计要求的限值。

3) 各项报验资料应符合SL 633—2012的要求。

表 3.14.3　预应力锚索加固单根外锚头制作工序施工质量验收评定表

单位工程名称				孔号及工序名称			
分部工程名称				施工单位			
单元工程名称、部位				施工日期	年　月　日—　　年　月　日		

项次		检验项目	质量要求	检查记录	合格数	合格率
主控项目	1	垫板承压面与锚孔轴线夹角	90°±0.5°			
一般项目	1	混凝土性能	符合设计要求			
	2	基面清理	符合设计要求			
	3	结构与体形	符合设计要求			

施工单位自评意见	主控项目检验点全部合格，一般项目逐项检验点的合格率均不小于_____%，且不合格点不集中分布，不合格点的质量_____有关规范或设计要求的限值，各项报验资料_____ SL 633—2012 的要求。 工序质量等级评定为：_____。 （签字，加盖公章）　　　年　月　日
监理单位复核意见	经复核，主控项目检验点全部合格，一般项目逐项检验点的合格率均不小于_____%，且不合格点不集中分布，不合格点的质量_____有关规范或设计要求的限值，各项报验资料_____ SL 633—2012 的要求。 工序质量等级评定为：_____。 （签字，加盖公章）　　　年　月　日

表3.14.4 预应力锚索加固单根锚索张拉锁定工序 施工质量验收评定表填表要求

填表时必须遵守"填表基本规定",并应符合下列要求:

1. 单位工程、分部工程、单元工程名称及部位填写应与表3.14相同。

2. 各检验项目的检验方法及检验数量按表C-31的要求执行。

表C-31　　　　　　　　　预应力锚索加固单根锚索张拉锁定

检验项目	检验方法	检验数量
锚索张拉程序、标准	查看施工方案和记录	逐根
锚索张拉	现场观察	
索体伸长值	现场检查、查看资料	
锚索锁定	现场检查	
施工记录	查看	
锚具外索体切割	现场检查	
封孔灌浆	现场检查,查看资料	
锚头防护措施	现场检查	

3. 工序施工质量验收评定应提交下列资料:

(1) 施工单位各班(组)初检记录、施工队复检记录、施工单位专职质检员终检记录,工序中各施工质量检验项目的检验资料,施工中的见证取样检验及记录结果资料。

(2) 监理单位对工序中施工质量检验项目的平行检测资料。

4. 工序质量标准:

(1) 合格等级标准:

1) 主控项目,检验结果应全部符合SL 633—2012的要求。

2) 一般项目,应逐项有70%及以上的检验点合格,且不合格点不应集中分布,不合格点的质量不应超出有关规范或设计要求的限值。

3) 各项报验资料应符合SL 633—2012的要求。

(2) 优良等级标准:

1) 主控项目,检验结果应全部符合SL 633—2012的要求。

2) 一般项目,应逐项有90%及以上的检验点合格,且不合格点不应集中分布,不合格点的质量不应超出有关规范或设计要求的限值。

3) 各项报验资料应符合SL 633—2012的要求。

表 3.14.4 预应力锚索加固单根锚索张拉锁定工序
施工质量验收评定表

单位工程名称			孔号及工序名称				
分部工程名称			施工单位				
单元工程名称、部位			施工日期	年 月 日— 年 月 日			
项次		检验项目	质量要求	检查记录		合格数	合格率
主控项目	1	锚索张拉程序、标准	符合设计及规范要求				
	2	锚索张拉	符合设计要求、符合张拉程序				
	3	索体伸长值	符合设计要求				
	4	锚索锁定	符合设计及规范要求				
	5	施工记录	齐全、准确、清晰				
一般项目	1	锚具外索体切割	符合设计要求				
	2	封孔灌浆	密实、无连通气泡、无脱空				
	3	锚头防护措施	符合设计要求				
施工单位自评意见	主控项目检验点全部合格，一般项目逐项检验点的合格率均不小于_____%，且不合格点不集中分布，不合格点的质量_____有关规范或设计要求的限值，各项报验资料_____ SL 633—2012 的要求。 工序质量等级评定为：_____。 （签字，加盖公章） 年 月 日						
监理单位复核意见	经复核，主控项目检验点全部合格，一般项目逐项检验点的合格率均不小于_____%，且不合格点不集中分布，不合格点的质量_____有关规范或设计要求的限值，各项报验资料_____ SL 633—2012 的要求。 工序质量等级评定为：_____。 （签字，加盖公章） 年 月 日						

表3.15 钻孔灌注桩工程单桩及单元工程 施工质量验收评定表填表要求

填表时必须遵守"填表基本规定",并应符合下列要求:

1. 本表适用于采用泥浆护壁钻孔施工方法的灌注桩。

2. 单元工程划分:单元工程宜按柱(墩)基础划分,每一柱(墩)下的灌注桩基础划分为一个单元工程。不同桩径的灌注桩不宜划分为同一单元。

3. 钻孔灌注桩单元工程施工质量验收评定,应在单桩施工质量验收评定合格的基础上进行;单桩施工质量验收评定应在工序验收合格的基础上进行。

4. 单元工程量填写灌注桩孔总长度(m)和混凝土总量(m³)。

5. 单元单孔灌注桩单桩施工工序宜分为:钻孔(包括清孔和检查)、钢筋笼制造安装、混凝土浇筑3个工序,其中混凝土浇筑工序为主要工序,用△标注。

6. 单元工程施工质量验收评定应提交下列资料:

(1)施工单位应提交单元工程中所含工序(或检验项目)验收评定的检验资料,各项实体检验项目的检验记录资料,施工中的见证取样检验及记录结果资料。

(2)监理单位应提交对单元工程施工质量的平行检测资料。

7. 钻孔灌注桩单桩施工质量验收评定标准:

(1)合格等级标准:工序施工质量验收评定全部合格。

(2)优良等级标准:工序施工质量验收评定全部合格,其中2个及以上工序达到优良,并且混凝土浇筑工序施工质量达到优良。

8. 钻孔灌注桩单元工程施工质量验收评定标准:

(1)合格等级标准:在单元工程实体质量检验符合设计要求的前提下,灌注桩100%合格,优良率小于70%;各项报验资料应符合 SL 633—2012 的要求。

(2)优良等级标准:在单元工程实体质量检验符合设计要求的前提下,灌注桩100%合格,优良率不小于70%;各项报验资料应符合 SL 633—2012 的要求。

_____工程

表 3.15　钻孔灌注桩工程单桩及单元工程施工质量验收评定表

单位工程名称							单元工程量				
分部工程名称							施工单位				
单元工程名称、部位							施工日期	年　月　日—		年　月　日	

孔号	孔数序号		1	2	3	4	5	6	7	8	9	10
	钻孔编号											
工序质量评定结果	1	钻孔（包括清孔和检查）										
	2	钢筋笼制造安装										
	3	△混凝土浇筑										
单桩质量验收评定	施工单位自评意见											
	监理单位评定意见											

本单元工程内共有_____桩，其中优良_____桩，优良率_____%

单元工程效果（或实体质量）检查	1	
	2	
	⋮	

施工单位自评意见	单元工程效果（或实体质量）检查符合_____要求，_____桩100%合格，其中优良桩占_____%，各项报验资料_____ SL 633—2012 的要求。 单元工程质量等级评定为：_____。 　　　　　　　　　　　　　　　　　（签字，加盖公章）　　　年　月　日
监理单位复核意见	经进行单元工程效果（或实体质量）检查，符合_____要求，_____桩100%合格，其中优良桩占_____%，各项报验资料_____ SL 633—2012 的要求。 单元工程质量等级评定为：_____。 　　　　　　　　　　　　　　　　　（签字，加盖公章）　　　年　月　日

注：本表所填"单元工程量"不作为施工单位工程量结算计量的依据。

表3.15.1 钻孔灌注桩工程单桩钻孔工序施工质量验收评定表填表要求

填表时必须遵守"填表基本规定",并应符合下列要求:

1. 单位工程、分部工程、单元工程名称及部位填写要与表3.15相同。

2. 各检验项目的检验方法及检验数量按表 C-32 的要求执行。

表 C-32　　　　　　　　　　钻孔灌注桩工程单桩钻孔

检验项目		检验方法	检验数量
孔位偏差		钢尺量测	逐桩
孔深		核定钻杆、钻具长度,或测绳量测	
孔底沉渣厚度		测锤或沉渣仪测定	
垂直度偏差		同径测斜工具或钻杆内小口径测斜仪或测井仪测定	
施工记录		查看	抽查
孔径偏差		测井仪测定或钻头量测	逐桩
孔内泥浆密度		比重秤量测	
孔内泥浆含砂率		含砂量测定仪量测	
孔内泥浆黏度	黏土泥浆	500mL/700mL 漏斗量测	
	膨润土泥浆	马氏漏斗量测	

3. 工序施工质量验收评定应提交下列资料:

(1) 施工单位各班(组)初检记录、施工队复检记录、施工单位专职质检员终检记录,工序中各施工质量检验项目的检验资料,施工中的见证取样检验及记录结果资料。

(2) 监理单位对工序中施工质量检验项目的平行检测资料。

4. 工序质量标准:

(1) 合格等级标准:

1) 主控项目,检验结果应全部符合 SL 633—2012 的要求。

2) 一般项目,应逐项有70%及以上的检验点合格,且不合格点不应集中分布,不合格点的质量不应超出有关规范或设计要求的限值。

3) 各项报验资料应符合 SL 633—2012 的要求。

(2) 优良等级标准:

1) 主控项目,检验结果应全部符合 SL 633—2012 的要求。

2) 一般项目,应逐项有90%及以上的检验点合格,且不合格点不应集中分布,不合格点的质量不应超出有关规范或设计要求的限值。

3) 各项报验资料应符合 SL 633—2012 的要求。

_____工程

表 3.15.1 钻孔灌注桩工程单桩钻孔工序施工质量验收评定表

单位工程名称				桩号及工序名称					
分部工程名称				施工单位					
单元工程名称、部位				施工日期		年　月　日—	年　月　日		

项次		检验项目	质量要求	检查记录	合格数	合格率
主控项目	1	孔位偏差	符合设计和规范要求			
	2	孔深	符合设计要求			
	3	孔底沉渣厚度	端承桩不大于 50mm，摩擦桩不大于 150mm，摩擦端承桩、端承摩擦桩不大于 100mm			
	4	垂直度偏差	＜1%			
	5	施工记录	齐全、准确、清晰			
一般项目	1	孔径偏差	≤50mm			
	2	孔内泥浆密度	≤1.25g/cm³（黏土泥浆）；＜1.15g/cm³（膨润土泥浆）			
	3	孔内泥浆含砂率	≤8%（黏土泥浆）；＜6%（膨润土泥浆）			
	4	孔内泥浆黏度	≤28s（黏土泥浆）			
			＜22s（膨润土泥浆）			

施工单位自评意见	主控项目检验点全部合格，一般项目逐项检验点的合格率均不小于_____%，且不合格点不集中分布，不合格点的质量_____有关规范或设计要求的限值，各项报验资料_____ SL 633—2017 的要求。 工序质量等级评定为：_____。 （签字，加盖公章）　　　年　月　日
监理单位复核意见	经复核，主控项目检验点全部合格，一般项目逐项检验点的合格率均不小于_____%，且不合格点不集中分布，不合格点的质量_____有关规范或设计要求的限值，各项报验资料_____ SL 633—2017 的要求。 工序质量等级评定为：_____。 （签字，加盖公章）　　　年　月　日

表3.15.2 钻孔灌注桩工程单桩钢筋笼制作安装工序 施工质量验收评定表填表要求

填表时必须遵守"填表基本规定",并应符合下列要求:

1. 单位工程、分部工程、单元工程名称及部位填写要与表3.15相同。
2. 各检验项目的检验方法及检验数量按表C-33的要求执行。

表C-33　　　　　　　钻孔灌注桩工程单桩钢筋笼制作安装

检验项目	检验方法	检验数量
主筋间距偏差	钢尺量测	逐桩
钢筋笼长度偏差	钢尺量测	
施工记录	查看	抽查
箍筋间距或螺旋筋螺距偏差	钢尺量测	逐桩
钢筋笼直径偏差	钢尺量测	
钢筋笼安放偏差	钢尺量测	

3. 工序施工质量验收评定应提交下列资料:

(1) 施工单位各班(组)初检记录、施工队复检记录、施工单位专职质检员终检记录,工序中各施工质量检验项目的检验资料,施工中的见证取样检验及记录结果资料。

(2) 监理单位对工序中施工质量检验项目的平行检测资料。

4. 工序质量标准:

(1) 合格等级标准:

1) 主控项目,检验结果应全部符合 SL 633—2012 的要求。

2) 一般项目,应逐项有70%及以上的检验点合格,且不合格点不应集中分布,不合格点的质量不应超出有关规范或设计要求的限值。

3) 各项报验资料应符合 SL 633—2012 的要求。

(2) 优良等级标准:

1) 主控项目,检验结果应全部符合 SL 633—2012 的要求。

2) 一般项目,应逐项有90%及以上的检验点合格,且不合格点不应集中分布,不合格点的质量不应超出有关规范或设计要求的限值。

3) 各项报验资料应符合 SL 633—2012 的要求。

表 3.15.2 钻孔灌注桩工程单桩钢筋笼制作安装工序
施工质量验收评定表

单位工程名称				桩号及工序名称				
分部工程名称				施工单位				
单元工程名称、部位				施工日期	年 月 日—	年 月 日		
项次		检验项目	质量要求	检查记录			合格数	合格率
主控项目	1	主筋间距偏差	≤10mm					
	2	钢筋笼长度偏差	≤100mm					
	3	施工记录	齐全、准确、清晰					
一般项目	1	箍筋间距或螺旋筋螺距偏差	≤20mm					
	2	钢筋笼直径偏差	≤10mm					
	3	钢筋笼安放偏差	符合设计或规范要求					

施工单位自评意见	主控项目检验点全部合格，一般项目逐项检验点的合格率均不小于_____%，且不合格点不集中分布，不合格点的质量_____有关规范或设计要求的限值，各项报验资料_____ SL 633—2012 的要求。 工序质量等级评定为：_____。 （签字，加盖公章）　　　年　月　日
监理单位复核意见	经复核，主控项目检验点全部合格，一般项目逐项检验点的合格率均不小于_____%，且不合格点不集中分布，不合格点的质量_____有关规范或设计要求的限值，各项报验资料_____ SL 633—2012 的要求。 工序质量等级评定为：_____。 （签字，加盖公章）　　　年　月　日

表 3.15.3　钻孔灌注桩工程单桩混凝土浇筑工序 施工质量验收评定表填表要求

填表时必须遵守"填表基本规定",并应符合下列要求:

1. 单位工程、分部工程、单元工程名称及部位填写应与表 3.15 相同。

2. 各检验项目的检验方法及检验数量按表 C-34 的要求执行。

表 C-34　　　　钻孔灌注桩工程单桩混凝土浇筑

检验项目	检验方法	检验数量
导管埋深	测绳量测	逐桩
混凝土上升速度	测绳量测	
混凝土抗压强度等	室内试验	
施工记录	查看	抽查
混凝土坍落度	坍落度筒和钢尺量测	逐桩
混凝土扩散度	钢尺量测	
浇筑最终高度	水准仪量测,需扣除桩顶浮浆层	
充盈系数	检查实际灌注量	

3. 工序施工质量验收评定应提交下列资料:

（1）施工单位各班（组）初检记录、施工队复检记录、施工单位专职质检员终检记录,工序中各施工质量检验项目的检验资料,施工中的见证取样检验及记录结果资料。

（2）监理单位对工序中施工质量检验项目的平行检测资料。

4. 工序质量标准:

（1）合格等级标准:

1）主控项目,检验结果应全部符合 SL 633—2012 的要求。

2）一般项目,应逐项有 70% 及以上的检验点合格,且不合格点不应集中分布,不合格点的质量不应超出有关规范或设计要求的限值。

3）各项报验资料应符合 SL 633—2012 的要求。

（2）优良等级标准:

1）主控项目,检验结果应全部符合 SL 633—2012 的要求。

2）一般项目,应逐项有 90% 及以上的检验点合格,且不合格点不应集中分布,不合格点的质量不应超出有关规范或设计要求的限值。

3）各项报验资料应符合 SL 633—2012 的要求。

表 3.15.3　　钻孔灌注桩工程单桩混凝土浇筑工序
施工质量验收评定表

单位工程名称				桩号及工序名称			
分部工程名称				施工单位			
单元工程名称、部位				施工日期	年 月 日— 年 月 日		
项次		检验项目	质量要求	检查记录		合格数	合格率
主控项目	1	导管埋深	≥1m，且不大于6m				
	2	混凝土上升速度	≥2m/h，或符合设计要求				
	3	混凝土抗压强度等	符合设计要求				
	4	施工记录	齐全、准确、清晰				
一般项目	1	混凝土坍落度	18～22cm				
	2	混凝土扩散度	34～38cm				
	3	浇筑最终高度	符合设计要求				
	4	充盈系数	＞1				
施工单位自评意见	主控项目检验点全部合格，一般项目逐项检验点的合格率均不小于_____%，且不合格点不集中分布，不合格点的质量_____有关规范或设计要求的限值，各项报验资料_____ SL 633—2012 的要求。 工序质量等级评定为：_____。 　　　　　　　　　　　　　　　　（签字，加盖公章）　　年　月　日						
监理单位复核意见	经复核，主控项目检验点全部合格，一般项目逐项检验点的合格率均不小于_____%，且不合格点不集中分布，不合格点的质量_____有关规范或设计要求的限值，各项报验资料_____ SL 633—2012 的要求。 工序质量等级评定为：_____。 　　　　　　　　　　　　　　　　（签字，加盖公章）　　年　月　日						

表3.16 振冲法地基加固工程单元工程 施工质量验收评定表填表要求

填表时必须遵守"填表基本规定",并应符合下列要求:

1. 单元工程划分:宜按一个独立基础、一个坝段或不同要求地基区(段)划分为一个单元工程。当按不同要求地基区(段)划分单元工程时,如果面积太大,单元内桩数较多,可根据实际情况划分为几个单元工程。

2. 单元工程量填写钻孔总长度(m)和总孔数、抽检孔数。

3. 振冲法地基加固的效果主要有桩间土密实度、桩体密实度检查,检验数量、方法和达到的指标应符合设计要求。

4. 单元工程为单桩不分工序,本表是在单桩质量验收评定合格的基础上进行。

5. 单元工程施工质量验收评定应提交下列资料:

(1)施工单位应提交单元工程中所含单孔(或检验项目)验收评定的检验资料,各项实体检验项目的检验记录资料,施工中的见证取样检验及记录结果资料。

(2)监理单位应提交对单元工程施工质量的平行检测资料。

6. 振冲法地基加固单元工程施工质量验收评定标准:

(1)合格等级标准:在单元工程效果检查符合设计要求的前提下,振冲桩100%合格,优良率小于70%;各项报验资料应符合 SL 633—2012 的要求。

(2)优良等级标准:在单元工程效果检查符合设计要求的前提下,振冲桩100%合格,优良率不小于70%;各项报验资料应符合 SL 633—2012 的要求。

表 3.16　　振冲法地基加固工程单元工程施工质量验收评定表

单位工程名称						单元工程量				
分部工程名称						施工单位				
单元工程名称、部位						施工日期	年　月　日—　年　月　日			

桩号	桩数序号	1	2	3	4	5	6	7	8	9	…
	钻孔编号										
单桩质量验收评定											

本单元工程内共有_____桩，其中优良_____桩，优良率_____%

单元工程效果（或实体质量）检查	1	
	2	
	⋮	

施工单位自评意见	单元工程效果（或实体质量）检查符合_____要求，_____桩100%合格，其中优良孔占_____%，各项报验资料_____ SL 633—2012 的要求。 单元工程质量等级评定为：_____。 （签字，加盖公章）　　　年　月　日
监理单位复核意见	经进行单元工程效果（或实体质量）检查符合_____要求，_____桩100%合格，其中优良孔占_____%，各项报验资料_____ SL 633—2012 的要求。 单元工程质量等级评定为：_____。 （签字，加盖公章）　　　年　月　日
注：本表所填"单元工程量"不作为施工单位工程量结算计量的依据。	

表3.16.1 振冲法地基加固工程单桩
施工质量验收评定表填表要求

填表时必须遵守"填表基本规定",并应符合下列要求:

1. 单位工程、分部工程、单元工程名称及部位填写应与表3.16相同。

2. 各检验项目的检验方法及检验数量按表C-35的要求执行。

表C-35   振冲法地基加固工程单桩

检验项目	检验方法	检验数量
填料质量	现场检查、试验	按规定的检验批抽检
填料数量	现场计量、施工记录	逐桩
有效加密电流	电流表读数、施工记录	
留振时间	现场检查、施工记录	
施工记录	查看	抽查
孔深	量测振冲器导杆	逐桩
造孔水压	压力表量测	
桩径偏差	钢尺量测	
填料水压	压力表量测	
加密段长度	现场检查	
桩中心位置偏差	钢尺量测	

3. 单孔施工质量验收评定应提交下列资料:

(1) 施工单位各班(组)初检记录、施工队复检记录、施工单位专职质检员终检记录,单孔中各施工质量检验项目的检验资料,施工中的见证取样检验及记录结果资料。

(2) 监理单位对单孔中施工质量检验项目的平行检测资料。

4. 单孔施工质量标准:

(1) 合格等级标准:

1) 主控项目,检验结果应全部符合SL 633—2012的要求。

2) 一般项目,应逐项有70%及以上的检验点合格,且不合格点不应集中分布,不合格点的质量不应超出有关规范或设计要求的限值。

3) 各项报验资料应符合SL 633—2012的要求。

(2) 优良等级标准:

1) 主控项目,检验结果应全部符合SL 633—2012的要求。

2) 一般项目,应逐项有90%及以上的检验点合格,且不合格点不应集中分布,不合格点的质量不应超出有关规范或设计要求的限值。

3) 各项报验资料应符合SL 633—2012的要求。

表 3.16.1　振冲法地基加固工程单桩施工质量验收评定表

单位工程名称				桩号			
分部工程名称				施工单位			
单元工程名称、部位				施工日期	年　月　日— 　年　月　日		

项次		检验项目	质量要求	检查记录	合格数	合格率
主控项目	1	填料质量	符合设计要求			
	2	填料数量	符合设计要求			
	3	有效加密电流	符合设计要求			
	4	留振时间	符合设计要求			
	5	施工记录	齐全、准确、清晰			
一般项目	1	孔深	符合设计要求			
	2	造孔水压	符合设计要求			
	3	桩径偏差	符合设计要求			
	4	填料水压	符合设计要求			
	5	加密段长度	符合设计要求			
	6	桩中心位置偏差	符合设计和规范要求			

施工单位自评意见	主控项目检验点全部合格，一般项目逐项检验点的合格率均不小于_____％，且不合格点不集中分布，不合格点的质量_____有关规范或设计要求的限值，各项报验资料_____ SL 633—2012 的要求。 　　单桩质量等级评定为：_____。 （签字，加盖公章）　　　年　月　日
监理单位复核意见	经复核，主控项目检验点全部合格，一般项目逐项检验点的合格率均不小于_____％，且不合格点不集中分布，不合格点的质量_____有关规范或设计要求的限值，各项报验资料_____ SL 633—2012 的要求。 　　单桩质量等级评定为：_____。 （签字，加盖公章）　　　年　月　日

表3.17 强夯法地基加固单元工程
施工质量验收评定表填表要求

填表时必须遵守"填表基本规定",并应符合下列要求:

1. 单元工程划分:宜按 $1000\sim2000m^2$ 加固面积划分为一个单元工程。

2. 单元工程量填写地基加固的面积(m^2)。

3. 地基强度、地基承载力的检验数量、方法和达到的指标应符合设计要求。

4. 各检验项目的检验方法及检验数量按表 C-36 的要求执行。

表 C-36 强夯法地基加固

检验项目	检验方法	检验数量
锤底面积、锤重	查产品说明书、称重	全数
夯锤落距	钢索设标志	抽查
最后两击的平均夯沉量	水准仪量测	逐点
地基强度	原位测试,室内土工试验	按设计要求
地基承载力	原位测试	
施工记录	查看	抽查
夯点的夯击次数	计数法	逐点
夯击遍数及顺序	计数法	
夯点布置及夯点间距偏差	钢尺量测	
夯击范围	钢尺量测	逐遍
前后两遍间歇时间	检查施工记录	

5. 单元工程施工质量验收评定应提交下列资料:

(1) 施工单位应提交单元工程中所含单孔(或检验项目)验收评定的检验资料,各项实体检验项目的检验记录资料,施工中的见证取样检验及记录结果资料。

(2) 监理单位应提交对单元工程施工质量的平行检测资料。

6. 强夯法地基加固单元工程施工质量验收评定标准:

(1) 合格等级标准:主控项目检验点全部合格,一般项目逐项70%及以上的检验点合格,不合格点不集中分布,且不合格点的质量不超出有关规范或设计要求的限值;各项报验资料应符合 SL 633—2012 的要求。

(2) 优良等级标准:主控项目检验点全部合格,一般项目逐项90%及以上的检验点合格,不合格点不集中分布,且不合格点的质量不超出有关规范或设计要求的限值;各项报验资料应符合 SL 633—2012 的要求。

表 3.17　　强夯法地基加固单元工程施工质量验收评定表

单位工程名称				单元工程量		
分部工程名称				施工单位		
单元工程名称、部位				施工日期	年　月　日— 年　月　日		

项次		检验项目	质量要求	检查记录	合格数	合格率
主控项目	1	锤底面积、锤重	符合设计要求、锤重误差±100kg			
	2	夯锤落距	符合设计要求，误差±300mm			
	3	最后两击的平均夯沉量	符合设计要求			
	4	地基强度	符合设计要求			
	5	地基承载力	符合设计要求			
	6	施工记录	齐全、准确、清晰			
一般项目	1	夯点的夯击次数	符合设计要求			
	2	夯击遍数及顺序	符合设计要求			
	3	夯点布置及夯点间距偏差	≤500mm			
	4	夯击范围	符合设计要求			
	5	前后两遍间歇时间	符合设计要求			

施工单位自评意见	单元工程质量符合_____要求，主控项目检验点全部合格，一般项目逐项检验点的合格率均不小于_____，且不合格点不集中分布，不合格点的质量_____有关规范或设计要求的限值，各项报验资料_____ SL 633—2012 的要求。 单元工程质量等级评定为：_____。 （签字，加盖公章）　　　年　月　日
监理单位复核意见	经进行单元工程质量检查，符合_____要求，主控项目检验点全部合格，一般项目逐项检验点的合格率均不小于_____，且不合格点不集中分布，不合格点的质量_____有关规范或设计要求的限值，各项报验资料_____ SL 633—2012 的要求。 单元工程质量等级评定为：_____。 （签字，加盖公章）　　　年　月　日

注：本表所填"单元工程量"不作为施工单位工程量结算计量的依据。

4 堤 防 工 程

堤 防 工 程 填 表 说 明

1. 本章表格适用于1级、2级、3级堤防工程的单元工程施工质量验收评定，4级、5级堤防工程可参照执行。

2. 单位工程、分部工程名称应按《项目划分表》确定的名称填写。单元工程名称、部位填写《项目划分表》确定的本单元工程设备名称及部位。工序前加"△"者为主要工序。

3. 工序施工质量验收评定应具下列条件进行验收评定：①工序中所有施工内容已完成，现场具备验收条件；②工序中所包含的施工质量检验项目经施工单位自检全部合格。

4. 工序施工质量验收评定应按下列程序进行验收评定：①施工单位应首先对已经完成的工序施工质量进行自检，并做好检验记录；②施工单位自检合格后，应填写工序施工质量验收评定表，质量责任人履行相应签认手续后，应向监理单位申请复核；③监理单位收到表格后，应在4h内进行复核。

5. 监理复核内容包括：①核查施工单位报验资料是否真实、齐全；②结合平行检测和跟踪检测结果等，复核工序施工质量检验项目是否符合本标准的要求；③在施工单位提交的"工序施工质量验收评定表"中填写复核记录，并签署工序施工质量评定意见，评定工序施工质量等级，相关责任人履行相应签认手续。

6. 单元工程施工质量具备下列条件后验收评定：①单元工程所含工序（或所有施工项目）已完成，施工现场具备验收条件；②已完工序施工质量经验收评定全部合格，有关质量缺陷已处理完毕或有监理单位批准的处理意见。

7. 单元工程施工质量按下列程序进行验收评定：①施工单位首先对已经完成的单元工程施工质量进行自检，并填写检验记录；②自检合格后，填写单元工程施工质量验收评定表，向监理单位申请复核；③监理单位收到申报后，应在一个工作日内进行复核。

8. 监理复核单元工程施工质量包括下列内容：①核查施工单位报验资料是否真实、齐全；②对照施工图纸及施工技术要求，结合平行检测和跟踪检测结果等，复核单元工程质量是否达到《水利水电工程单元工程施工质量验收评定标准——堤防工程》（SL 634—2012）的要求；③检查已完单元工程遗留问题的处理情况，在单元工程施工质量验收评定表中填写复核记录，并签署单元工程施工质量评定意见，核定单元工程施工质量等级，相关责任人履行相应签认手续；④对验收中发现的问题提出处理意见。

9. 重要隐蔽单元工程和关键部位单元工程质量验收评定应有设计、建设等单位的代表签字，具体要求应满足《水利水电工程施工质量检定与评定规程》（SL 176）的规定。

表4.1　堤基清理单元工程
施工质量验收评定表填表要求

填表时必须遵守"填表基本规定"，并应符合下列要求：

1. 单元工程划分：堤基清理宜沿堤轴线方向将施工段长 100～500m 划分为一个单元工程。

2. 单元工程量填写堤基清基工程量（m^2 或 m^3）。

3. 堤基内坑、槽、沟、穴等的回填土料土质及压实指标应符合设计和下列要求：

土料碾压筑堤单元工程施工前，应在料场采集代表性土样复核上堤土料的土质，确定压实控制指标，并符合下列规定：

（1）上堤土料的颗粒组成、液限、塑限和塑性指数等指标应符合设计要求。

（2）上堤土料为黏性土或少黏性土的，应通过轻型击实试验，确定其最大干密度和最优含水率。

（3）上堤土料为无黏性土的，应通过相对密度试验，确定其最大干密度和最小干密度。

（4）当上堤土料的土质发生变化或填筑量达到 3 万 m^3 及以上时，应重新进行上述试验，并及时调整相应控制指标。

4. 堤基清理单元工程宜分为基面清理和基面平整压实 2 个工序，其中基面平整压实工序为主要工序，用△标注。本表是在表 4.1.1 及表 4.1.2 工序施工质量验收评定合格的基础上进行。

5. 单元工程施工质量验收评定应提交下列资料：

（1）施工单位应提交单元工程中所含工序（或检验项目）验收评定的检验资料。

（2）监理单位应提交对单元工程施工质量的平行检测资料。

6. 单元工程质量标准：

（1）合格等级标准：各工序施工质量验收评定应全部合格；各项报验资料应符合 SL 634—2012 的要求。

（2）优良等级标准：各工序施工质量验收评定应全部合格，其中优良工序应达到 50% 及以上，且主要工序应达到优良等级；各项报验资料应符合 SL 634—2012 的要求。

表 4.1　　　堤基清理单元工程施工质量验收评定表

单位工程名称		单元工程量	
分部工程名称		施工单位	
单元工程名称、部位		施工日期	年 月 日— 年 月 日

项次	工序名称（或编号）	工序质量验收评定等级
1	基面清理	
2	△基面平整压实	

施工单位自评意见	各工序施工质量全部合格，其中优良工序占_____%，且主要工序达到_____等级。各项报验资料_____ SL 634—2012 的要求。 单元工程质量等级评定为：_____。 （签字，加盖公章）　　年 月 日
监理单位复核意见	经抽检并查验相关检验报告和检验资料，各工序施工质量全部合格，其中优良工序占_____%，且主要工序达到_____等级。各项报验资料_____ SL 634—2012 的要求。 单元工程质量等级评定为：_____。 （签字，加盖公章）　　年 月 日
注：本表所填"单元工程量"不作为施工单位工程量结算计量的依据。	

表4.1.1 基面清理工序
施工质量验收评定表填表要求

填表时必须遵守"填表基本规定",并应符合下列要求:

1. 单位工程、分部工程、单元工程名称及部位填写应与表4.1相同。

2. 堤基内坑、槽、沟、穴等处理按设计要求清理后回填、压实,并符合下列要求:

(1) 上堤土料为黏性土或少黏性土时应以压实度来控制压实质量;上堤土料为无黏性土时应以相对密度来控制压实质量。

(2) 堤坡与堤顶填筑(包边盖顶),应按表D-1中老堤加高培厚的要求控制压实质量。

(3) 不合格样的压实度或相对密度不应低于设计值的96%,且不合格样不应集中分布。

(4) 合格工序的压实度或相对密度等压实指标合格率应符合表D-1的规定;优良工序的压实指标合格率应超过表D-1规定数值的5个百分点或以上。

表D-1　　　　土料填筑压实度或相对密度合格标准

序号	上堤土料	堤防级别	压实度/%	相对密度	压实度或相对密度合格率/%		
					新筑堤	老堤加高培厚	防渗体
1	黏性土	1级	≥94	—	≥85	≥85	≥90
		2级和高度超过6m的3级堤防	≥92	—	≥85	≥85	≥90
		3级以下及低于6m的3级堤防	≥90	—	≥80	≥80	≥85
2	少黏性土	1级	≥94	—	≥90	≥85	—
		2级和高度超过6m的3级堤防	≥92	—	≥90	≥85	—
		3级以下及低于6m的3级堤防	≥90	—	≥85	≥80	—
3	无黏性土	1级	—	≥0.65	≥85	≥85	—
		2级和高度超过6m的3级堤防	—	≥0.65	≥85	≥85	—
		3级以下及低于6m的3级堤防	—	≥0.60	≥80	≥80	—

3. 各检验项目的检验方法及检验数量按表D-2的要求执行。

表D-2　　　　　　基 面 清 理

检验项目	检验方法	检验数量
表层清理	观察	全面
堤基内坑、槽、沟、穴等处理	土工试验	每处、每层、每层超过400m² 时每400m²取样1个
结合部处理	观察	全面
清理范围	量测	按施工段堤轴线长20～50m量测1次

4. 工序施工质量验收评定应提交下列资料：

（1）施工单位各班（组）初检记录、施工队复检记录、施工单位专职质检员终检记录，工序中各施工质量检验项目的检验资料。

（2）监理单位对工序中施工质量检验项目的平行检测资料。

5. 工序质量标准：

（1）合格等级标准：

1）主控项目，检验结果应全部符合 SL 634—2012 的要求。

2）一般项目，逐项应有 70% 及以上的检验点合格，且不合格点不应集中分布。

3）各项报验资料应符合 SL 634—2012 的要求。

（2）优良等级标准：

1）主控项目，检验结果应全部符合 SL 634—2012 的要求。

2）一般项目，逐项应有 90% 及以上的检验点合格，且不合格点不应集中分布。

3）各项报验资料应符合 SL 634—2012 的要求。

表 4.1.1　基面清理工序施工质量验收评定表

单位工程名称			工序编号		
分部工程名称			施工单位		
单元工程名称、部位			施工日期	年　月　日—　　年　月　日	

项次		检验项目	质量要求	检查记录	合格数	合格率
主控项目	1	表层清理	堤基表层的淤泥、腐殖土、泥炭土、草皮、树根、建筑垃圾等应清理干净			
	2	堤基内坑、槽、沟、穴等处理	按设计要求清理后回填、压实，并符合土料碾压筑堤的要求（表 D-1）			
	3	结合部处理	清除结合部表面杂物，并将结合部挖成台阶状			
一般项目	1	清理范围	基面清理包括堤身、戗台、铺盖、盖重、堤岸防护工程的基面，其边界应在设计边线外 0.3～0.5m。老堤加高培厚的清理尚应包括堤坡及堤顶等			
施工单位自评意见		主控项目检验点全部合格，一般项目逐项检验点的合格率均不小于_____%，且不合格点不集中分布。各项报验资料_____ SL 634—2012 的要求。 工序质量等级评定为：_____。 （签字，加盖公章）　　　年　月　日				
监理单位复核意见		经复核，主控项目检验点全部合格，一般项目逐项检验点的合格率均不小于_____%，且不合格点不集中分布。各项报验资料_____ SL 634—2012 的要求。 工序质量等级评定为：_____。 （签字，加盖公章）　　　年　月　日				

表4.1.2 基面平整压实工序
施工质量验收评定表填表要求

填表时必须遵守"填表基本规定",并应符合下列要求:

1. 单位工程、分部工程、单元工程名称及部位填写应与表4.1相同。

2. 堤基压实质量控制指标应符合下列规定:

(1) 堤基为黏性土或少黏性土时应以压实度来控制压实质量;堤基为无黏性土时应以相对密度来控制压实质量。

(2) 堤坡与堤顶填筑(包边盖顶),应按表D-1中老堤加高培厚的要求控制压实质量。

(3) 不合格样的压实度或相对密度不应低于设计值的96%,且不合格样不应集中分布。

(4) 合格工序的压实度或相对密度等压实指标合格率应符合表D-1的规定;优良工序的压实指标合格率应超过见表D-1规定数值的5个百分点或以上。

3. 各检验项目的检验方法及检验数量按表D-3的要求执行。

表D-3   基面平整压实

检验项目	检验方法	检验数量
堤基表面压实	土工试验	每400~800m² 取样1个
基面平整	观察	全面

4. 工序施工质量验收评定应提交下列资料:

(1) 施工单位各班(组)初检记录、施工队复检记录、施工单位专职质检员终检记录,工序中各施工质量检验项目的检验资料。

(2) 监理单位对工序中施工质量检验项目的平行检测资料。

5. 工序质量标准:

(1) 合格等级标准:

1) 主控项目,检验结果应全部符合 SL 634—2012 的要求。

2) 一般项目,逐项应有70%及以上的检验点合格,且不合格点不应集中分布。

3) 各项报验资料应符合 SL 634—2012 的要求。

(2) 优良等级标准:

1) 主控项目,检验结果应全部符合 SL 634—2012 的要求。

2) 一般项目,逐项应有90%及以上的检验点合格,且不合格点不应集中分布。

3) 各项报验资料应符合 SL 634—2012 的要求。

表 4.1.2　基面平整压实工序施工质量验收评定表

单位工程名称						工序编号					
分部工程名称						施工单位					
单元工程名称、部位						施工日期	年　月　日—		年　月　日		

项次		检验项目	质量要求	检查记录	合格数	合格率
主控项目	1	堤基表面压实	堤基清理后应按堤身填筑要求压实，无松土、无弹簧土等，并符合土料碾压筑堤要求（表 D-1）			
一般项目	1	基面平整	基面应无明显凹凸			

施工单位自评意见	主控项目检验点全部合格，一般项目逐项检验点的合格率均不小于_____%，且不合格点不集中分布，各项报验资料_____ SL 634—2012 的要求。 工序质量等级评定为：_____。 （签字，加盖公章）　　　　年　月　日
监理单位复核意见	经复核，主控项目检验点全部合格，一般项目逐项检验点的合格率均不小于_____%，且不合格点不集中分布，各项报验资料_____ SL 634—2012 的要求。 工序质量等级评定为：_____。 （签字，加盖公章）　　　　年　月　日

表4.2 土料碾压筑堤单元工程
施工质量验收评定表填表要求

填表时必须遵守"填表基本规定",并应符合下列要求:

1. 单元工程划分:土料碾压筑堤单元工程宜按施工的层、段来划分。新堤填筑宜按堤轴线施工段长100～500m划分为一个单元工程;老堤加高培厚宜按填筑工程量500～2000m³划分为一个单元工程。

2. 单元工程量填写土料填筑量(m³)。

3. 土料碾压筑堤单元工程宜分为土料摊铺和土料碾压2个工序,其中土料碾压工序为主要工序,用△标准。本表是在表4.2.1及表4.2.2工序施工质量验收评定合格的基础上进行。

4. 土料碾压筑堤单元工程施工前,应在料场采集代表性土样复核上堤土料的土质,确定压实控制指标,并应符合下列规定:

(1)上堤土料的颗粒组成、液限、塑限和塑性指数等指标应符合设计要求。

(2)上堤土料为黏性土或少黏性土的,应通过轻型击实试验,确定其最大干密度和最优含水率。

(3)上堤土料为无黏性土的,应通过相对密度试验,确定其最大干密度和最小干密度。

(4)当上堤土料的土质发生变化或填筑量达到3万m³及以上时,应重新进行上述试验,并及时调整相应控制指标。

5. 单元工程施工质量验收评定应提交下列资料:

(1)施工单位应提交单元工程中所含工序(或检验项目)验收评定的检验资料,各项实体检验项目的检验记录资料。

(2)监理单位应提交对单元工程施工质量的平行检测资料。

6. 单元工程质量标准:

(1)合格等级标准:各工序施工质量验收评定应全部合格;各项报验资料应符合SL 634—2012的要求。

(2)优良等级标准:各工序施工质量验收评定应全部合格,其中优良工序应达到50%及以上,且主要工序应达到优良等级;各项报验资料应符合SL 634—2012的要求。

表 4.2　　土料碾压筑堤单元工程施工质量验收评定表

单位工程名称		单元工程量	
分部工程名称		施工单位	
单元工程名称、部位		施工日期	年　月　日— 　年　月　日

项次	工序名称（或编号）	工序质量验收评定等级
1	土料摊铺	
2	△土料碾压	

施工单位自评意见	各工序施工质量全部合格，其中优良工序占_____%，且主要工序达到_____等级，各项报验资料_____ SL 634—2012 的要求。 单元工程质量等级评定为：_____。 （签字，加盖公章）　　　年　月　日
监理单位复核意见	经抽检并查验相关检验报告和检验资料，各工序施工质量全部合格，其中优良工序占_____%，且主要工序达到_____等级，各项报验资料_____ SL 634—2012 的要求。 单元工程质量等级评定为：_____。 （签字，加盖公章）　　　年　月　日

注：本表所填"单元工程量"不作为施工单位工程量结算计量的依据。

表4.2.1 土料摊铺工序
施工质量验收评定表填表要求

填表时必须遵守"填表基本规定",并应符合下列要求:

1. 单位工程、分部工程、单元工程名称及部位填写应与表4.2相同。

2. 各检验项目的检验方法及检验数量按表D-4的要求执行。

表D-4 土 料 摊 铺

检验项目	检验方法	检验数量
土块直径	观察、量测	全数
铺土厚度		按作业面积每100~200m² 检测1个点
作业面分段长度	量测	全数
铺填边线超宽值		按堤轴线方向每20~50m检测1个点
		按堤轴线方向每20~30m或按填筑面积每100~400m² 检测1个点

3. 铺料厚度和土块限制直径,宜通过碾压试验确定,在缺乏试验资料时,可参照表D-5。

表D-5 铺料厚度和土块限制直径

压实功能类型	压实机具种类	铺料厚度/cm	土块限制直径/cm
轻型	人工夯、机械夯	15~20	≤5
	5~10t平碾	20~25	≤8
中型	12~15t平碾、斗容2.5m³铲运机、5~8t振动碾	25~30	≤10
重型	斗容大于7m³铲运机、10~16t振动碾、加载气胎碾	30~50	≤15

4. 工序施工质量验收评定应提交下列资料:

(1) 施工单位各班(组)初检记录、施工队复检记录、施工单位专职质检员终检记录,工序中各施工质量检验项目的检验资料。

(2) 监理单位对工序中施工质量检验项目的平行检测资料。

5. 工序质量标准:

(1) 合格等级标准:

1) 主控项目,检验结果应全部符合SL 634—2012的要求。

2) 一般项目,逐项应有70%及以上的检验点合格,且不合格点不应集中分布。

3) 各项报验资料应符合SL 634—2012的要求。

(2) 优良等级标准:

1) 主控项目,检验结果应全部符合SL 634—2012的要求。

2) 一般项目,逐项应有90%及以上的检验点合格,且不合格点不应集中分布。

3) 各项报验资料应符合SL 634—2012的要求。

表 4.2.1　土料摊铺工序施工质量验收评定表

单位工程名称			工序编号			
分部工程名称			施工单位			
单元工程名称、部位			施工日期	年　月　日—　年　月　日		

项次		检验项目	质量要求	检查记录	合格数	合格率
主控项目	1	土块直径	符合"铺料厚度和土块限制直径表"的要求（表 D-5）			
	2	铺土厚度	符合碾压试验或表"铺料厚度和土块限制直径表"的要求，允许偏差-5.0～0cm（表 D-5）			
一般项目	1	作业面分段长度	人工作业不小于 50m；机械作业不小于 100m			
	2	铺填边线超宽值	人工铺料大于 10cm；机械铺料大于 30cm			
			防渗体：0～10cm			
			包边盖顶：0～10cm			

施工单位自评意见	主控项目检验点全部合格，一般项目逐项检验点的合格率均不小于_____％，且不合格点不集中分布，各项报验资料_____ SL 634—2012 的要求。 　　工序质量等级评定为：_____。 （签字，加盖公章）　　　年　月　日
监理单位复核意见	经复核，主控项目检验点全部合格，一般项目逐项检验点的合格率均不小于_____％，且不合格点不集中分布，各项报验资料_____ SL 634—2012 的要求。 　　工序质量等级评定为：_____。 （签字，加盖公章）　　　年　月　日

表4.2.2 土料碾压工序
施工质量验收评定表填表要求

填表时必须遵守"填表基本规定",并应符合下列要求:

1. 单位工程、分部工程、单元工程名称及部位填写应与表4.2相同。

2. 各检验项目的检验方法及检验数量按表D-6的要求执行。

表D-6   土 料 碾 压

检验项目	检验方法	检验数量
压实度或相对密度	土工试验	每填筑100~200m³取样1个,堤防加固按堤轴线方向每20~50m取样1个
搭接碾压宽度	观察、量测	全数
碾压作业程序	检查	每台班2~3次

3. 铺土厚度、压实遍数、含水率等压实参数宜通过碾压试验确定。土料碾压筑堤的压实质量控制指标应符合下列规定:

(1) 上堤土料为黏性土或少黏性土时应以压实度来控制压实质量;上堤土料为无黏性土时应以相对密度来控制压实质量。

(2) 堤坡与堤顶填筑(包边盖顶),应按表D-1中老堤加高培厚的要求控制压实质量。

(3) 不合格样的压实度或相对密度不应低于设计值的96%,且不合格样不应集中分布。

(4) 合格工序的压实度或相对密度等压实指标合格率应符合表D-1的规定;优良工序的压实指标合格率应超过表D-1规定数值的5个百分点或以上。

4. 工序施工质量验收评定应提交下列资料:

(1) 施工单位各班(组)初检记录、施工队复检记录、施工单位专职质检员终检记录,工序中各施工质量检验项目的检验资料。

(2) 监理单位对工序中施工质量检验项目的平行检测资料。

5. 工序质量标准:

(1) 合格等级标准:

1) 主控项目,检验结果应全部符合SL 634—2012的要求。

2) 一般项目,逐项应有70%及以上的检验点合格,且不合格点不应集中分布。

3) 各项报验资料应符合SL 634—2012的要求。

(2) 优良等级标准:

1) 主控项目,检验结果应全部符合SL 634—2012的要求。

2) 一般项目,逐项应有90%及以上的检验点合格,且不合格点不应集中分布。

3) 各项报验资料应符合SL 634—2012的要求。

表 4.2.2　　土料碾压工序施工质量验收评定表

单位工程名称				工序编号				
分部工程名称				施工单位				
单元工程名称、部位				施工日期	年　月　日—		年　月　日	

项次		检验项目	质量要求	检查记录	合格数	合格率
主控项目	1	压实度或相对密度	应符合设计要求和本说明中"土料填筑压实度或相对密度合格标准"的规定（表 D-1）			
一般项目	1	搭接碾压宽度	平行堤轴线方向不小于0.5m；垂直堤轴线方向不小于1.5m			
	2	碾压作业程序	应符合《堤防工程施工规范》（SL 260）的规定			

施工单位自评意见	主控项目检验点全部合格，一般项目逐项检验点的合格率均不小于_____%，且不合格点不集中分布，各项报验资料_____ SL 634—2012 的要求。 　　工序质量等级评定为：_____。 　　　　　　　　　　　　　　　　　　　　　　　　　（签字，加盖公章）　　　年　月　日
监理单位复核意见	经复核，主控项目检验点全部合格，一般项目逐项检验点的合格率均不小于_____%，且不合格点不集中分布，各项报验资料_____ SL 634—2012 的要求。 　　工序质量等级评定为：_____。 　　　　　　　　　　　　　　　　　　　　　　　　　（签字，加盖公章）　　　年　月　日

表4.3　土料吹填筑堤单元工程
施工质量验收评定表填表要求

　　填表时必须遵守"填表基本规定"，并应符合下列要求：

　　1. 单元工程划分：土料吹填筑堤单元工程宜按一个吹填围堰区段（仓）或按堤轴线施工段长100～500m 划分为一个单元工程。

　　2. 单元工程量填写吹填筑堤量（m³）。

　　3. 土料吹填筑堤单元工程宜分为围堰修筑和土料吹填2个工序，其中土料吹填工序为主要工序，用△标注。本表是在表4.3.1及表4.3.2工序施工质量验收评定合格的基础上进行。

　　4. 土料吹填筑堤单元工程施工前，应采集代表性土样复核围堰土质、确定压实控制指标以及吹填土料的土质，并符合下列规定：

　　（1）上堤土料的颗粒组成、液限、塑限和塑性指数等指标应符合设计要求。

　　（2）上堤土料为黏性土或少黏性土的，应通过轻型击实试验，确定其最大干密度和最优含水率。

　　（3）上堤土料为无黏性土的，应通过相对密度试验，确定其最大干密度和最小干密度。

　　（4）当上堤土料的土质发生变化或填筑量达到3万 m³ 及以上时，应重新进行上述试验，并及时调整相应控制指标。

　　5. 单元工程施工质量验收评定应提交下列资料：

　　（1）施工单位应提交单元工程中所含工序（或检验项目）验收评定的检验资料。

　　（2）监理单位应提交对单元工程施工质量的平行检测资料。

　　6. 单元工程质量标准：

　　（1）合格等级标准：各工序施工质量验收评定应全部合格；各项报验资料应符合SL 634—2012的要求。

　　（2）优良等级标准：各工序施工质量验收评定应全部合格，其中优良工序应达到50％及以上，且主要工序应达到优良等级；各项报验资料应符合SL 634—2012的要求。

表 4.3　　　**土料吹填筑堤单元工程施工质量验收评定表**

单位工程名称		单元工程量	
分部工程名称		施工单位	
单元工程名称、部位		施工日期	年　月　日— 　年　月　日

项次	工序名称（或编号）	工序质量验收评定等级
1	围堰修筑	
2	△土料吹填	

施工单位自评意见	各工序施工质量全部合格，其中优良工序占_____%，且主要工序达到_____等级。各项报验资料_____ SL 634—2012 的要求。 单元工程质量等级评定为：_____。 （签字，加盖公章）　　　年　月　日
监理单位复核意见	经抽检并查验相关检验报告和检验资料，各工序施工质量全部合格，其中优良工序占_____%，且主要工序达到_____等级。各项报验资料_____ SL 634—2012 的要求。 单元工程质量等级评定为：_____。 （签字，加盖公章）　　　年　月　日
注：本表所填"单元工程量"不作为施工单位工程量结算计量的依据。	

表4.3.1　围堰修筑工序
施工质量验收评定表填表要求

填表时必须遵守"填表基本规定"，并应符合下列要求：

1. 单位工程、分部工程、单元工程名称及部位填写应与表4.3相同。

2. 围堰铺土厚度应满足表D-5要求。

3. 围堰压实应符合设计要求和表D-1中合格率的要求。

4. 各检验项目的检验方法及检验数量按表D-7的要求执行。

表 D-7　　　　　　　　　围　堰　修　筑

检验项目	检验方法	检验数量
铺土厚度	量测	按作业面积每100～200m² 检测1点
围堰压实	土工试验	按堰长每20～50m量测1个点
铺填边线超宽值	量测	按堰长每50～100m量测1断面
围堰取土坑距堰、堤脚距离	量测	按堰长每50～100m量测1个点

5. 工序施工质量验收评定应提交下列资料：

（1）施工单位各班（组）初检记录、施工队复检记录、施工单位专职质检员终检记录，工序中各施工质量检验项目的检验资料。

（2）监理单位对工序中施工质量检验项目的平行检测资料。

6. 工序质量标准：

（1）合格等级标准：

1）主控项目，检验结果应全部符合 SL 634—2012 的要求。

2）一般项目，逐项应有70％及以上的检验点合格，且不合格点不应集中分布。

3）各项报验资料应符合 SL 634—2012 的要求。

（2）优良等级标准：

1）主控项目，检验结果应全部符合 SL 634—2012 的要求。

2）一般项目，逐项应有90％及以上的检验点合格，且不合格点不应集中分布。

3）各项报验资料应符合 SL 634—2012 的要求。

表 4.3.1　　围堰修筑工序施工质量验收评定表

单位工程名称			工序编号			
分部工程名称			施工单位			
单元工程名称、部位			施工日期	年　月　日—	年　月　日	

项次		检验项目	质量要求	检查记录	合格数	合格率
主控项目	1	铺土厚度	符合"铺料厚度和土块限制直径表"（表 D-5）的要求；允许偏差-5.0～0cm			
	2	围堰压实	应符合设计要求和"土料填筑压实度或相对密度合格标准"中老堤加高培厚合格率的要求（表 D-1）			
一般项目	1	铺填边线超宽值	人工铺料大于 10cm；机械铺料大于 30cm			
	2	围堰取土坑距堰、堤脚距离	≥3m			

施工单位自评意见	主控项目检验点全部合格，一般项目逐项检验点的合格率均不小于_____%，且不合格点不集中分布，各项报验资料_____ SL 634—2012 的要求。 工序质量等级评定为：_____。 （签字，加盖公章）　　　年　月　日
监理单位复核意见	经复核，主控项目检验点全部合格，一般项目逐项检验点的合格率均不小于_____%，且不合格点不集中分布，各项报验资料_____ SL 634—2012 的要求。 工序质量等级评定为：_____。 （签字，加盖公章）　　　年　月　日

表4.3.2 土料吹填工序
施工质量验收评定表填表要求

填表时必须遵守"填表基本规定",并应符合下列要求:

1. 单位工程、分部工程、单元工程名称及部位填写应与表4.3相同。

2. 各检验项目的检验方法及检验数量按表D-8的要求执行。

表D-8   土 料 吹 填

检验项目	检验方法	检验数量
吹填干密度[a]	土工试验	每200~400m² 取样1个
吹填高程	测量	按堤轴线方向每50~100m测1断面,每断面10~20m测1个点
输泥管出口位置	观察	全面
a:除吹填筑新堤外,可不作要求。		

3. 工序施工质量验收评定应提交下列资料:

(1) 施工单位各班(组)初检记录、施工队复检记录、施工单位专职质检员终检记录,工序中各施工质量检验项目的检验资料。

(2) 监理单位对工序中施工质量检验项目的平行检测资料。

4. 工序质量标准:

(1) 合格等级标准:

1) 主控项目,检验结果应全部符合 SL 634—2012 的要求。

2) 一般项目,逐项应有70%及以上的检验点合格,且不合格点不应集中分布。

3) 各项报验资料应符合 SL 634—2012 的要求。

(2) 优良等级标准:

1) 主控项目,检验结果应全部符合 SL 634—2012 的要求。

2) 一般项目,逐项应有90%及以上的检验点合格,且不合格点不应集中分布。

3) 各项报验资料应符合 SL 634—2012 的要求。

表 4.3.2　　**土料吹填工序施工质量验收评定表**

单位工程名称				工序编号		
分部工程名称				施工单位		
单元工程名称、编号				施工日期	年　月　日—	年　月　日

项次		检验项目	质量要求	检查记录	合格数	合格率
主控项目	1	吹填干密度（除吹填筑新堤外，可不作要求）	符合设计要求			
	2	吹填高程	允许偏差 0～+0.3m			
一般项目	1	输泥管出口位置	合理安放、适时调整，吹填区沿程沉积的泥沙颗粒无显著差异			

施工单位自评意见	主控项目检验点全部合格，一般项目逐项检验点的合格率均不小于_____%，且不合格点不集中分布，各项报验资料_____SL 634—2012 的要求。 工序质量等级评定为：_____。 （签字，加盖公章）　　　年　月　日
监理单位复核意见	经复核，主控项目检验点全部合格，一般项目逐项检验点的合格率均不小于_____%，且不合格点不集中分布，各项报验资料_____SL 634—2012 的要求。 工序质量等级评定为：_____。 （签字，加盖公章）　　　年　月　日

表4.4 堤身与建筑物结合部填筑单元工程
施工质量验收评定表填表要求

填表时必须遵守"填表基本规定",并应符合下列要求:

1. 单元工程划分:堤身与建筑物结合部填筑单元工程划分宜按填筑工程量相近的原则,可将5个以下填筑层划分为一个单元工程。

2. 单元工程量填写土方填筑量(m^3)。

3. 堤身与建筑物结合部填筑单元工程宜分为建筑物表面涂浆和结合部填筑2个工序,其中结合部填筑工序为主要工序,用△标注。本表是在表4.4.1及表4.4.2工序施工质量验收评定合格的基础上进行。

4. 堤身与建筑物结合部填筑单元工程施工前,应采集代表性土样复核填筑土料的土质、确定压实指标,并符合下列规定:

(1) 上堤土料的颗粒组成、液限、塑限和塑性指数等指标应符合设计要求。

(2) 上堤土料为黏性土或少黏性土的,应通过轻型击实试验,确定其最大干密度和最优含水率。

(3) 上堤土料为无黏性土的,应通过相对密度试验,确定其最大干密度和最小干密度。

(4) 当上堤土料的土质发生变化或填筑量达到3万m^3及以上时,应重新进行上述试验,并及时调整相应控制指标。

5. 单元工程施工质量验收评定应提交下列资料:

(1) 施工单位应提交单元工程中所含工序(或检验项目)验收评定的检验资料,各项实体检验项目的检验记录资料。

(2) 监理单位应提交对单元工程施工质量的平行检测资料。

6. 单元工程质量标准:

(1) 合格等级标准:各工序施工质量验收评定应全部合格;各项报验资料应符合SL 634—2012的要求。

(2) 优良等级标准:各工序施工质量验收评定应全部合格,其中优良工序应达到50%及以上,且主要工序应达到优良等级;各项报验资料应符合SL 634—2012的要求。

表 4.4 堤身与建筑物结合部填筑单元工程施工质量验收评定表

单位工程名称		单元工程量	
分部工程名称		施工单位	
单元工程名称、部位		施工日期	年　月　日—　　年　月　日

项次	工序名称（或编号）	工序质量验收评定等级
1	建筑物表面涂浆	
2	△结合部填筑	

施工单位自评意见	各工序施工质量全部合格，其中优良工序占_____%，且主要工序达到_____等级。各项报验资料_____ SL 634—2012 的要求。 单元工程质量等级评定为：_____。 （签字，加盖公章）　　　年　月　日
监理单位复核意见	经抽检并查验相关检验报告和检验资料，各工序施工质量全部合格，其中优良工序占_____%，主要工序达到_____等级。各项报验资料_____ SL 634—2012 的要求。 单元工程质量等级评定为：_____。 （签字，加盖公章）　　　年　月　日

注：本表所填"单元工程量"不作为施工单位工程量结算计量的依据。

表4.4.1　建筑物表面涂浆工序施工质量验收评定表填表要求

填表时必须遵守"填表基本规定"，并应符合下列要求：

1. 单位工程、分部工程、单元工程名称及部位填写要与表4.4相同。

2. 各检验项目的检验方法及检验数量按表D-9的要求执行。

表 D-9　　　　　　　　　　　　建 筑 物 表 面 涂 浆

检验项目	检验方法	检验数量
制浆土料	土工试验	每料源取样1个
建筑物表面清理	观察	全数
涂层泥浆浓度	试验	每班测1次
涂浆操作	观察	全数
涂层厚度	观察	

3. 工序施工质量验收评定应提交下列资料：

（1）施工单位各班（组）初检记录、施工队复检记录、施工单位专职质检员终检记录，工序中各施工质量检验项目的检验资料。

（2）监理单位对工序中施工质量检验项目的平行检测资料。

4. 工序质量标准：

（1）合格等级标准：

1）主控项目，检验结果应全部符合 SL 634—2012 的要求。

2）一般项目，逐项应有70%及以上的检验点合格，且不合格点不应集中分布。

3）各项报验资料应符合 SL 634—2012 的要求。

（2）优良等级标准：

1）主控项目，检验结果应全部符合 SL 634—2012 的要求。

2）一般项目，逐项应有90%及以上的检验点合格，且不合格点不应集中分布。

3）各项报验资料应符合 SL 634—2012 的要求。

表 4.4.1　建筑物表面涂浆工序施工质量验收评定表

单位工程名称				工序编号			
分部工程名称				施工单位			
单元工程名称、部位				施工日期	年　月　日—		年　月　日

项次		检验项目	质量要求	检查记录	合格数	合格率
主控项目	1	制浆土料	符合设计要求；塑性指数 I_p>17			
一般项目	1	建筑物表面清理	清除建筑物表面乳皮、粉尘及附着杂物			
	2	涂层泥浆浓度	水土重量比为 1：2.5～1：3.0			
	3	涂浆操作	建筑物表面洒水，涂浆高度与铺土厚度一致，且保持涂浆层湿润			
	4	涂层厚度	3～5mm			

施工单位自评意见	主控项目检验点全部合格，一般项目逐项检验点的合格率均不小于＿＿＿＿％，且不合格点不集中分布，各项报验资料＿＿＿＿SL 634—2012 的要求。 工序质量等级评定为：＿＿＿＿。 （签字，加盖公章）　　　年　月　日
监理单位复核意见	经复核，主控项目检验点全部合格，一般项目逐项检验点的合格率均不小于＿＿＿＿％，且不合格点不集中分布，各项报验资料＿＿＿＿SL 634—2012 的要求。 工序质量等级评定为：＿＿＿＿。 （签字，加盖公章）　　　年　月　日

表4.4.2 结合部填筑工序
施工质量验收评定表填表要求

填表时必须遵守"填表基本规定",并应符合下列要求:

1. 单位工程、分部工程、单元工程名称及部位填写应与表4.4相同。

2. 土料碾压筑堤的压实质量控制指标应符合下列规定:

(1) 上堤土料为黏性土或少黏性土时应以压实度来控制压实质量;上堤土料为无黏性土时应以相对密度来控制压实质量。

(2) 堤坡与堤顶填筑(包边盖顶),应按表D-1中老堤加高培厚的要求控制压实质量。

(3) 不合格样的压实度或相对密度不应低于设计值的96%,且不合格样不应集中分布。

(4) 合格工序的压实度或相对密度等压实指标合格率应符合下表的规定;优良工序的压实指标合格率应超过表D-1规定数值的5个百分点或以上。

3. 各检验项目的检验方法及检验数量按表D-10的要求执行。

表 D-10　　　　　　　　　　　结 合 部 填 筑

检验项目	检验方法	检验数量
土块直径	观察	全数检查
铺土厚度	量测	每层测1个点
土料填筑压实度	试验	每层至少取样1个
铺填边线超宽值	量测	每层测1个点

4. 工序施工质量验收评定应提交下列资料:

(1) 施工单位各班(组)初检记录、施工队复检记录、施工单位专职质检员终检记录,工序中各施工质量检验项目的检验资料。

(2) 监理单位对工序中施工质量检验项目的平行检测资料。

5. 工序质量标准:

(1) 合格等级标准:

1) 主控项目,检验结果应全部符合SL 634—2012的要求。

2) 一般项目,逐项应有70%及以上的检验点合格,且不合格点不应集中分布。

3) 各项报验资料应符合SL 634—2012的要求。

(2) 优良等级标准:

1) 主控项目,检验结果应全部符合SL 634—2012的要求。

2) 一般项目,逐项应有90%及以上的检验点合格,且不合格点不应集中分布。

3) 各项报验资料应符合SL 634—2012的要求。

_____工程

表 4.4.2　结合部填筑工序施工质量验收评定表

单位工程名称		工序编号	
分部工程名称		施工单位	
单元工程名称、部位		施工日期	年　月　日— 年　月　日

项次		检验项目	质量要求	检查记录	合格数	合格率
主控项目	1	土块直径	<5cm			
	2	铺土厚度	15~20cm			
	3	土料填筑压实度	符合设计和表"土料填筑压实度或相对密度合格标准"中新筑堤的要求（表D-1）			
一般项目	1	铺填边线超宽值	人工铺料大于10cm；机械铺料大于30cm			

施工单位自评意见	主控项目检验点全部合格，一般项目逐项检验点的合格率均不小于_____%，且不合格点不集中分布，各项报验资料_____ SL 634—2012 的要求。 　　工序质量等级评定为：_____。 （签字，加盖公章）　　年　月　日
监理单位复核意见	经复核，主控项目检验点全部合格，一般项目逐项检验点的合格率均不小于_____%，且不合格点不集中分布，各项报验资料_____ SL 634—2012 的要求。 　　工序质量等级评定为：_____。 （签字，加盖公章）　　年　月　日

410

表4.5 防冲体(散抛石、石笼、预制件、土工袋、柴枕)护脚单元工程施工质量验收评定表填表要求

填表时必须遵守"填表基本规定",并应符合下列要求:

1. 单元工程划分:防冲体护脚工程宜按平顺护岸的施工段长 60~80m 或以每个丁坝、垛的护脚工程为一个单元工程。

2. 单元工程量填写防冲体护脚工程量 (m³)。

3. 单元工程宜分为防冲体制备和防冲体抛投 2 个工序,其中防冲体抛投工序为主要工序,用 △标注。本表是在表 4.5.1-1~表 4.5.1-5(按防冲体材料类型进行选择)及表 4.5.2 工序施工质量验收评定合格的基础上进行。

4. 单元工程施工质量验收评定应提交下列资料:

(1) 施工单位应提交单元工程中所含工序(或检验项目)验收评定的检验资料,原材料与各项实体检验项目的检验记录资料。

(2) 监理单位应提交对单元工程施工质量的平行检测资料。

5. 单元工程质量标准:

(1) 合格等级标准:各工序施工质量验收评定应全部合格;各项报验资料应符合 SL 634—2012 的要求。

(2) 优良等级标准:各工序施工质量验收评定应全部合格,其中优良工序应达到 50% 及以上,且主要工序应达到优良等级;各项报验资料应符合 SL 634—2012 的要求。

表 4.5　　防冲体护脚单元工程施工质量验收评定表

单位工程名称			单元工程量	
分部工程名称			施工单位	
单元工程名称、部位			施工日期	年 月 日— 年 月 日

项次	工序名称（或编号）		工序质量验收评定等级
1	防冲体制备	散抛石	
		石笼	
		预制件	
		土工袋（包）	
		柴枕	
2	△防冲体抛投		

施工单位自评意见	各工序施工质量全部合格，其中优良工序占_____%，且主要工序达到_____等级。各项报验资料_____ SL 634—2012 的要求。 单元工程质量等级评定为：_____。 （签字，加盖公章）　　　年 月 日
监理单位复核意见	经抽检并查验相关检验报告和检验资料，各工序施工质量全部合格，其中优良工序占_____%，且主要工序达到_____等级。各项报验资料_____ SL 634—2012 的要求。 单元工程质量等级评定为：_____。 （签字，加盖公章）　　　年 月 日

注：本表所填"单元工程量"不作为施工单位工程量结算计量的依据。

表4.5.1-1 散抛石护脚工序
施工质量验收评定表填表要求

填表时必须遵守"填表基本规定"，并应符合下列要求：

1. 单位工程、分部工程、单元工程名称及部位填写应与表4.5相同。

2. 各检验项目的检验方法及检验数量按表D-11的要求执行。

表D-11　　　　　　　　　　散抛石护脚

检验项目	检验方法	检验数量
石料的块重	检查	全数

3. 工序施工质量验收评定应提交下列资料：

（1）施工单位各班（组）初检记录、施工队复检记录、施工单位专职质检员终检记录，工序中各施工质量检验项目的检验资料。

（2）监理单位对工序中施工质量检验项目的平行检测资料。

4. 工序质量标准：

（1）合格等级标准：

1）主控项目，检验结果应全部符合SL 634—2012的要求。

2）一般项目，逐项应有70%及以上的检验点合格，且不合格点不应集中分布。

3）各项报验资料应符合SL 634—2012的要求。

（2）优良等级标准：

1）主控项目，检验结果应全部符合SL 634—2012的要求。

2）一般项目，逐项应有90%及以上的检验点合格，且不合格点不应集中分布。

3）各项报验资料应符合SL 634—2012的要求。

表 4.5.1－1　散抛石护脚工序施工质量验收评定表

单位工程名称			工序编号		
分部工程名称			施工单位		
单元工程名称、部位			施工日期	年　月　日—	年　月　日

项次		检验项目	质量要求	检查记录	合格数	合格率
一般项目	1	石料的块重	符合设计要求			

施工单位自评意见	主控项目检验点全部合格，一般项目逐项检验点的合格率均不小于_____%，且不合格点不集中分布。各项报验资料_____ SL 634—2012 的要求。 工序质量等级评定为：_____。 （签字，加盖公章）　　　年　月　日
监理单位复核意见	经复核，主控项目检验点全部合格，一般项目逐项检验点的合格率均不小于_____%，且不合格点不集中分布。各项报验资料_____ SL 634—2012 的要求。 工序质量等级评定为：_____。 （签字，加盖公章）　　　年　月　日

表4.5.1-2 石笼防冲体制备工序施工质量验收评定表填表要求

填表时必须遵守"填表基本规定",并应符合下列要求:

1. 单位工程、分部工程、单元工程名称及部位填写应与表4.5相同。

2. 各检验项目的检验方法及检验数量按表D-12的要求执行。

表D-12 石笼防冲体制备

检验项目	检验方法	检验数量
钢筋(丝)笼网目尺寸	观察	全数
防冲体体积	检测	

3. 工序施工质量验收评定应提交下列资料:

(1) 施工单位各班(组)初检记录、施工队复检记录、施工单位专职质检员终检记录,工序中各施工质量检验项目的检验资料。

(2) 监理单位对工序中施工质量检验项目的平行检测资料。

4. 工序质量标准:

(1) 合格等级标准:

1) 主控项目,检验结果应全部符合SL 634—2012的要求。

2) 一般项目,逐项应有70%及以上的检验点合格,且不合格点不应集中分布。

3) 各项报验资料应符合SL 634—2012的要求。

(2) 优良等级标准:

1) 主控项目,检验结果应全部符合SL 634—2012的要求。

2) 一般项目,逐项应有90%及以上的检验点合格,且不合格点不应集中分布。

3) 各项报验资料应符合SL 634—2012的要求。

表 4.5.1－2　石笼防冲体制备工序施工质量验收评定表

单位工程名称				工序编号		
分部工程名称				施工单位		
单元工程名称、部位				施工日期	年　月　日—	年　月　日
项次		检验项目	质量要求	检查记录	合格数	合格率
主控项目	1	钢筋（丝）笼网目尺寸	不大于填充块石的最小块径			
一般项目	1	防冲体体积	符合设计要求；允许偏差 0～＋10％			
施工单位自评意见	主控项目检验点全部合格，一般项目逐项检验点的合格率均不小于＿＿＿＿＿＿％，且不合格点不集中分布，各项报验资料＿＿＿＿＿＿ SL 634—2012 的要求。 工序质量等级评定为：＿＿＿＿＿＿。 （签字，加盖公章）　　　年　月　日					
监理单位复核意见	经复核，主控项目检验点全部合格，一般项目逐项检验点的合格率均不小于＿＿＿＿＿＿％，且不合格点不集中分布，各项报验资料＿＿＿＿＿＿ SL 634—2012 的要求。 工序质量等级评定为：＿＿＿＿＿＿。 （签字，加盖公章）　　　年　月　日					

表4.5.1-3 预制件防冲体制备工序
施工质量验收评定表填表要求

填表时必须遵守"填表基本规定",并应符合下列要求:

1. 单位工程、分部工程、单元工程名称及部位填写要与表4.5相同。

2. 各检验项目的检验方法及检验数量按表D-13的要求执行。

表D-13   预 制 件 防 冲 体 制 备

检验项目	检验方法	检验数量
预制防冲体尺寸	量测	每50块至少检测1块
预制防冲体外观	检查	全数

3. 工序施工质量验收评定应提交下列资料:

(1) 施工单位各班(组)初检记录、施工队复检记录、施工单位专职质检员终检记录,工序中各施工质量检验项目的检验资料。

(2) 监理单位对工序中施工质量检验项目的平行检测资料。

4. 工序质量标准:

(1) 合格等级标准:

1) 主控项目,检验结果应全部符合 SL 634—2012 的要求。

2) 一般项目,逐项应有70%及以上的检验点合格,且不合格点不应集中分布。

3) 各项报验资料应符合 SL 634—2012 的要求。

(2) 优良等级标准:

1) 主控项目,检验结果应全部符合 SL 634—2012 的要求。

2) 一般项目,逐项应有90%及以上的检验点合格,且不合格点不应集中分布。

3) 各项报验资料应符合 SL 634—2012 的要求。

表 4.5.1-3 预制件防冲体制备工序施工质量验收评定表

单位工程名称				工序编号				
分部工程名称				施工单位				
单元工程名称、部位				施工日期	年 月 日—		年 月 日	
项次		检验项目	质量要求	检查记录			合格数	合格率
主控项目	1	预制件防冲体尺寸	不小于设计值					
一般项目	1	预制件防冲体外观	无断裂、无严重破损					

施工单位自评意见	主控项目检验点全部合格,一般项目逐项检验点的合格率均不小于_____%,且不合格点不集中分布,各项报验资料_____ SL 634—2012 的要求。 工序质量等级评定为:_____。 　　　　　　　　　　　　　　　　　　　　(签字,加盖公章)　　 年　月　日
监理单位复核意见	经复核,主控项目检验点全部合格,一般项目逐项检验点的合格率均不小于_____%,且不合格点不集中分布,各项报验资料_____ SL 634—2012 的要求。 工序质量等级评定为:_____。 　　　　　　　　　　　　　　　　　　　　(签字,加盖公章)　　 年　月　日

表4.5.1-4 土工袋（包）防冲体制备工序
施工质量验收评定表填表要求

填表时必须遵守"填表基本规定"，并应符合下列要求：

1. 单位工程、分部工程、单元工程名称及部位填写应与表4.5相同。

2. 各检验项目的检验方法及检验数量按表D-14的要求执行。

表D-14   土工袋（包）防冲体制备

检验项目	检验方法	检验数量
土工袋（包）封口	检查	全数
土工袋（包）充填度	观察	

3. 工序施工质量验收评定应提交下列资料：

（1）施工单位各班（组）初检记录、施工队复检记录、施工单位专职质检员终检记录，工序中各施工质量检验项目的检验资料。

（2）监理单位对工序中施工质量检验项目的平行检测资料。

4. 工序质量标准：

（1）合格等级标准：

1）主控项目，检验结果应全部符合 SL 634—2012 的要求。

2）一般项目，逐项应有70％及以上的检验点合格，且不合格点不应集中分布。

3）各项报验资料应符合 SL 634—2012 的要求。

（2）优良等级标准：

1）主控项目，检验结果应全部符合 SL 634—2012 的要求。

2）一般项目，逐项应有90％及以上的检验点合格，且不合格点不应集中分布。

3）各项报验资料应符合 SL 634—2012 的要求。

_____工程

表 4.5.1－4 土工袋（包）防冲体制备工序施工质量验收评定表

单位工程名称			工序编号	
分部工程名称			施工单位	
单元工程名称、部位			施工日期	年 月 日— 年 月 日

项次		检验项目	质量要求	检查记录	合格数	合格率
主控项目	1	土工袋（包）封口	封口应牢固			
一般项目	1	土工袋（包）充填度	70%～80%			

施工单位自评意见	主控项目检验点全部合格，一般项目逐项检验点的合格率均不小于_____%，且不合格点不集中分布，各项报验资料_____ SL 634—2012 的要求。 工序质量等级评定为：_____。 （签字，加盖公章）　　　年　月　日
监理单位复核意见	经复核，主控项目检验点全部合格，一般项目逐项检验点的合格率均不小于_____%，且不合格点不集中分布，各项报验资料_____ SL 634—2012 的要求。 工序质量等级评定为：_____。 （签字，加盖公章）　　　年　月　日

表4.5.1-5 柴枕防冲体制备工序施工质量验收评定表填表要求

填表时必须遵守"填表基本规定",并应符合下列要求:

1. 单位工程、分部工程、单元工程名称及部位填写应与表4.5相同。

2. 各检验项目的检验方法及检验数量按表 D-15 的要求执行。

表 D-15　　　　　　　　　　　柴 枕 防 冲 体 制 备

检验项目	检验方法	检验数量
柴枕的长度和直径	检验	全数
石料用量		
捆枕工艺	观察	

3. 工序施工质量验收评定应提交下列资料:

(1) 施工单位各班(组)初检记录、施工队复检记录、施工单位专职质检员终检记录,工序中各施工质量检验项目的检验资料。

(2) 监理单位对工序中施工质量检验项目的平行检测资料。

4. 工序质量标准:

(1) 合格等级标准:

1) 主控项目,检验结果应全部符合 SL 634—2012 的要求。

2) 一般项目,逐项应有70％及以上的检验点合格,且不合格点不应集中分布。

3) 各项报验资料应符合 SL 634—2012 的要求。

(2) 优良等级标准:

1) 主控项目,检验结果应全部符合 SL 634—2012 的要求。

2) 一般项目,逐项应有90％及以上的检验点合格,且不合格点不应集中分布。

3) 各项报验资料应符合 SL 634—2012 的要求。

表 4.5.1－5　　柴枕防冲体制备工序施工质量验收评定表

单位工程名称			工序编号		
分部工程名称			施工单位		
单元工程名称、部位			施工日期	年　月　日— 年　月　日	

项次		检验项目	质量要求	检查记录	合格数	合格率
主控项目	1	柴枕的长度和直径	不小于设计值			
	2	石料用量	符合设计要求			
一般项目	1	捆枕工艺	符合《堤防工程施工规范》（SL 260）的要求			

施工单位自评意见	主控项目检验点全部合格，一般项目逐项检验点的合格率均不小于_____%，且不合格点不集中分布，各项报验资料_____ SL 634—2012 的要求。 工序质量等级评定为：_____。 （签字，加盖公章）　　　年　月　日
监理单位复核意见	经复核，主控项目检验点全部合格，一般项目逐项检验点的合格率均不小于_____%，且不合格点不集中分布，各项报验资料_____ SL 634—2012 的要求。 工序质量等级评定为：_____。 （签字，加盖公章）　　　年　月　日

表4.5.2 防冲体抛投工序
施工质量验收评定表填表要求

填表时必须遵守"填表基本规定",并应符合下列要求:

1. 单位工程、分部工程、单元工程名称及部位填写应与表4.5相同。

2. 各检验项目的检验方法及检验数量按表D-16的要求执行。

表D-16　　　　　　　　　防冲体抛投

检验项目	检验方法	检验数量
抛投数量	量测	全数
抛投程序	检查	
抛投断面	量测	抛投前、后每20～50m测1个横断面,每横断面5～10m测1个点

3. 工序施工质量验收评定应提交下列资料:

(1) 施工单位各班(组)初检记录、施工队复检记录、施工单位专职质检员终检记录,工序中各施工质量检验项目的检验资料。

(2) 监理单位对工序中施工质量检验项目的平行检测资料。

4. 工序质量标准:

(1) 合格等级标准:

1) 主控项目,检验结果应全部符合 SL 634—2012 的要求。

2) 一般项目,逐项应有70%及以上的检验点合格,且不合格点不应集中分布。

3) 各项报验资料应符合 SL 634—2012 的要求。

(2) 优良等级标准:

1) 主控项目,检验结果应全部符合 SL 634—2012 的要求。

2) 一般项目,逐项应有90%及以上的检验点合格,且不合格点不应集中分布。

3) 各项报验资料应符合 SL 634—2012 的要求。

表 4.5.2　防冲体抛投工序施工质量验收评定表

单位工程名称			工序编号			
分部工程名称			施工单位			
单元工程名称、部位			施工日期	年　月　日—		年　月　日

项次		检验项目	质量要求	检查记录	合格数	合格率
主控项目	1	抛投数量	符合设计要求，允许偏差为 0～＋10％			
	2	抛投程序	符合《堤防工程施工规范》(SL 260) 或抛投试验的要求			
一般项目	1	抛投断面	符合设计要求			

施工单位自评意见	主控项目检验点全部合格，一般项目逐项检验点的合格率均不小于_____％，且不合格点不集中分布，各项报验资料_____ SL 634—2012 的要求。 　　工序质量等级评定为：_____。 　　　　　　　　　　　　　　　　　　　（签字，加盖公章）　　　年　月　日
监理单位复核意见	经复核，主控项目检验点全部合格，一般项目逐项检验点的合格率均不小于_____％，且不合格点不集中分布，各项报验资料_____ SL 634—2012 的要求。 　　工序质量等级评定为：_____。 　　　　　　　　　　　　　　　　　　　（签字，加盖公章）　　　年　月　日

表4.6 沉排护脚单元工程
施工质量验收评定表填表要求

填表时必须遵守"填表基本规定",并应符合下列要求:

1. 沉排类型包括铰链混凝土块沉排和土工织物软体沉排两种型式,分别包括旱地(冰上)、水下两种施工方式。

2. 单元工程划分:沉排护脚工程宜按平顺护岸的施工段长60~80m或以每个丁坝、垛的护脚工程为一个单元工程。

3. 单元工程量沉排面积填写(m²)。

4. 沉排护脚单元工程宜分为沉排锚定和沉排铺设2个工序,其中沉排铺设工序为主要工序,用△标注。本表是在表4.6.1及表4.6.2-1~表4.6.2-4(按沉排设计类型进行选择)工序施工质量验收评定合格的基础上进行。

5. 单元工程施工质量验收评定应提交下列资料:

(1)施工单位应提交单元工程中所含工序(或检验项目)验收评定的检验资料,原材料与各项实体检验项目的检验记录资料。

(2)监理单位应提交对单元工程施工质量的平行检测资料。

6. 单元工程质量标准:

(1)合格等级标准:各工序施工质量验收评定应全部合格;各项报验资料应符合SL 634—2012的要求。

(2)优良等级标准:各工序施工质量验收评定应全部合格,其中优良工序应达到50%及以上,且主要工序应达到优良等级;各项报验资料应符合SL 634—2012的要求。

表 4.6   沉排护脚单元工程施工质量验收评定表

单位工程名称		单元工程量	
分部工程名称		施工单位	
单元工程名称、部位		施工日期	年 月 日— 年 月 日

项次	工序名称（或编号）	工序质量验收评定等级
1	沉排锚定	
2	△沉排铺设	

施工单位自评意见	各工序施工质量全部合格，其中优良工序占_____%，且主要工序达到_____等级，各项报验资料_____ SL 634—2012 的要求。 单元工程质量等级评定为：_____。 （签字，加盖公章） 年 月 日
监理机构复核评定意见	经抽检并查验相关检验报告和检验资料，各工序施工质量全部合格，其中优良工序占_____%，且主要工序达到_____等级，各项报验资料_____ SL 634—2012 的要求。 单元工程质量等级评定为：_____。 （签字，加盖公章） 年 月 日
注：本表所填"单元工程量"不作为施工单位工程量结算计量的依据。	

表4.6.1 沉排锚定工序
施工质量验收评定表填表要求

填表时必须遵守"填表基本规定",并应符合下列要求:

1. 单位工程、分部工程、单元工程名称及部位填写应与表4.6相同。

2. 各检验项目的检验方法及检验数量按表 D-17 的要求执行。

表 D-17   沉 排 锚 定

检验项目	检验方法	检验数量
系排梁、锚桩等锚定系统的制作	参照《水利水电工程单元工程施工质量验收评定标准——混凝土工程》(SL 632)	
锚定系统平面位置及高程	量测	全数
系排梁或锚桩尺寸		每5m长系排梁或每5根锚桩检测1处(点)

3. 工序施工质量验收评定应提交下列资料:

(1) 施工单位各班(组)初检记录、施工队复检记录、施工单位专职质检员终检记录,工序中各施工质量检验项目的检验资料。

(2) 监理单位对工序中施工质量检验项目的平行检测资料。

4. 工序质量标准:

(1) 合格等级标准:

1) 主控项目,检验结果应全部符合 SL 634—2012 的要求。

2) 一般项目,逐项应有70%及以上的检验点合格,且不合格点不应集中分布。

3) 各项报验资料应符合 SL 634—2012 的要求。

(2) 优良等级标准:

1) 主控项目,检验结果应全部符合 SL 634—2012 的要求。

2) 一般项目,逐项应有90%及以上的检验点合格,且不合格点不应集中分布。

3) 各项报验资料应符合 SL 634—2012 的要求。

表 4.6.1　　沉排锚定工序施工质量验收评定表

单位工程名称				工序编号		
分部工程名称				施工单位		
单元工程名称、部位				施工日期	年　月　日—　　年　月　日	

项次		检验项目	质量要求	检查记录	合格数	合格率
主控项目	1	系排梁、锚桩等锚定系统的制作	符合设计要求			
一般项目	1	锚定系统平面位置及高程	允许偏差±10cm			
	2	系排梁或锚桩尺寸	允许偏差±3cm			

施工单位自评意见	主控项目检验点全部合格，一般项目逐项检验点的合格率均不小于_____%，且不合格点不集中分布，各项报验资料_____SL 634—2012 的要求。 工序质量等级评定为：_____。 　　　　　　　　　　　　　　　　　　（签字，加盖公章）　　　年　月　日
监理单位复核意见	经复核，主控项目检验点全部合格，一般项目逐项检验点的合格率均不小于_____%，且不合格点不集中分布，各项报验资料_____SL 634—2012 的要求。 工序质量等级评定为：_____。 　　　　　　　　　　　　　　　　　　（签字，加盖公章）　　　年　月　日

表4.6.2-1 旱地或冰上铺设铰链混凝土块沉排铺设工序施工质量验收评定表填表要求

填表时必须遵守"填表基本规定",并应符合下列要求:

1. 单位工程、分部工程、单元工程名称及部位填写应与表4.6相同。

2. 各检验项目的检验方法及检验数量按表D-18的要求执行。

表D-18　　　　　　　旱地或冰上铺设铰链混凝土块沉排铺设

检验项目	检验方法	检验数量
铰链混凝土块沉排制作与安装	观察	全数
沉排搭接宽度	量测	每条搭接缝或每30m搭接缝长检查1个点
旱地沉排保护层厚度		每40~80m² 检测1个点
旱地沉排铺放高程		

3. 工序施工质量验收评定应提交下列资料:

(1) 施工单位各班(组)初检记录、施工队复检记录、施工单位专职质检员终检记录,工序中各施工质量检验项目的检验资料。

(2) 监理单位对工序中施工质量检验项目的平行检测资料。

4. 工序质量标准:

(1) 合格等级标准:

1) 主控项目,检验结果应全部符合SL 634—2012的要求。

2) 一般项目,逐项应有70%及以上的检验点合格,且不合格点不应集中分布。

3) 各项报验资料应符合SL 634—2012的要求。

(2) 优良等级标准:

1) 主控项目,检验结果应全部符合SL 634—2012的要求。

2) 一般项目,逐项应有90%及以上的检验点合格,且不合格点不应集中分布。

3) 各项报验资料应符合SL 634—2012的要求。

表 4.6.2－1　旱地或冰上铺设铰链混凝土块沉排铺设工序
施工质量验收评定表

单位工程名称				工序编号			
分部工程名称				施工单位			
单元工程名称、部位				施工日期	年 月 日— 年 月 日		

项次		检验项目	质量要求	检查记录	合格数	合格率
主控项目	1	铰链混凝土块沉排制作与安装	符合设计要求			
	2	沉排搭接宽度	不小于设计值			
一般项目	1	旱地沉排保护层厚度	不小于设计值			
	2	旱地沉排铺放高程	允许偏差±0.2m			

施工单位自评意见	主控项目检验点全部合格，一般项目逐项检验点的合格率均不小于_____%，且不合格点不集中分布，各项报验资料_____ SL 634—2012 的要求。 工序质量等级评定为：_____。 （签字，加盖公章）　　　年　月　日
监理单位复核意见	经复核，主控项目检验点全部合格，一般项目逐项检验点的合格率均不小于_____%，且不合格点不集中分布，各项报验资料_____ SL 634—2012 的要求。 工序质量等级评定为：_____。 （签字，加盖公章）　　　年　月　日

表4.6.2-2 水下铰链混凝土块沉排铺设工序施工质量验收评定表填表要求

填表时必须遵守"填表基本规定",并应符合下列要求:

1. 单位工程、分部工程、单元工程名称及部位填写应与表4.6相同。
2. 各检验项目的检验方法及检验数量按表 D-19 的要求执行。

表 D-19   水下铰链混凝土块沉排铺设

检验项目	检验方法	检验数量
铰链混凝土块沉排制作与安装	观察	全数
沉排搭接宽度	量测	每条搭接缝或每30m搭接缝长检查1个点
沉排船定位	观察	全数
铺排程序	检查	

3. 工序施工质量验收评定应提交下列资料:

（1）施工单位各班（组）初检记录、施工队复检记录、施工单位专职质检员终检记录,工序中各施工质量检验项目的检验资料。

（2）监理单位对工序中施工质量检验项目的平行检测资料。

4. 工序质量标准:

（1）合格等级标准:

1）主控项目,检验结果应全部符合 SL 634—2012 的要求。

2）一般项目,逐项应有70％及以上的检验点合格,且不合格点不应集中分布。

3）各项报验资料应符合 SL 634—2012 的要求。

（2）优良等级标准:

1）主控项目,检验结果应全部符合 SL 634—2012 的要求。

2）一般项目,逐项应有90％及以上的检验点合格,且不合格点不应集中分布。

3）各项报验资料应符合 SL 634—2012 的要求。

**表 4.6.2-2 水下铰链混凝土块沉排铺设工序
施工质量验收评定表**

	单位工程名称			工序编号			
	分部工程名称			施工单位			
	单元工程名称、部位			施工日期	年 月 日— 年 月 日		
项次	检验项目	质量要求		检查记录		合格数	合格率
主控项目	1	铰链混凝土块沉排制作与安装	符合设计要求				
	2	沉排搭接宽度	不小于设计值				
一般项目	1	沉排船定位	符合设计和《堤防工程施工规范》(SL 260)的要求				
	2	铺排程序	符合《堤防工程施工规范》(SL 260)的要求				
施工单位自评意见	主控项目检验点全部合格,一般项目逐项检验点的合格率均不小于_____%,且不合格点不集中分布,各项报验资料_____ SL 634—2012 的要求。 工序质量等级评定为:_____。 (签字,加盖公章) 年 月 日						
监理单位复核意见	经复核,主控项目检验点全部合格,一般项目逐项检验点的合格率均不小于_____%,且不合格点不集中分布,各项报验资料_____ SL 634—2012 的要求。 工序质量等级评定为:_____。 (签字,加盖公章) 年 月 日						

表4.6.2-3 旱地或冰上土工织物软体沉排铺设工序施工质量验收评定表填表要求

填表时必须遵守"填表基本规定",并应符合下列要求:

1. 单位工程、分部工程、单元工程名称及部位填写应与表4.6相同。

2. 各检验项目的检验方法及检验数量按表D-20的要求执行。

表D-20   旱地或冰上土工织物软体沉排铺设

检验项目	检验方法	检验数量
沉排搭接宽度	量测	每条搭接缝或每30m搭接缝长检查1个点
软体排厚度		每10～20m² 检测1个点
旱地沉排铺放高程		每40～80m² 检测1个点
旱地沉排保护层厚度		

3. 工序施工质量验收评定应提交下列资料:

(1) 施工单位各班(组)初检记录、施工队复检记录、施工单位专职质检员终检记录,工序中各施工质量检验项目的检验资料。

(2) 监理单位对工序中施工质量检验项目的平行检测资料。

4. 工序质量标准:

(1) 合格等级标准:

1) 主控项目,检验结果应全部符合SL 634—2012的要求。

2) 一般项目,逐项应有70%及以上的检验点合格,且不合格点不应集中分布。

3) 各项报验资料应符合SL 634—2012的要求。

(2) 优良等级标准:

1) 主控项目,检验结果应全部符合SL 634—2012的要求。

2) 一般项目,逐项应有90%及以上的检验点合格,且不合格点不应集中分布。

3) 各项报验资料应符合SL 634—2012的要求。

**表 4.6.2-3　旱地或冰上土工织物软体沉排铺设工序
施工质量验收评定表**

单位工程名称				工序编号			
分部工程名称				施工单位			
单元工程名称、部位				施工日期	年 月 日— 年 月 日		

项次		检验项目	质量要求	检查记录	合格数	合格率
主控项目	1	沉排搭接宽度	不小于设计值			
	2	软体排厚度	允许偏差±5%设计值			
一般项目	1	旱地沉排铺放高程	允许偏差±0.2m			
	2	旱地沉排保护层厚度	不小于设计值			
施工单位自评意见	主控项目检验点全部合格，一般项目逐项检验点的合格率均不小于_____%，且不合格点不集中分布，各项报验资料_____ SL 634—2012 的要求。 工序质量等级评定为：_____。 　　　　　　　　　　　　　（签字，加盖公章）　　　年　月　日					
监理单位复核意见	经复核，主控项目检验点全部合格，一般项目逐项检验点的合格率均不小于_____%，且不合格点不集中分布，各项报验资料_____ SL 634—2012 的要求。 工序质量等级评定为：_____。 　　　　　　　　　　　　　（签字，加盖公章）　　　年　月　日					

表4.6.2-4 水下土工织物软体沉排铺设工序施工质量验收评定表填表要求

填表时必须遵守"填表基本规定",并应符合下列要求:

1. 单位工程、分部工程、单元工程名称及部位填写应与表4.6相同。

2. 各检验项目的检验方法及检验数量按表D-21的要求执行。

表D-21　　　　　　　　　　　　水下土工织物软体沉排铺设

检验项目	检验方法	检验数量
沉排搭接宽度	量测	每条搭接缝或每30m搭接缝长检测1个点
软体排厚度		每20~40m² 检测1个点
沉排船定位	观察	全数
铺排程序		

3. 工序施工质量验收评定应提交下列资料:

(1) 施工单位各班(组)初检记录、施工队复检记录、施工单位专职质检员终检记录,工序中各施工质量检验项目的检验资料。

(2) 监理单位对工序中施工质量检验项目的平行检测资料。

4. 工序质量标准:

(1) 合格等级标准:

1) 主控项目,检验结果应全部符合 SL 634—2012 的要求。

2) 一般项目,逐项应有70%及以上的检验点合格,且不合格点不应集中分布。

3) 各项报验资料应符合 SL 634—2012 的要求。

(2) 优良等级标准:

1) 主控项目,检验结果应全部符合 SL 634—2012 的要求。

2) 一般项目,逐项应有90%及以上的检验点合格,且不合格点不应集中分布。

3) 各项报验资料应符合 SL 634—2012 的要求。

表 4.6.2－4　　**水下土工织物软体沉排铺设工序**
施工质量验收评定表

单位工程名称			工序编号		
分部工程名称			施工单位		
单元工程名称、部位			施工日期	年　月　日—	年　月　日

项次		检验项目	质量要求	检查记录	合格数	合格率
主控项目	1	沉排搭接宽度	不小于设计值			
	2	软体排厚度	允许偏差±5%设计值			
一般项目	1	沉排船定位	符合设计和《堤防工程施工规范》（SL 260）的要求			
	2	铺排程序	符合《堤防工程施工规范》（SL 260）的要求			

施工单位自评意见	主控项目检验点全部合格，一般项目逐项检验点的合格率均不小于_____%，且不合格点不集中分布，各项报验资料_____ SL 634—2012 的要求。 工序质量等级评定为：_____。 （签字，加盖公章）　　　年　月　日
监理单位复核意见	经复核，主控项目检验点全部合格，一般项目逐项检验点的合格率均不小于_____%，且不合格点不集中分布，各项报验资料_____ SL 634—2012 的要求。 工序质量等级评定为：_____。 （签字，加盖公章）　　　年　月　日

表4.7 护坡砂（石）垫层单元工程
施工质量验收评定表填表要求

填表时必须遵守"填表基本规定"，并应符合下列要求：

1. 单元工程划分：应与护坡单元划分相对应，平顺护岸的护坡工程宜按施工段长 60～100m 划分为一个单元工程，现浇混凝土护坡宜按施工段长 30～50m 划分为一个单元工程；丁坝、垛的护坡工程宜按每个坝、垛划分为一个单元工程。

2. 单元工程量填写垫层面积（m²）。

3. 各检验项目的检验方法及检验数量按表 D-22 的要求执行。

表 D-22 护坡砂（石）垫层

检验项目	检验方法	检验数量
砂、石级配	土工试验	每单元工程取样 1 个
砂、石垫层厚度	量测	每 20m² 检测 1 个点
垫层基面表面平整度		每 20m² 检测 1 处
垫层基面坡度	坡度尺量测	

4. 单元工程施工质量验收评定应提交下列资料：

（1）施工单位应提交单元工程施工单位各班（组）初检记录、施工队复检记录、施工单位专职质检员终检记录，验收评定的检验资料，原材料与各项实体检验项目的检验记录资料。

（2）监理单位应提交对单元工程施工质量的平行检测资料。

5. 单元工程质量标准：

（1）合格等级标准：

1）主控项目，检验结果应全部符合 SL 634—2012 的要求。

2）一般项目，逐项应有 70% 及以上的检验点合格，且不合格点不应集中分布。

3）各项报验资料应符合 SL 634—2012 的要求。

（2）优良等级标准：

1）主控项目，检验结果应全部符合 SL 634—2012 的要求。

2）一般项目，逐项应有 90% 及以上的检验点合格，且不合格点不应集中分布。

3）各项报验资料应符合 SL 634—2012 的要求

表 4.7 护坡砂（石）垫层单元工程施工质量验收评定表

单位工程名称			工序编号			
分部工程名称			施工单位			
单元工程名称、部位			施工日期	年 月 日—	年 月 日	

项次		检验项目	质量要求	检查记录	合格数	合格率
主控项目	1	砂、石级配	符合设计要求			
	2	砂、石垫层厚度	允许偏差±15%设计厚度			
一般项目	1	垫层基面表面平整度	符合设计要求			
	2	垫层基面坡度	符合设计要求			

施工单位自评意见	主控项目检验结果全部符合验收评定标准，一般项目逐项检验点的合格率均不小于_____％。各项报验资料_____ SL 634—2012 的要求。 单元工程质量等级评定为：_____。 <div align="right">（签字，加盖公章）　　　年　月　日</div>
监理单位复核意见	经抽检并查验相关检验报告和检验资料，主控项目检验结果全部符合验收评定标准，一般项目逐项检验点的合格率均不小于_____％。各项报验资料_____ SL 634—2012 的要求。 单元工程质量等级评定为：_____。 <div align="right">（签字，加盖公章）　　　年　月　日</div>

注：本表所填"单元工程量"不作为施工单位工程量结算计量的依据。

表4.8 土工织物铺设单元工程
施工质量验收评定表填表要求

填表时必须遵守"填表基本规定",并应符合下列要求:

1. 单元工程划分:应与护坡单元划分相对应,平顺护岸工程宜按施工段长 60～100m 划分为一个单元工程,现浇混凝土宜按施工段长 30～50m 划分为一个单元工程;丁坝、垛的护坡工程宜按每个坝、垛划分为一个单元工程。

2. 单元工程量填写土工织物铺设面积(m²)。

3. 各检验项目的检验方法及检验数量按表D-23的要求执行。

表 D-23   土 工 织 物 铺 设

检验项目	检验方法	检验数量
土工织物锚固	检查	全面
垫层基面表面平整度	量测	每 20m² 检测 1 个点
垫层基面坡度	坡度尺量测	
土工织物垫层连接方式和搭接长度	观察、量测	全数

4. 本单元工程施工质量验收评定应提交下列资料:

(1) 施工单位应提交单元工程施工单位各班(组)初检记录、施工队复检记录、施工单位专职质检员终检记录,验收评定的检验资料,原材料与各项实体检验项目的检验记录资料。

(2) 监理单位应提交对单元工程施工质量的平行检测资料。

5. 单元工程质量标准:

(1) 合格等级标准:

1) 主控项目,检验结果应全部符合 SL 634—2012 的要求。

2) 一般项目,逐项应有 70% 及以上的检验点合格,且不合格点不应集中分布。

3) 各项报验资料应符合 SL 634—2012 的要求。

(2) 优良等级标准:

1) 主控项目,检验结果应全部符合 SL 634—2012 的要求。

2) 一般项目,逐项应有 90% 及以上的检验点合格,且不合格点不应集中分布。

3) 各项报验资料应符合 SL 634—2012 的要求。

表 4.8　　土工织物铺设单元工程施工质量验收评定表

单位工程名称				单元工程量			
分部工程名称				施工单位			
单元工程名称、部位				施工日期	年　月　日—　年　月　日		
项次		检验项目	质量要求	检查记录		合格数	合格率
主控项目	1	土工织物锚固	符合设计要求				
一般项目	1	垫层基面表面平整度					
	2	垫层基面坡度					
	3	土工织物垫层连接方式和搭接长度					
施工单位自评意见		主控项目检验结果全部符合验收评定标准，一般项目逐项检验点的合格率均不小于_____％，各项报验资料_____ SL 634—2012 的要求。 单元工程质量等级评定为：_____。 　　　　　　　　　　　　　　　　　　　　（签字，加盖公章）　　　年　月　日					
监理单位复核意见		经抽检并查验相关检验报告和检验资料，主控项目检验结果全部符合验收评定标准，一般项目逐项检验点的合格率均不小于_____％，各项报验资料_____ SL 634—2012 的要求。 单元工程质量等级评定为：_____。 　　　　　　　　　　　　　　　　　　　　（签字，加盖公章）　　　年　月　日					
注：本表所填"单元工程量"不作为施工单位工程量结算计量的依据。							

表4.9 毛石粗排护坡单元工程
施工质量验收评定表填表要求

填表时必须遵守"填表基本规定"，并应符合下列要求：

1. 单元工程划分：平顺护岸的护坡工程宜按施工段长60～100m划分为一个单元工程，丁坝、垛的护坡工程宜按每个坝、垛划分为一个单元工程。

2. 单元工程量填写毛石粗排护坡面积（m²）。

3. 各检验项目的检验方法及检验数量按表D-24的要求执行。

表 D-24   毛 石 粗 排 护 坡

检验项目	检验方法	检验数量
护坡厚度	量测	每50～100m² 检测1处
坡面平整度		每50～100m² 检测1处
石料块重		沿护坡长度方向每20m检查1m²
粗排质量	观察	全数

4. 单元工程施工质量验收评定应提交下列资料：

（1）施工单位应提交单元工程施工单位各班（组）初检记录、施工队复检记录、施工单位专职质检员终检记录，验收评定的检验资料，原材料的检验记录资料。

（2）监理单位应提交对单元工程施工质量的平行检测资料。

5. 单元工程质量标准：

（1）合格等级标准：

1）主控项目，检验结果应全部符合SL 634—2012的要求。

2）一般项目，逐项应有70％及以上的检验点合格，且不合格点不应集中分布。

3）各项报验资料应符合SL 634—2012的要求。

（2）优良等级标准：

1）主控项目，检验结果应全部符合SL 634—2012的要求。

2）一般项目，逐项应有90％及以上的检验点合格，且不合格点不应集中分布。

3）各项报验资料应符合SL 634—2012的要求。

表 4.9 毛石粗排护坡单元工程施工质量验收评定表

单位工程名称				单元工程量					
分部工程名称				施工单位					
单元工程名称、部位				施工日期	年　月　日—		年　月　日		
项次	检验项目		质量要求	检查记录				合格数	合格率
主控项目	1	护坡厚度	厚度小于50cm，允许偏差±5cm；厚度大于50cm，允许偏差±10％						
一般项目	1	坡面平整度	坡度平顺，允许偏差±10cm						
	2	石料块重	符合设计要求						
	3	粗排质量	石块稳固、无松动						
施工单位自评意见	主控项目检验结果全部符合验收评定标准，一般项目逐项检验点的合格率均不小于_____％，各项报验资料_____SL 634—2012 的要求。 单元工程质量等级评定为：_____。 （签字，加盖公章）　　年　月　日								
监理单位复核意见	经抽检并查验相关检验报告和检验资料，主控项目检验结果全部符合验收评定标准，一般项目逐项检验点的合格率均不小于_____％，各项报验资料_____SL 634—2012 的要求。 单元工程质量等级评定为：_____。 （签字，加盖公章）　　年　月　日								
注：本表所填"单元工程量"不作为施工单位工程量结算计量的依据。									

442

表4.10 石笼护坡单元工程
施工质量验收评定表填表要求

填表时必须遵守"填表基本规定",并应符合下列要求:

1. 单元工程划分:平顺护岸的护坡工程宜按施工段长 60～100m 划分为一个单元工程,丁坝、垛的护坡工程宜按每个坝、垛划分为一个单元工程。

2. 单元工程量填写石笼护坡方量(m³)。

3. 各检验项目的检验方法及检验数量按表 D-25 的要求执行。

表 D-25   石 笼 护 坡

检验项目	检验方法	检验数量
护坡厚度	量测	每 50～100m² 检测 1 处
绑扎点间距		每 30～60m² 检测 1 处
坡面平整度		每 50～100m² 检测 1 处
有间隔网的网片间距		每幅网材检查 2 处

4. 单元工程施工质量验收评定应提交下列资料:

(1) 施工单位应提交单元工程施工单位各班(组)初检记录、施工队复检记录、施工单位专职质检员终检记录,验收评定的检验资料,原材料与各项实体检验项目的检验记录资料。

(2) 监理单位应提交对单元工程施工质量的平行检测资料。

5. 单元工程质量标准:

(1) 合格等级标准:

1) 主控项目,检验结果应全部符合 SL 634—2012 的要求。

2) 一般项目,逐项应有 70% 及以上的检验点合格,且不合格点不应集中分布。

3) 各项报验资料应符合 SL 634—2012 的要求。

(2) 优良等级标准:

1) 主控项目,检验结果应全部符合 SL 634—2012 的要求。

2) 一般项目,逐项应有 90% 及以上的检验点合格,且不合格点不应集中分布。

3) 各项报验资料应符合 SL 634—2012 的要求。

表 4.10　　石笼护坡单元工程施工质量验收评定表

单位工程名称				单元工程量		
分部工程名称				施工单位		
单元工程名称、部位				施工日期	年　月　日— 年　月　日	

项次		检验项目	质量要求	检查记录	合格数	合格率
主控项目	1	护坡厚度	允许偏差±5cm			
	2	绑扎点间距	允许偏差±5cm			
一般项目	1	坡面平整度	允许偏差±8cm			
	2	有间隔网的网片间距	允许偏差±10cm			

施工单位自评意见	主控项目检验结果全部符合验收评定标准，一般项目逐项检验点的合格率均不小于_____%。各项报验资料_____ SL 634—2012 的要求。 单元工程质量等级评定为：_____。 （签字，加盖公章）　　　年　月　日
监理单位复核意见	经抽检并查验相关检验报告和检验资料，主控项目检验结果全部符合验收评定标准，一般项目逐项检验点的合格率均不小于_____%。各项报验资料_____ SL 634—2012 的要求。 单元工程质量等级评定为：_____。 （签字，加盖公章）　　　年　月　日
注：本表所填"单元工程量"不作为施工单位工程量结算计量的依据。	

444

表4.11 干砌石护坡单元工程
施工质量验收评定表填表要求

填表时必须遵守"填表基本规定",并应符合下列要求:

1. 单元工程划分:平顺护岸的护坡工程宜按施工段长 60~100m 划分为一个单元工程,丁坝、垛的护坡工程宜按每个坝、垛划分为一个单元工程。

2. 单元工程量填写干砌石护坡面积(m²)。

3. 各检验项目的检验方法及检验数量按表 D-26 的要求执行。

表 D-26   干砌石护坡

检验项目	检验方法	检验数量
护坡厚度	量测	每 50~100m² 测 1 次
坡面平整度		每 50~100m² 检测 1 处
石料块重ª		沿护坡长度方向每 20m 检查 1m²
砌石坡度		沿护坡长度方向 20m 检测 1 处
砌筑质量	检查	沿护坡长度方向每 20m 检查 1 处
a:1级、2级、3级堤防石料块重的合格率分别不应小于 90%、85%、80%。		

4. 本单元工程施工质量验收评定应提交下列资料:

(1)施工单位应提交单元工程施工单位各班(组)初检记录、施工队复检记录、施工单位专职质检员终检记录,验收评定的检验资料,原材料与各项实体检验项目的检验记录资料。

(2)监理单位应提交对单元工程施工质量的平行检测资料。

5. 单元工程质量标准:

(1)合格等级标准:

1)主控项目,检验结果应全部符合 SL 634—2012 的要求。

2)一般项目,逐项应有 70% 及以上的检验点合格,且不合格点不应集中分布。

3)各项报验资料应符合 SL 634—2012 的要求。

(2)优良等级标准:

1)主控项目,检验结果应全部符合 SL 634—2012 的要求。

2)一般项目,逐项应有 90% 及以上的检验点合格,且不合格点不应集中分布。

3)各项报验资料应符合 SL 634—2012 的要求。

表 4.11 **干砌石护坡单元工程施工质量验收评定表**

单位工程名称					单元工程量				
分部工程名称					施工单位				
单元工程名称、部位					施工日期	年　月　日—		年　月　日	

项次		检验项目	质量要求		检查记录	合格数	合格率
主控项目	1	护坡厚度	厚度小于 50cm，允许偏差 ±5cm；厚度大于 50cm，允许偏差 ±10％				
	2	坡面平整度	允许偏差±8cm				
	3	石料块重	除腹石和嵌缝石外，面石用料符合设计要求	1级堤防合格率不应小于90％			
				2级堤防合格率不应小于85％			
				3级堤防合格率不应小于80％			
一般项目	1	砌石坡度	不陡于设计坡度				
	2	砌筑质量	石块稳固、无松动，无宽度在 1.5cm 以上、长度在 50cm 以上的连续缝				

施工单位自评意见	主控项目检验结果全部符合验收评定标准，一般项目逐项检验点的合格率均不小于_____％，各项报验资料_____ SL 634—2012 的要求。 单元工程质量等级评定为：_____。 　　　　　　　　　　　　　　　　　　　（签字，加盖公章）　　　年　月　日
监理单位复核意见	经抽检并查验相关检验报告和检验资料，主控项目检验结果全部符合验收评定标准，一般项目逐项检验点的合格率均不小于_____％，各项报验资料_____ SL 634—2012 的要求。 单元工程质量等级评定为：_____。 　　　　　　　　　　　　　　　　　　　（签字，加盖公章）　　　年　月　日

注：本表所填"单元工程量"不作为施工单位工程量结算计量的依据。

表4.12　浆砌石护坡单元工程
施工质量验收评定表填表要求

填表时必须遵守"填表基本规定"，并应符合下列要求：

1. 单元工程划分：平顺护岸的护坡工程宜按施工段长60～100m划分为一个单元工程，丁坝、垛的护坡工程宜按每个坝、垛划分为一个单元工程。

2. 单元工程量填写浆砌石护坡面积（m²）。

3. 对进场的水泥、外加剂、砂、块石等原材料质量应按有关规范要求进行全面检验，检验结果应满足相关产品标准。不同批次原材料在工程中的使用部位应有记录，并填写原材料及中间产品备查表（浆砌石护坡单元工程原材料检验备查表、砂浆试块强度检验备查表）（格式参考SL 632—2012）。

4. 各检验项目的检验方法及检验数量按表D-27的要求执行。

表D-27　　　　　　　　　　浆砌石护坡

检验项目	检验方法	检验数量
护坡厚度	量测	每50～100m² 检测1处
坡面平整度		
排水孔反滤	检查	每10孔检查1孔
坐浆饱满度		每层每10m至少检查1处
排水孔设置	量测	每10孔检查1孔
变形缝结构与填充质量	检查	全面
勾缝		

5. 单元工程施工质量验收评定应提交下列资料：

（1）施工单位应提交单元工程施工单位各班（组）初检记录、施工队复检记录、施工单位专职质检员终检记录，验收评定的检验资料，原材料、拌和物与各项实体检验项目的检验记录资料。

（2）监理单位应提交对单元工程施工质量的平行检测资料。

6. 单元工程质量标准：

（1）合格等级标准：

1）主控项目，检验结果应全部符合SL 634—2012的要求。

2）一般项目，逐项应有70%及以上的检验点合格，且不合格点不应集中分布。

3）各项报验资料应符合SL 634—2012的要求。

（2）优良等级标准：

1）主控项目，检验结果应全部符合SL 634—2012的要求。

2）一般项目，逐项应有90%及以上的检验点合格，且不合格点不应集中分布。

3）各项报验资料应符合SL 634—2012的要求。

表 4.12　　浆砌石护坡单元工程施工质量验收评定表

单位工程名称			单元工程量				
分部工程名称			施工单位				
单元工程名称、部位			施工日期	年　月　日—		年　月　日	
项次		检验项目	质量要求	检查记录		合格数	合格率
主控项目	1	护坡厚度	允许偏差±5cm				
	2	坡面平整度	允许偏差±5cm				
	3	排水孔反滤	符合设计要求				
	4	坐浆饱满度	大于80%				
一般项目	1	排水孔设置	连续贯通，孔径、孔距允许偏差±5%设计值				
	2	变形缝结构与填充质量	符合设计要求				
	3	勾缝	应按平缝勾填，无开裂、脱皮现象				
施工单位自评意见	主控项目检验结果全部符合验收评定标准，一般项目逐项检验点的合格率均不小于_____％，各项报验资料_____SL 634—2012的要求。 单元工程质量等级评定为：_____。 （签字，加盖公章）　　　年　月　日						
监理机构复核评定意见	经抽检并查验相关检验报告和检验资料，主控项目检验结果全部符合验收评定标准，一般项目逐项检验点的合格率均不小于_____％，各项报验资料_____SL 634—2012的要求。 单元工程质量等级评定为：_____。 （签字，加盖公章）　　　年　月　日						

注：本表所填"单元工程量"不作为施工单位工程量结算计量的依据。

表4.13 混凝土预制块护坡单元工程
施工质量验收评定表填表要求

填表时必须遵守"填表基本规定",并应符合下列要求:

1. 单元工程划分:平顺护岸的护坡工程宜按施工段长60～100m划分为一个单元工程,丁坝、垛的护坡工程宜按每个坝、垛划分为一个单元工程。

2. 单元工程量填写预制块护坡面积(m²)。

3. 混凝土预制块若为对外采购,应有生产厂的出厂合格证和品质试验报告,使用单位应按有关规定进行检验,检验合格后方可使用。混凝土预制块若为现场预制,对进场的水泥、钢筋(若预制块中含钢筋)、掺合料、外加剂、砂石骨料等原材料质量应按有关规范要求进行全面检验,检验结果应满足相关产品质量要求,并填写原材料及中间产品备查表(混凝土单元工程原材料检验备查表、混凝土单元工程骨料检验备查表、混凝土拌和物性能检验备查表、硬化混凝土性能检验备查表)。

4. 各检验项目的检验方法及检验数量按表D-28的要求执行。

表D-28 混凝土预制块护坡

检验项目	检验方法	检验数量
混凝土预制块外观及尺寸	观察、量测	每50～100块检测1块
坡面平整度	量测	每50～100m² 检测1处
混凝土块铺筑	检查	全数

5. 单元工程施工质量验收评定应提交下列资料:

(1)施工单位应提交单元工程施工单位各班(组)初检记录、施工队复检记录、施工单位专职质检员终检记录,验收评定的检验资料,原材料、拌和物与各项实体检验项目的检验记录资料。

(2)监理单位应提交对单元工程施工质量的平行检测资料。

6. 单元工程质量标准:

(1)合格等级标准:

1)主控项目,检验结果应全部符合SL 634—2012的要求。

2)一般项目,逐项应有70%及以上的检验点合格,且不合格点不应集中分布。

3)各项报验资料应符合SL 634—2012的要求。

(2)优良等级标准:

1)主控项目,检验结果应全部符合SL 634—2012的要求。

2)一般项目,逐项应有90%及以上的检验点合格,且不合格点不应集中分布。

3)各项报验资料应符合SL 634—2012的要求。

表 4.13　　混凝土预制块护坡单元工程施工质量验收评定表

单位工程名称				单元工程量		
分部工程名称				施工单位		
单元工程名称、部位				施工日期	年　月　日—	年　月　日

项次		检验项目	质量要求	检查记录	合格数	合格率
主控项目	1	混凝土预制块外观及尺寸	符合设计要求，允许偏差为±5mm，表面平整，无掉角、断裂			
	2	坡面平整度	允许偏差为±1cm			
一般项目	1	混凝土块铺筑	应平整、稳固、缝线规则			

施工单位自评意见	主控项目检验结果全部符合验收评定标准，一般项目逐项检验点的合格率均不小于＿＿＿＿％，各项报验资料＿＿＿＿SL 634—2012 的要求。 单元工程质量等级评定为：＿＿＿＿。 （签字，加盖公章）　　　年　月　日
监理机构复核评定意见	经抽检并查验相关检验报告和检验资料，主控项目检验结果全部符合验收评定标准，一般项目逐项检验点的合格率均不小于＿＿＿＿％，各项报验资料＿＿＿＿SL 634—2012 的要求。 单元工程质量等级评定为：＿＿＿＿。 （签字，加盖公章）　　　年　月　日

注：本表所填"单元工程量"不作为施工单位工程量结算计量的依据。

表4.14 现浇混凝土护坡单元工程
施工质量验收评定表填表要求

填表时必须遵守"填表基本规定",并应符合下列要求:

1. 单元工程划分:宜按施工段长30~50m划分为一个单元工程,丁坝、垛的护坡工程宜按每个坝、垛划分为一个单元工程。

2. 单元工程量填写现浇混凝土护坡面积(m²)。

3. 对进场的水泥、钢筋(若混凝土中含钢筋)、掺合料、外加剂、砂石骨料等原材料质量应按有关规范要求进行全面检验,检验结果应满足相关产品质量要求,并填写原材料及中间产品备查表(混凝土单元工程原材料检验备查表、混凝土单元工程骨料检验备查表、混凝土拌和物性能检验备查表、硬化混凝土性能检验备查表)。

4. 各检验项目的检验方法及检验数量按表D-29的要求执行。

表D-29   现浇混凝土护坡

检验项目	检验方法	检验数量
护坡厚度	量测	每50~100m² 检测1处
排水孔反滤层	检查	每10孔检查1孔
坡面平整度	量测	每50~100m² 检测1次
排水孔设置		每10孔检查1孔
变形缝结构与填充质量	检查	全面

5. 单元工程施工质量验收评定应提交下列资料:

(1) 施工单位应提交单元工程施工单位各班(组)初检记录、施工队复检记录、施工单位专职质检员终检记录,验收评定的检验资料,原材料、拌和物与各项实体检验项目的检验记录资料。

(2) 监理单位应提交对单元工程施工质量的平行检测资料。

6. 单元工程质量标准:

(1) 合格等级标准:

1) 主控项目,检验结果应全部符合SL 634—2012的要求。

2) 一般项目,逐项应有70%及以上的检验点合格,且不合格点不应集中分布。

3) 各项报验资料应符合SL 634—2012的要求。

(2) 优良等级标准:

1) 主控项目,检验结果应全部符合SL 634—2012的要求。

2) 一般项目,逐项应有90%及以上的检验点合格,且不合格点不应集中分布。

3) 各项报验资料应符合SL 634—2012的要求。

表 4.14　现浇混凝土护坡单元工程施工质量验收评定表

单位工程名称				单元工程量		
分部工程名称				施工单位		
单元工程名称、部位				施工日期	年　月　日—	年　月　日

项次		检验项目	质量要求	检查记录	合格数	合格率
主控项目	1	护坡厚度	允许偏差±1cm			
	2	排水孔反滤层	符合设计要求			
一般项目	1	坡面平整度	允许偏差±1cm			
	2	排水孔设置	连续贯通，孔径、孔距允许偏差±5％设计值			
	3	变形缝结构与填充质量	符合设计要求			

施工单位自评意见	主控项目检验结果全部符合验收评定标准，一般项目逐项检验点的合格率均不小于_____%，各项报验资料_____ SL 634—2012 的要求。 单元工程质量等级评定为：_____。 （签字，加盖公章）　　　　年　月　日
监理机构复核评定意见	经抽检并查验相关检验报告和检验资料，主控项目检验结果全部符合验收评定标准，一般项目逐项检验点的合格率均不小于_____%，各项报验资料_____ SL 634—2012 的要求。 单元工程质量等级评定为：_____。 （签字，加盖公章）　　　　年　月　日

注：本表所填"单元工程量"不作为施工单位工程量结算计量的依据。

表4.15 模袋混凝土护坡单元工程
施工质量验收评定表填表要求

填表时必须遵守"填表基本规定",并应符合下列要求:

1. 单元工程划分:平顺护岸的护坡工程宜按施工段长 60~100m 划分为一个单元工程,丁坝、垛的护坡工程宜按每个坝、垛划分为一个单元工程。

2. 单元工程量填写模袋混凝土护坡面积(m^2)。

3. 对进场的水泥、钢筋(若混凝土中含钢筋)、掺合料、外加剂、砂石骨料、模袋等原材料质量应按有关规范要求进行全面检验,检验结果应满足相关产品质量要求,并填写原材料及中间产品备查表(混凝土单元工程原材料检验备查表、混凝土单元工程骨料检验备查表、混凝土拌和物性能检验备查表、硬化混凝土性能检验备查表)。

4. 各检验项目的检验方法及检验数量按表 D-30 的要求执行。

表 D-30　　　　　　　　　　模 袋 混 凝 土 护 坡

检验项目	检验方法	检验数量
模袋搭接和固定方式	检验	全数
护坡厚度		每 10~50m² 检查 1 点
排水孔反滤层	检查	每 10 孔检查 1 孔
排水孔设置	量测	每 10 孔检查 1 孔

5. 单元工程施工质量验收评定应提交下列资料:

(1) 施工单位应提交单元工程施工单位各班(组)初检记录、施工队复检记录、施工单位专职质检员终检记录,验收评定的检验资料,原材料、拌和物与各项实体检验项目的检验记录资料。

(2) 监理单位应提交对单元工程施工质量的平行检测资料。

6. 单元工程质量标准:

(1) 合格等级标准:

1) 主控项目,检验结果应全部符合 SL 634—2012 的要求。

2) 一般项目,逐项应有 70% 及以上的检验点合格,且不合格点不应集中分布。

3) 各项报验资料应符合 SL 634—2012 的要求。

(2) 优良等级标准:

1) 主控项目,检验结果应全部符合 SL 634—2012 的要求。

2) 一般项目,逐项应有 90% 及以上的检验点合格,且不合格点不应集中分布。

3) 各项报验资料应符合 SL 634—2012 的要求。

表 4.15　　模袋混凝土护坡单元工程施工质量验收评定表

单位工程名称				单元工程量		
分部工程名称				施工单位		
单元工程名称、部位				施工日期	年　月　日—	年　月　日

项次		检验项目	质量要求	检查记录	合格数	合格率
主控项目	1	模袋搭接和固定方式	符合设计要求			
	2	护坡厚度	允许偏差±5％设计值			
	3	排水孔反滤层	符合设计要求			
一般项目	1	排水孔设置	连续贯通，孔径、孔距允许偏差±5％设计值			

施工单位自评意见	主控项目检验结果全部符合验收评定标准，一般项目逐项检验点的合格率均不小于_____％，各项报验资料_____ SL 634—2012 的要求。 单元工程质量等级评定为：_____。 （签字，加盖公章）　　　年　月　日
监理机构复核评定意见	经抽检并查验相关检验报告和检验资料，主控项目检验结果全部符合验收评定标准，一般项目逐项检验点的合格率均不小于_____％，各项报验资料_____ SL 634—2012 的要求。 单元工程质量等级评定为：_____。 （签字，加盖公章）　　　年　月　日

注：本表所填"单元工程量"不作为施工单位工程量结算计量的依据。

表4.16　灌砌石护坡单元工程
施工质量验收评定表填表要求

填表时必须遵守"填表基本规定"，并应符合下列要求：

1. 单元工程划分：平顺护岸的护坡工程宜按施工段长 60～100m 划分为一个单元工程，丁坝、垛的护坡工程宜按每个坝、垛划分为一个单元工程。

2. 单元工程量填写灌砌石护坡面积（m^2）。

3. 对进场的水泥、外加剂、砂石骨料等原材料质量应按有关规范要求进行全面检验，检验结果应满足相关产品质量要求，并填写原材料及中间产品备查表（混凝土单元工程原材料检验备查表、混凝土单元工程骨料检验备查表、混凝土拌和物性能检验备查表）。

4. 各检验项目的检验方法及检验数量按表 D-31 的要求执行。

表 D-31　　　　　　　　　　灌 砌 石 护 坡

检验项目	检验方法	检验数量
细石混凝土填灌	检查	每 $10m^2$ 检查 1 次
排水孔反滤		每 10 孔检查 1 孔
护坡厚度	量测	每 50～$100m^2$ 检测 1 处
坡面平整度		
排水孔设置		每 10 孔检查 1 孔
变形缝结构与填充质量	检查	全面

5. 单元工程施工质量验收评定应提交下列资料：

（1）施工单位应提交单元工程中所含工序（或检验项目）验收评定的检验资料，原材料、拌和物与各项实体检验项目的检验记录资料。

（2）监理单位应提交对单元工程施工质量的平行检测资料。

6. 单元工程质量标准：

（1）合格等级标准：

1）主控项目，检验结果应全部符合 SL 634—2012 的要求。

2）一般项目，逐项应有 70％及以上的检验点合格，且不合格点不应集中分布。

3）各项报验资料应符合 SL 634—2012 的要求。

（2）优良等级标准：

1）主控项目，检验结果应全部符合 SL 634—2012 的要求。

2）一般项目，逐项应有 90％及以上的检验点合格，且不合格点不应集中分布。

3）各项报验资料应符合 SL 634—2012 的要求。

表 4.16　　灌砌石护坡单元工程施工质量验收评定表

单位工程名称				单元工程量		
分部工程名称				施工单位		
单元工程名称、部位				施工日期	年　月　日—	年　月　日

项次		检验项目	质量要求	检查记录	合格数	合格率
主控项目	1	细石混凝土填灌	均匀密实、饱满			
	2	排水孔反滤	符合设计要求			
	3	护坡厚度	允许偏差±5cm			
一般项目	1	坡面平整度	允许偏差±8cm			
	2	排水孔设置	连续贯通，孔径、孔距允许偏差±5％设计值			
	3	变形缝结构与填充质量	符合设计要求			

施工单位自评意见	主控项目检验结果全部符合验收评定标准，一般项目逐项检验点的合格率均不小于_____％，各项报验资料_____ SL 634—2012 的要求。 单元工程质量等级评定为：_____。 　　　　　　　　　　　　　　　　　　（签字，加盖公章）　　　年　月　日
监理机构复核评定意见	经抽检并查验相关检验报告和检验资料，主控项目检验结果全部符合验收评定标准，一般项目逐项检验点的合格率均不小于_____％，各项报验资料_____ SL 634—2012 的要求。 单元工程质量等级评定为：_____。 　　　　　　　　　　　　　　　　　　（签字，加盖公章）　　　年　月　日

注：本表所填"单元工程量"不作为施工单位工程量结算计量的依据。

表4.17 植草护坡单元工程
施工质量验收评定表填表要求

填表时必须遵守"填表基本规定",并应符合下列要求:

1. 单元工程划分:宜施工段长 60～100m 划分为一个单元工程。

2. 单元工程量填写植草护坡面积(m²)。

3. 各检验项目的检验方法及检验数量按表 D-32 的要求执行:

表 D-32　　　　　　　　植 草 护 坡

检验项目	检验方法	检验数量
坡面清理	观察	全面
铺植密度		
铺植范围	量测	每 20m 检查 1 处
排水沟	检查	全面

4. 本单元工程施工质量验收评定应提交下列资料:

(1) 施工单位应提交单元工程施工单位各班(组)初检记录、施工队复检记录、施工单位专职质检员终检记录,验收评定的检验资料,原材料与各项实体检验项目的检验记录资料。

(2) 监理单位应提交对单元工程施工质量的平行检测资料。

5. 单元工程质量标准:

(1) 合格等级标准:

1) 主控项目,检验结果应全部符合 SL 634—2012 的要求。

2) 一般项目,逐项应有 70％及以上的检验点合格,且不合格点不应集中分布。

3) 各项报验资料应符合 SL 634—2012 的要求。

(2) 优良等级标准:

1) 主控项目,检验结果应全部符合 SL 634—2012 的要求。

2) 一般项目,逐项应有 90％及以上的检验点合格,且不合格点不应集中分布。

3) 各项报验资料应符合 SL 634—2012 的要求。

表 4.17　　植草护坡单元工程施工质量验收评定表

单位工程名称				单元工程量		
分部工程名称				施工单位		
单元工程名称、部位				施工日期	年　月　日— 年　月　日	

项次		检验项目	质量要求	检查记录	合格数	合格率
主控项目	1	坡面清理	符合设计要求			
一般项目	1	铺植密度	符合设计要求			
	2	铺植范围	长度允许偏差±30cm，宽度允许偏差±20cm			
	3	排水沟	符合设计要求			

施工单位自评意见	主控项目检验结果全部符合验收评定标准，一般项目逐项检验点的合格率均不小于_____%，各项报验资料_____ SL 634—2012 的要求。 单元工程质量等级评定为：_____。 　　　　　　　　　　　　　　　　（签字，加盖公章）　　　年　月　日
监理机构复核评定意见	经抽检并查验相关检验报告和检验资料，主控项目检验结果全部符合验收评定标准，一般项目逐项检验点的合格率均不小于_____%，各项报验资料_____ SL 634—2012 的要求。 单元工程质量等级评定为：_____。 　　　　　　　　　　　　　　　　（签字，加盖公章）　　　年　月　日

注：本表所填"单元工程量"不作为施工单位工程量结算计量的依据。

表4.18 防浪护堤林单元工程
施工质量验收评定表填表要求

填表时必须遵守"填表基本规定",并应符合下列要求:

1. 单元工程划分:宜施工段长 60~100m 划分为一个单元工程。

2. 单元工程量填写防浪护堤林面积(m²)。

3. 各检验项目的检验方法及检验数量按表 D-33 的要求执行。

表 D-33 防 浪 护 堤 林

检验项目	检验方法	检验数量
苗木规格与品质	检查	全面
株距、行距	量测	每 300~500m² 检测 1 处
树坑尺寸	检查	全面
种植范围	量测	每 20~50m 检查 1 处
树坑回填	观察	全数

4. 本单元工程施工质量验收评定应提交下列资料:

(1) 施工单位应提交单元工程施工单位各班(组)初检记录、施工队复检记录、施工单位专职质检员终检记录,验收评定的检验资料,原材料与各项实体检验项目的检验记录资料。

(2) 监理单位应提交对单元工程施工质量的平行检测资料。

5. 单元工程质量标准:

(1) 合格等级标准:

1) 主控项目,检验结果应全部符合 SL 634—2012 的要求。

2) 一般项目,逐项应有 70% 及以上的检验点合格,且不合格点不应集中分布。

3) 各项报验资料应符合 SL 634—2012 的要求。

(2) 优良等级标准:

1) 主控项目,检验结果应全部符合 SL634—2012 的要求。

2) 一般项目,逐项应有 90% 及以上的检验点合格,且不合格点不应集中分布。

3) 各项报验资料应符合 SL 634—2012 的要求。

表 4.18　　防浪护堤林单元工程施工质量验收评定表

单位工程名称				单元工程量		
分部工程名称				施工单位		
单元工程名称、部位				施工日期	年　月　日－　年　月　日	

项次		检验项目	质量要求	检查记录	合格数	合格率
主控项目	1	苗木规格与品质	符合设计要求			
	2	株距、行距	允许偏差±10％设计值			
一般项目	1	树坑尺寸	符合设计要求			
	2	种植范围	允许偏差不大于株距			
	3	树坑回填	符合设计要求			

施工单位自评意见	主控项目检验结果全部符合验收评定标准，一般项目逐项检验点的合格率均不小于＿＿＿＿＿％，各项报验资料＿＿＿＿＿ SL 634—2012 的要求。 单元工程质量等级评定为：＿＿＿＿＿＿。 　　　　　　　　　　　　　　　　　　（签字，加盖公章）　　　年　月　日
监理机构复核评定意见	经抽检并查验相关检验报告和检验资料，主控项目检验结果全部符合验收评定标准，一般项目逐项检验点的合格率均不小于＿＿＿＿＿％，各项报验资料＿＿＿＿＿ SL 634—2012 的要求。 单元工程质量等级评定为：＿＿＿＿＿＿。 　　　　　　　　　　　　　　　　　　（签字，加盖公章）　　　年　月　日

注：本表所填"单元工程量"不作为施工单位工程量结算计量的依据。

表4.19 河道疏浚单元工程
施工质量验收评定表填表要求

填表时必须遵守"填表基本规定",并应符合下列要求:

1. 单元工程划分:按设计、施工控制质量要求,每一疏浚河段划分为一个单元工程。当设计无特殊要求时,河道疏浚施工宜以 200～500m 疏浚河段划分为一单元工程。

2. 单元工程量填写河道疏浚方量(m^3)。

3. 各检验项目的检验方法及检验数量按表 D-34 的要求执行。

表 D-34　　　　　　　　　　河 道 疏 浚

检验项目	检验方法	检验数量
河道过水断面面积	测量	检测疏浚河道的横断面,横断面间距为 50m,检测点间距 2～7m,必要时可检测河道纵断面进行复核
宽阔水域平均底高程		
局部欠挖		
开挖横断面每边最大允许超宽值、最大允许超深值[a]		
开挖轴线位置		全数
弃土处置	检查	全面
a:边坡如按梯形断面开挖时,可允许下超上欠,其断面超、欠面积比应大于1,并控制在1.5以内。		

4. 开挖横断面每边最大允许超宽值和最大允许超深值按表 D-35 的要求执行。

表 D-35　　　　　开挖横断面每边最大允许超宽值和最大允许超深值

挖泥船类型	机 具 规 格		最大允许超宽值/m	最大允许超深值/m
绞吸式	绞刀直径/m	＞2.0	1.5	0.6
		1.5～2.0	1.0	0.5
		＜1.5	0.5	0.4
链斗式	斗容量/m³	＞0.5	1.5	0.4
		≤0.5	1.0	0.3
铲扬式	斗容量/m³	＞2.0	1.5	0.5
		≤2.0	1.0	0.4
抓斗式	斗容量/m³	＞4	1.5	0.8
		2.0～4.0	1.0	0.6
		≤2.0	0.5	0.4

5. 单元工程施工质量验收评定应提交下列资料：

（1）施工单位应提交单元工程施工单位各班（组）初检记录、施工队复检记录、施工单位专职质检员终检记录，验收评定的检验资料，原材料与各项实体检验项目的检验记录资料。

（2）监理单位应提交对单元工程施工质量的平行检测资料。

6. 单元工程质量标准：

（1）合格等级标准：

1）主控项目，检验结果应全部符合 SL 634—2012 的要求。

2）一般项目，逐项应有 90% 及以上的检验点合格，且不合格点不应集中分布。

3）各项报验资料应符合 SL 634—2012 的要求。

（2）优良等级标准：

1）主控项目，检验结果应全部符合 SL 634—2012 的要求。

2）一般项目，逐项应有 95% 及以上的检验点合格，且不合格点不应集中分布。

3）各项报验资料应符合 SL 634—2012 的要求。

表 4.19 河道疏浚单元工程施工质量验收评定表

单位工程名称			单元工程量				
分部工程名称			施工单位				
单元工程名称、部位			施工日期	年 月 日— 年 月 日			

项次		检验项目	质量要求	检查记录	合格数	合格率
主控项目	1	河道过水断面面积	不小于设计断面面积			
	2	宽阔水域平均底高程	达到设计规定高程			
一般项目	1	局部欠挖	深度小于 0.3m，面积小于 5.0m²			
	2	开挖横断面每边最大允许超宽值、最大允许超深值ª	符合设计和"开挖横断面每边最大允许超宽值和最大允许超深值"要求（表 D-35），超深、超宽不应危及堤防、护坡及岸边建筑物的安全			
	3	开挖轴线位置	符合设计要求			
	4	弃土处置	符合设计要求			

施工单位自评意见	主控项目检验结果全部符合验收评定标准，一般项目逐项检验点的合格率均不小于_____%，各项报验资料_____ SL 634—2012 的要求。 单元工程质量等级评定为：_____。 （签字，加盖公章） 年 月 日
监理机构复核评定意见	经抽检并查验相关检验报告和检验资料，主控项目检验结果全部符合验收评定标准，一般项目逐项检验点的合格率均不小于_____%，各项报验资料_____ SL 634—2012 的要求。 单元工程质量等级评定为：_____。 （签字，加盖公章） 年 月 日

注：本表所填"单元工程量"不作为施工单位工程量结算计量的依据。

a：边坡如按梯形断面开挖时，可允许下超上欠，其断面超、欠面积比应大于 1，并控制在 1.5 以内。